U0324194

国家自然科学基金项目(42102223)资助

中国博士后科学基金项目(2021M693844)资助

辽宁工程技术大学学科建设创新团队项目(LNTU20TD-05、LNTU20TD-14、LNTU20TD-30)资助

柴达木盆地北缘侏罗系非常规天然气储层物性表征与综合评价

侯海海　邵龙义　李　猛　著

中国矿业大学出版社

·徐州·

内 容 提 要

本书根据柴达木盆地北缘(柴北缘)侏罗系煤层气和页岩气勘探现状,基于煤矿井下和多口煤层气/页岩气钻井岩心采样,利用甲烷等温吸附、高压压汞、低温液氮、扫描电镜、X射线衍射、常微量元素、页岩有机地化等系列实验,对柴北缘中侏罗统大煤沟组煤储层和石门沟组页岩储层的物性特征进行了系统研究。以大量翔实的第一手资料为基础,基于较为全面的实验手段,系统评价了研究区煤系非常规天然气储层物性特征,取得了一些新的认识和见解,这将为柴达木盆地北缘侏罗系煤层气和页岩气的勘探工作提供理论指导,具有重要的参考价值。

本书可供煤系非常规天然气勘探、储层物性表征及能源矿产预测等领域的科技人员、大专院校师生、研究生和高年级本科生参考。

图书在版编目(CIP)数据

柴达木盆地北缘侏罗系非常规天然气储层物性表征与

综合评价 / 侯海海,邵龙义,李猛著.—徐州:中国

矿业大学出版社,2021.10

ISBN 978 - 7 - 5646 - 5190 - 9

Ⅰ.①柴… Ⅱ.①侯…②邵…③李… Ⅲ.①柴达木

盆地—侏罗纪—石油天然气地质—储集层特征—评价

Ⅳ.①P618.130.2

中国版本图书馆 CIP 数据核字(2021)第 220168 号

书　　名	柴达木盆地北缘侏罗系非常规天然气储层物性表征与综合评价
著　　者	侯海海　邵龙义　李　猛
责任编辑	何晓明
出版发行	中国矿业大学出版社有限责任公司
	(江苏省徐州市解放南路　邮编221008)
营销热线	(0516)83884103　83885105
出版服务	(0516)83995789　83884920
网　　址	http://www.cumtp.com　E-mail:cumtpvip@cumtp.com
印　　刷	苏州市古得堡数码印刷有限公司
开　　本	787 mm×1092 mm　1/16　印张 19.75　字数 355 千字
版次印次	2021 年 10 月第 1 版　2021 年 10 月第 1 次印刷
定　　价	55.00 元

(图书出现印装质量问题,本社负责调换)

前　言

近年来,煤系非常规天然气勘探开发逐渐受到国内外相关研究人员的重视,煤层和页岩层作为煤系气主要的生气层和储集层,其储层物性表征和综合评价一直是研究的重点。煤层气和页岩气作为高效、洁净的新能源,目前已在美国、加拿大等国家实现了规模化商业开发。我国煤层气地面井产量近年来呈逐步上升趋势,但由于煤层气成藏地质条件复杂,煤层气商业化进展相对缓慢,目前产量主要来自沁水盆地南部和鄂尔多斯盆地东缘等地。我国页岩气的勘探开发已经展开,近年来页岩气探明储量快速增长,初步形成涪陵、长宁、威远和延长等四大页岩气产区。煤系非常规天然气储层的物性表征作为大规模煤层气和页岩气开发的配套技术,理应加以重视,这可以为煤层气和页岩气的勘探、钻井、完井、压裂和排采提供地质保障和理论指导。

本书根据柴达木盆地北缘(柴北缘)侏罗系煤层气和页岩气勘探现状,基于煤矿井下和多口煤层气/页岩气钻井岩心采样,利用甲烷等温吸附、高压压汞、低温液氮、扫描电镜、X射线衍射、常微量元素、页岩有机地化等系列实验,对柴北缘中侏罗统大煤沟组煤储层和石门沟组页岩储层的物性特征进行了系统研究。具体内容包括柴北缘侏罗系煤储层吸附特征及主控因素、煤储层孔-裂隙结构及主控因素、煤储层非均质性特征及其意义、煤体变形及其对储层结构的控制、陆相低成熟度页岩孔隙结构和分形特征、页岩储层特征和生烃潜力、页岩有机质富集模式、煤储层和页岩储层综合评价模型等,在此基础上根据煤与页岩储层物性评价结果对该地区煤系非常规天然气勘探有利区进行优选。通过本次研究,主要取得了以下认识:

(1)明确了柴达木盆地北缘煤储层甲烷吸附的主控因素,认为影响柴北缘煤储层吸附性能的主控因素分别为煤质、温度和煤岩组分,这将为后期寻求煤层气的富集区提供理论指导。

（2）明确了柴达木盆地北缘煤储层微裂隙发育的煤岩学控制特征，发现煤中微裂隙发育程度与镜质组含量、均质镜质体含量、微镜煤所占比例、微镜惰煤所占比例、凝胶化指数（GI）和植物保存指数（TPI）之间呈正相关关系，这一结论可以有效指导寻求该地区的高渗透煤储层。

（3）确定了柴达木盆地低成熟度页岩孔隙结构的主控因素，认为页岩的沉积环境和有机质含量共同控制着孔隙结构的复杂程度和孔隙比表面积的粗糙程度，页岩孔隙分形维数随着总有机碳（TOC）含量的增大先升高、后降低（倒 U 形），其拐点位置大致对应 TOC 含量为 2%。

（4）提出了古气候和古环境驱动下的陆相页岩有机质富集模式，通过页岩元素地球化学的系统研究，将柴北缘中侏罗统石门沟组页岩分别解译为过平衡充填、欠平衡充填和平衡充填三个沉积阶段。在这三个沉积阶段中，其 TOC 含量分别受到陆源碎屑输入、水体缺氧条件以及两者因素共同作用的综合影响。这一模式可以有效应用于寻求柴北缘中侏罗统高质量的页岩储层。

全书共分 11 章，撰写分工如下：第 1 章、第 11 章由侯海海和邵龙义撰写，第 2 章、第 4 章、第 7 章、第 8 章、第 9 由侯海海、李猛撰写；第 3 章、第 5 章、第 6 章由侯海海撰写，第 10 章由李猛撰写。全书由侯海海统稿、定稿。

本书的相关研究工作得到了中国矿业大学（北京）曹代勇、刘钦甫、鲁静、魏迎春、李勇、韩双彪教授，中国地质大学（北京）唐书恒、汤达祯、姚艳斌、许浩、陶树、张松航、蔡益栋、李松教授，中国矿业大学傅雪海、桑树勋、吴财芳、沈玉林、杨兆彪、申建、刘世奇教授，长安大学程宏飞教授，中国地质大学（武汉）王小明、李国庆、伏海蛟教授，河南理工大学张玉贵、曹运兴、苏现波、潘结南、宋党育、金毅、吴伟教授和高迪、李云波、田林、孙长彦、许小凯副教授，太原理工大学曾凡桂、孙蓓蕾、李美芬教授，河北工程大学赵存良、边凯教授，安徽理工大学赵志根、陈健教授，中国地质调查局油气资源调查中心张家强研究员、唐跃教授级高工、袁远高级工程师，青海煤田地质局文怀军局长、李永红总工,青海煤炭地质105勘探队张文龙队长和王伟超总工等的帮助和支持。样品采集工作得到了柴达木盆地北缘绿草沟煤矿郭宝明矿长、高泉煤矿罗朝辉矿长和中国矿业大学(北京)王学天、刘磊、沈文超博士的帮助,在此一并表示衷心的感谢。研究生梁国栋、秦秋红、李强强、张华杰、刘书君、潘姿孜、陈泓圳和黄乡琴绘制了部分插图,在此表示感谢。特别感谢辽宁工程技术大学矿业学院在本书的出版过程中给予的大力支持和帮助。

　　本书以大量翔实的第一手资料为基础,基于较为全面的实验手段,系统评价了研究区煤系非常规天然气储层物性特征,取得了一些新的认识和见解,这将为柴达木盆地北缘侏罗系煤层气和页岩气的勘探工作提供理论指导,具有重要的参考价值。但煤层气和页岩气储层表征是一个不断与时俱进的研究课题,有些理论和实践问题仍有待于进一步探索和揭示,书中如有不妥之处,敬请读者批评指正。

著　者

2021 年 9 月

目 录

第1章 绪 论

1.1 选题依据及研究意义

非常规天然气是指那些难以用传统油气地质理论解释、不能用常规技术手段开采的天然气(汪民,2012)。非常规天然气储层普遍具有低孔、低渗、连续成藏的特点,因此必须进行储层改造才能对其进行有效开采。非常规天然气主要包括煤层气、页岩气、致密砂岩气和天然气水合物等。对于陆相含煤盆地而言,非常规天然气储层介质主要为煤层、泥页岩、致密砂岩及其各自间的碎屑夹层。本次研究的对象就是以赋存煤层气和页岩气为主体的煤储层和泥页岩储层。

煤层气(俗称"瓦斯")是指储存在煤层中以甲烷为主要成分,以吸附在煤基质颗粒表面为主、部分游离于煤孔隙中或溶解于煤层水中的一种非常规天然气。截至2018年年底,全国煤层气累计探明储量7 111.15亿 m^3,我国煤层气历年产量呈持续增长态势,2018年全国煤层气产量为183.6亿 m^3,其中地面煤层气井产量为54.63亿 m^3。目前,我国煤层气产业发展已进入规模化生产阶段,初步形成了适宜于沁水盆地高阶煤煤层气、鄂尔多斯盆地中阶煤煤层气的勘探开发技术体系,有力地支撑了我国煤层气生产基地的勘探开发。新疆准噶尔盆地和依兰盆地低阶煤煤层气、滇东-黔西地区多煤层煤层气、煤系地层致密砂岩气、深层煤层气也取得了较好的开发效果。自2006年全国新一轮煤层气资源评价以来,全国煤层气勘探开发进展显著,但煤层气产量和探明储量的增加过多依赖于华北地区鄂尔多斯盆地东缘和沁水盆地南缘等少数几个煤层气生产基地(邵龙义 等,2015),西北、东北和西南大部分地区尚未实现大面积的煤层气地面井商业性开发。

页岩气是指主体位于暗色泥页岩或高碳泥页岩中,主要以吸附或游离状态存在的一种非常规天然气(张金川 等,2004)。截至2018年年底,全国页岩气产量108亿 m^3,其中中石化页岩气产量66亿 m^3,中石油页岩气产量42亿 m^3;累计完钻水平井900口,其中中石油438口,中石化462口。柴达木盆地页岩气资源丰富,其地质资源量为 2.72×10^{12} m^3,是我国具有页岩气勘探开发潜力的陆相盆地之一(张大伟 等,2012)。柴达木盆地北缘(以下简称为"柴北缘")侏罗系暗色泥页岩分布面积广、厚度大、保存条件较好,不仅是青海省重要的能源基地,同时也是国家级柴达木循环经济实验区的重要组成部分。针对该地区侏罗系页岩气的勘探开发,中国地质调查局油气资源调查中心开展了"柴达木盆地新区新层系页岩气成藏地质条件调查"项目,在鱼卡煤田实施了柴页1井,这是中国地质调查局在柴达木盆地针对侏罗系陆相盆地布置的第一口页岩气参数井。在柴页1井中发现3套含气泥页岩层段,累计厚度达141 m,其中最厚的一段厚达58.12 m,分析认为柴达木盆地侏罗系页岩具有厚度大、含气性好、可压性强的特点,其有机碳含量、有机质类型、孔渗特征等指标均达到或超过了目前的页岩气评价参数标准,具有良好的开发前景(中国国土资源报,2013)。

笔者通过承担中国地质调查局油气资源调查中心"我国非常规能源矿产调查评价选区研究"项目子课题"全国煤层气成矿远景与选区研究"(项目编号:1212011220794),在我国西北低煤阶区、东北中低煤阶老工业区和西南中高煤阶构造复杂区共计优选出了15个煤层气勘探开发战略接替区。其中,Ⅰ类有利区8个,包括准东煤田五彩湾-大井地区、吐哈哈密-大南湖地区、陇东煤田、依兰煤田、鹤岗煤田、珲春煤田、川南煤田和水城煤田;Ⅱ类较有利区7个,包括三塘湖煤田条湖-马朗凹陷、库拜煤田、柴达木盆地北缘地区、鸡西煤田、黔西北煤田、圭山煤田和镇威煤田。

柴达木盆地北缘作为中国煤层气勘探开发和陆相页岩气新区新层系勘探开发的战略接替区之一,不仅具有丰富的煤层气(页岩气)资源和巨大的勘探潜力,同时也是我国西北地区重要的含油气盆地。柴达木盆地北缘位于柴达木地块北部山前挤压坳折带,是青海省主要赋煤区带,其探明煤炭资源总量占全青海省煤炭资源量的40%左右。2014年8月,中国地质调查局油气资源调查中心作为承担单位,由青海煤炭地质105勘探队实施的第一口页岩气/煤层气参数井(YQ-1)在柴北缘鱼卡煤田开工,通过现场煤样解吸、损失量估算和实验室残存量测试,同时对所测样品进行了高压压汞实验,现阶段结果表明YQ-1井侏罗系M7煤层最高含气量为2.54 m³/t,最大孔隙度为7.3%,最高渗透率为0.352 mD,这表明该地区煤层气有进一步勘探开发的潜力。

我国含煤地层中煤层气资源丰富,发展前景十分广阔。在煤炭开采过程中所排放出的大量甲烷气体不仅对煤矿的安全形成了巨大威胁,同时也对自然环境造成了很大的负面影响,如由温室效应导致的全球变暖和由燃煤导致的空气质量变差以及对人体健康的伤害问题等。现阶段我国能源结构主体还是依赖于煤炭资源,这种现象甚至会持续相当长的时间,但目前的发展趋势显示,常规资源的比重将逐渐降低,非常规能源正逐步占据主导地位。在这个转变过程中,煤层气勘探开发不仅可以有效弥补我国非常规能源的空缺,而且可以有效地阻止煤炭开采所带来的诸多问题。

本书以具有良好低煤阶煤层气资源的柴北缘为例来研究含煤地层精细煤储层特征,具体包括煤的吸附性及主控因素、煤的孔-裂隙结构综合表征、煤体变形特征及对储层的控制作用和煤储层综合评价模型及有利区优选等内容,进一步归纳总结煤层气成藏模式和主控因素,不断完善我国低煤阶煤层气研究的地质理论体系,为柴北缘乃至全国陆相低煤阶煤层气资源战略选区提供一定的理论依据。

美国粉河盆地与我国大多数低煤阶煤层气藏相比,煤层含气量虽然较低,但煤层气藏具有较高的含气饱和度、较厚的煤层和较高的渗透率,因此弥补了美国粉河盆地其他方面的不足而得以成功开发。中国低煤阶煤层气藏具有高渗透性和低饱和度的特点,加之我国煤层气成藏条件比美国复杂得多,因此不能照搬美国煤层气勘探开发技术。需要从各含煤盆地低煤阶煤层气成藏特征入手,对煤储层进行精细定量表征与综合评价研究,为解决我国煤层气经济开发的瓶颈问题提供一定的理论依据。

我国政府十分重视煤层气的开发利用研究,自20世纪80年代末开始,中国的煤层气勘探开发活动进入了实质性实施阶段,尽管我国历年煤层气的产量都在增加,但主要还是依赖于煤矿井下抽采,地面煤层气开采量增长缓慢,这极大影响了我国煤层气发展的步伐。我国西北低煤阶煤层气资源丰富,但目前不管是在理论研究还是在工程实践中,与中部中高煤阶相比还存在着很大的差距。而随着美国粉河、澳大利亚苏拉特等低煤阶煤层气的成功开发,我国西部地区必将成为未来煤层气研究和勘探开发的主战场。因此,研究柴北缘等西部地区低煤阶含煤盆地的储层物性特征及煤层气综合评价有重要的实践意义。

以页岩气为代表的非常规油气资源的成功勘探开发,是全球油气工业理论技术的又一次创新和跨越。它的意义在于突破了早期油气工业的常规储层下限和传统的圈闭成藏观念,增加了油气资源的勘探开发类型与资源量,实现了当前油气开采瓶颈技术的升级换代。美国通过以水平井分段压裂技术为代表的新技术规模化应用,实现了页岩气(包括页岩油)的快速工业化开发,进一步推动了美国油气工业的发展,减少了美国油气对外依赖,导致全球能源格局正在发生变革。页岩气的开发对推动中国油气工业的科技进步,带动其他非常规油气资源的发展,保障中国能源安全并改善能源结构具有重要的现实意义。

与常规天然气藏相比,页岩气藏具有以下特点:① 自生自储,原地成藏。泥页岩既是烃源岩层,又是储集层。② 连续、大面积分布。页岩气赋存于富有机质页岩中,页岩气的含气范围受控于气源烃源岩的分布面积,具有大面积层状连续含气的特征,没有明显的圈闭界线、统一的气-水界面。③ 储层致密,孔隙度、渗透率差。页岩中储集空间以纳米及微米级孔隙、微裂缝为主,并且页岩具有普遍的较低孔隙度和超低渗透率的特点。④ 需要人工压裂改造才能获得商业气流。由于页岩储层致密,未压裂前页岩气产量极低,只有经过大型压裂,才能获得高产。因此,规模化的"井工厂"方式和水平井、分段压裂技术等是实现页岩油、气商业开发的必要手段。

柴北缘侏罗系陆相盆地富含有机质页岩,本研究通过侏罗系低成熟度页岩孔隙结构和分形表征,侏罗系低成熟度页岩的地球化学、储层特征和生烃潜力及古气候和古环境驱动下的页岩有机质富集模式,柴北缘侏罗系页岩成藏条件和有利区优选等方面对我国西北陆相盆地低成熟度页岩储层物性特征进行了详细分析,不断完善页岩气地质理论评价体系,为柴北缘乃至全国陆相页岩气资源战略选区提供一定的理论依据。

近年来,页岩气作为重要的非常规油气资源受到国内外学者和相关从业者的广泛重视,成为全球油气勘探的热点。天然气的广泛应用正在改变着能源消费结构,而页岩气正在成为油气勘探接替的重要领域。为了响应中央号召,基于"四个全面"布局,坚持"五位一体"的发展思路,全面推进和落实创新、协调、绿色、开放和共享五大发展理念,各级政府和相关从业者应该积极实施勘探开发页岩气战略任务,以解决区域天然气资源紧缺问题,促进经济社会发展,从战略上改善青海省乃至我国西北地区经济社会发展的状况,调整产业链和提升整体经济实力,转变经济发展方式,完善民生建设。

1.2 国内外研究现状

1.2.1 国内外煤和页岩储层物性特征及评价方法

煤储层和页岩储层物性特征研究及评价方法一直是国内外煤层气勘探开发领域的研究热点之一。近年来,其储层物性评价方法不断由之前的定性-半定量向半定量-定量化发展,如张胜利等(1996)、Dawson 等(2012)、宁正伟等(1996)、Su 等(2001)和 Prinz 等(2004)分别从各自不同的角度对煤中的割理发育情况和影响因素以及对煤储层物性的控制作用进行了研究;杨起等(2000)对华北地区多期岩浆热场对煤层气富集条件和煤储层物性改造作用进行了详细的调查;王生维等(2005)通过井下和各类实验手段系统描述了晋城矿区宏观裂隙的发育特征及其控制机理;许浩等(2005)总结了沁水盆地煤储层孔隙系统发育的四种模型,并分别探讨了不同类型孔隙结构对煤储层渗透性的影响;姚艳斌等(2013)

基于煤层气储集与产出机理的研究,综合采用多种现代分析技术建立了煤储层孔-裂隙性和吸附性综合表征方法体系,系统分析并阐明了我国华北重点矿区煤储层发育特征及其主控因素。

煤的吸附特征作为煤储层物性的重要方面之一,是决定煤储层含气性和储集性的主要因素。国内外学者已从煤级、煤质和煤岩组分等煤自身组成条件对影响煤的吸附能力进行了详细研究(Crosdale et al.,1998;Mastalerz et al.,2004;简阔 等,2014)。其中,煤质和煤岩组分的变化主要受控于含煤岩系形成的沉积环境(Hou et al.,2019)。另外也有学者从实验的外部因素出发,系统研究了煤的有效地应力、煤样粒度、煤体结构和实验温度等方面对煤的吸附能力的影响(Hildenbrand et al.,2006;张晓东 等,2005;张丽萍 等,2006;Azmi et al.,2006)。

我国煤储层具有非均质性高的特点,煤储层的非均质性与煤层气的含气性、渗透性、物质组成和地应力等诸多煤层气成藏要素密切相关,也直接影响到了煤层气藏条件的综合评价指标。国内外学者如 Terzyk 等(1997)、Nakagawa 等(2000)、Qi 等(2002)、Lee 等(2006)和傅雪海等(2001)分别基于不同的研究方法和数学模型,采用高压压汞实验、液氮吸附实验、X 射线衍射、透射电镜和扫描电镜等方法对煤储层的微孔和煤的分形特征进行了详细的研究。张尚虎等(2005)认为,含煤岩系沉积环境是导致沁水盆地煤储层非均质性变化的主控因素;Korre 等(2007)则指出煤储层空间和时间非均质性对于注气提高煤层气采收率具有重要的控制作用。

煤层气选区评价的核心是寻求高渗富集区,煤体结构是决定煤层气是否高渗高产的重要因素之一。煤体结构指的是煤形成后经受各地质历史时期构造作用所表现的结构和构造变形特征。煤体结构的成因分类一直是众多学者所关心的问题,焦作矿业学院将煤体结构分为原生结构煤、碎裂煤、碎粒煤和糜棱煤(焦作矿业学院瓦斯地质研究室,1990);陈善庆等(1989)、李康等(1992)基于井下观测和构造岩的分类,提出了以构造煤的结构特征为主导的分类方案;侯泉林等(1990)根据闽西南地区构造煤的微观和超微观的观测研究,初步提出了构造煤的成因分类方案;琚宜文等(2004)结合煤矿现场和实验测试结果,按构造变形机制将构造煤分为 3 个序列 10 类煤。

影响煤体变形特征和机理的因素主要包括煤岩组成,煤化程度以及构造变形发生时的温度、压力及煤体中的流体特征(琚宜文 等,2004;张子敏,2009;赵志根,2015;孙光中 等,2016;宫伟东 等,2017;郭德勇 等,2019),前两者属于内在因素,后三者属于外部因素。不同学者在定义构造煤时均强调了构造应力作用(郭德勇 等,1996;张子敏,2009),这是因为构造应力的可变性更容易引起煤体的变形和破坏。然而,促使构造煤形成的内在因素也不能忽略,特别是在同等或相似构造应力作用下,作为构造煤的物质基础——显微煤岩组分的组成和结构差异对于形成不同类型煤体结构的影响更应该重视。具备高能瓦斯的构造煤富集地带是发生煤与瓦斯突出的危险区,特别是韧性变形的糜棱煤,其由于高瓦斯含量和低渗透性特征,是矿井开采的危险地带(姜波 等,2009;陈萍 等,2014)和煤层气勘探开发的禁区(Hou et al.,2017a);而变形较弱的脆性构造煤,孔-裂隙发育且连通性较好、渗透率较高,不仅瓦斯突出威胁小,更是煤层气开发的有利储层(Li et al.,2001;宋志敏 等,2012;魏迎春 等,2013)。

由于页岩储层孔隙、矿物组成、有机地球化学和储集空间等方面与常规储层有明显区别,特别是近些年在北美地区页岩气大规模开发和我国四川盆地取得商业化开采之后,人们逐渐认识到富有机质页岩不仅可以作为常规和非常规油气藏的源岩,同时也可以作为储集层将滞留在源岩中未排出的天然气聚集成藏。对于页岩储层物性的研究,许多学者在页岩的沉积环境(Loucks et al.,2007;邵龙义 等,2015)、垂向沉积结构(李猛,2014)、有机岩石学特征(Hou et al.,2017b)、孔-裂隙结构(Hou et al.,2018)、显微结构(Yang et al.,2016)和层序地层学(Singh,2008)等方面的研究取得了长足的进步,也逐渐认识到页岩储层的非均质性及特殊性,形成了一系列适合页岩储层评价的实验和技术方法(蒋裕强等,2010;郭岭 等,2011)。

煤储层和页岩储层综合评价是支撑煤层气勘探开发的基础条件,目前常用的评价方法包括多层次模糊数学法(侯海海 等,2014;邵龙义 等,2015)、灰色聚类法(姚纪明 等,2009;熊德华 等,2011)、加权平均法(郑贵强 等,2012)、关键要素层次结构递阶优选方法体系(王红岩 等,2004)等,同时一些学者也提出了一些综合评价的参数及其组合和煤储层评价的一般方法和评价原则(苏付义,1998)。但值得注意的是,需要根据研究区的具体地质情况以及勘探程度选择合适的储层评价方法。

同时,煤储层和页岩物性表征的研究方法和实验技术不断改进,具体包括传统的野外和井下观测法、微裂隙观测法、高压压汞法、二氧化碳吸附法、低温液氮吸附法、扫描电镜法、透射电镜法、小角度散射法等,还有近年来出现的无损探测技术,如核磁共振(NMR)技术和CT扫描技术,均已在煤储层和页岩储层精细定量描述中起到了关键作用。

1.2.2 柴北缘侏罗系煤和页岩储层物性特征研究进展

由于柴北缘侏罗系煤层气的研究和勘探工作尚处于起步阶段,对于全区而言,没有专门系统地进行过煤储层物性特征的研究,但也有学者对该地区煤储层物性不同方面进行了初探。例如,杨起等(2005)对柴北缘侏罗系煤层微裂隙特征进行了描述,认为由西向东鱼卡矿区裂隙较为发育,宽度大于 5 μm 且长度大于 10 mm 的 A 型裂隙占 0~5.7%;宽度大于 5 μm 且长度小于 10 mm 的 B 型裂隙介于 2.9%~16.4% 之间;宽度小于 5 μm 且长度大于 300 μm 的 C 型裂隙占 19%~41.8%;宽度小于 5 μm 且长度小于 300 μm 的 D 型裂隙占 40.3%~73.5%。鱼卡煤矿和大煤沟煤矿煤储层大孔比例占 9.17%~57.85%,中孔占 11.16%~47.35%,微小孔则占 43.25%~52.68%。柴北缘侏罗系原煤饱和吸附量在 5.12~15.61 m³/t 之间变化,其中大头羊矿区煤样的饱和吸附量最高,煤的兰氏压力在 0.48~2.84 MPa 之间变化。

李振涛等(2012)基于柴北缘侏罗系煤岩显微组分和甲烷等温吸附实验,发现煤的甲烷吸附能力随镜质组含量的增加而增大,惰质组含量对煤吸附甲烷能力的影响也较大,低煤阶煤的甲烷吸附能力随之增加呈现先增加、后降低的趋势,同时煤的吸附甲烷能力与壳质组含量呈负相关关系。焦龙进(2013)对柴达木盆地北缘西大滩地区侏罗系页岩气储层进行了研究,结果表明西大滩地区侏罗系暗色泥岩储层较为致密,其总孔隙度介于 1.3%~15.6% 之间,平均值为 8.4%,渗透率介于 0.01×10⁻³~1.19×10⁻³ μm² 之间,平均值为 0.15×10⁻³ μm²。页岩储层原生孔隙和次生孔隙均有发育,同时发育有裂隙和微裂缝,整体上有利于页岩气的赋存和聚集。康志宏等(2015)通过对柴北缘第一口页岩气参数井柴页 1 井岩心取样分析,发现中侏罗统富有机质黑色页岩矿物呈高硅质矿物含量、高黏土矿物含量、低碳酸盐矿物含量的典型特征;有机质类型主要为 I 型,II、III 型次之,TOC 含量介于 1.41%~9.35% 之间,烃源岩品质较好;页岩岩心孔隙度介于 0.8%~3.4% 之间,比表面积为 11.1~21.9 m²/g,扫描电镜下孔隙直径为 0.27~21.38 μm;页岩微孔隙发育,依据成因可划分为晶间孔、溶蚀孔、有机质孔、生物碎屑体内微孔隙;页岩孔隙储层的形成机理主要为有利的沉积环境、有利的矿物组合和有机质热解作用。李雷(2018)对柴达木盆地北缘鱼卡凹陷中侏罗统石门沟组页岩储层进行了评价,认为页岩矿物组分主要以黏土矿物和石英为主,储集空间类型主要是粒间孔和粒内孔,石门沟组下段和上段页岩的平均孔隙度分别为 15.063% 和 10.964%,平均渗透率分别为 0.062×10⁻³ μm² 和 0.016×10⁻³ μm²,具有较好的储集条件。另外,石门沟组下段页岩平均 TOC 含量为 3.02%,镜质体反射率平均为 0.57%;上段页岩平均 TOC 含量为 5.49%,镜质体反射率平均为 0.43%,均属于未成熟至低成熟阶段的富有机碳页岩储层。

1.3 主要研究内容和研究思路

本书依据柴北缘侏罗系煤储层和页岩储层研究现状,基于等温吸附、高压压汞、低温液氮、扫描电镜、X射线衍射、常微量元素、页岩有机地化等系列实验,通过对柴北缘侏罗系煤储层吸附特征及主控因素、煤储层孔-裂隙结构及主控因素、煤储层非均质性特征及其意义、煤体变形特征及其对储层结构的控制、低成熟度页岩孔隙结构和分形特征、页岩储层物性特征及其生烃潜力、页岩有机质富集模式、煤储层和页岩储层综合评价模型及有利区优选等方面的研究,系统分析了柴北缘侏罗系煤储层和页岩物性特征,并基于煤和页岩储层物性评价结果对该地区煤层气和页岩气勘探有利区进行优选。具体包括以下几方面的研究工作:

(1)煤储层吸附特征及主控因素

基于不同温度的实验条件,分别对柴北缘各煤田7个煤样的干燥基进行等温吸附实验,同时对鱼卡煤田YQ-1井13个分层煤样在平衡水条件下进行等温吸附实验,基于以上实验结果对影响柴北缘侏罗系煤储层吸附特征的各个影响因素(包括煤变质程度、煤岩有机显微组分、煤质、煤体结构和实验温度等)进行研究和分析,探讨柴北缘侏罗系煤储层吸附的主控因素及煤岩学控制机理。

(2)煤储层孔-裂隙结构及主控因素

基于高压压汞实验和低温液氮吸附实验对柴北缘煤储层孔隙结构及分布特征进行研究,并探讨煤的渗流孔和吸附孔的发育及其主控因素,同时基于野外地质调查、光学显微镜和扫描电镜的研究,对柴北缘侏罗系煤储层宏观裂隙和微裂隙发育特征进行研究,在此基础上对内生裂隙的煤岩学控制机理进行探讨。

(3)煤储层非均质性特征及其意义

利用分形维数的方法对渗流孔隙(孔径大于100 nm)和吸附孔隙(孔径小于100 nm)的非均质性进行定量表征,发现表面分形维数 D_1 和结构分形维数 D_2 与吸附特征、煤质、孔结构参数和煤体结构之间的关系,并探讨其对甲烷吸附和渗透性的影响。

(4)煤体变形特征及其对储层结构的控制

在对柴北缘各煤田煤体结构和煤岩类型分析的基础上,以鱼卡煤田为例,基于煤体变形的岩石力学机理对该地区煤体结构分布进行区域预测,同时根据低温液氮吸附、微裂隙统计和X射线衍射实验结果,对不同煤体结构下的煤储层孔-裂隙结构和XRD结构进行对比研究。

(5)煤储层综合评价模型及有利区优选

煤储层由有机质、孔-裂隙系统以及各类矿物质组成,既是煤层气的源岩层和储集层,又是煤层气的产气层。通过分析柴北缘煤储层评价的要素和基本参数,建立以煤储层物性为主导的柴北缘侏罗系煤层气综合评价模型,并运用多层次模糊数学的方法对该地区煤层气勘探开发有利区进行区域优选。

(6)低成熟度页岩孔隙结构和分形特征

在鱼卡煤田 YQ-1 井中侏罗统页岩段共采集 22 个页岩样品,通过 TOC 测试、低温氮气吸附实验和分形表征分析,研究陆相低成熟度页岩的总有机碳(TOC)含量变化控制因素以及不同沉积环境下页岩的孔隙结构参数响应和分形特征。

（7）页岩储层物性特征及其生烃潜力

通过对柴北缘侏罗系低成熟页岩进行系统采样,基于岩石学、储层物性表征和地球化学系列实验对柴北缘低成熟度页岩的地球化学、储层特征和生烃潜力进行了初步研究,在此基础上对柴北缘中侏罗统石门沟组页岩气的有利勘探层位进行了预测。

（8）页岩有机质富集模式

基于岩相描述和解译、TOC 含量测定、元素地球化学分析和矿物组分表征等分析方法和实验手段,对石门沟组页岩的沉积过程、有机质富集的控制因素以及有机质富集模式进行了研究。

（9）页岩气成藏条件与有利区优选

基于页岩气成藏条件分析,具体包括泥页岩有效厚度、有机质丰度、成熟度、矿物组成、储层孔渗和埋深条件,建立了柴北缘侏罗系陆相页岩气有利区优选和评价体系,对 10 个柴北缘侏罗系页岩气潜在有利区分别进行了综合评价。

第2章 区域地质概况

2.1 研究区范围

本次研究的范围为柴达木盆地北部山前挤压坳折带（即柴北缘地区），为青海省主要赋煤区，其探明的煤炭资源总量占全省煤炭资源量的40%左右。柴达木盆地北缘地理坐标为92°15′～98°30′E，36°00′～39°20′N，长约600 km，面积约3.4万 km²。西起阿尔金山，向东经赛什腾山、绿梁山、锡铁山、欧龙布鲁克山、埃姆尼克山至牦牛山，与北部的祁连山所围限的广大区域为柴北缘地区。在研究区的西北部有冷湖、南八仙、马海和鱼卡等多处油气出露点，自西向东，另有柴水沟、小西沟、金鸿山、新高泉、老高泉、团鱼山、云雾山北坡、鱼卡、大头羊、绿草山、大煤沟、西大滩、欧南、埃南、柏树山、红山、旺尕秀等十几处煤矿（图2-1）。

2.2 区域构造格架及控煤构造样式

构造格架指的是控制一个地区各种地质体空间布局的构造骨架，在此格架下往往构成一定的构造样式，一般所展示的是在某一地史期主要地质构造的总特征。

2.2.1 区域构造地质背景

柴达木盆地位于青藏高原东北部，属于塔里木-中朝板块的南部地块，也是我国第三大内陆盆地，经历了漫长的演化阶段和复杂的发展历程，与周缘板块的发展演化密切相关。柴达木盆地地壳平均厚度为55 km，岩石圈平均厚度为100 km左右，平均海拔3 000 m左右（高锐 等，1995）。特提斯-喜马拉雅构造域的强烈活动对柴达木盆地的形成和发展具有重要的影响，尤其是特提斯洋壳向欧亚大陆的碰撞和挤压以及印度板块和欧亚板块的俯冲作用，导致青藏高原不断隆升，柴达木盆地就是在这种特定的构造背景和区域构造应力场下产生的。

2.2.2 区域构造演化特征

柴达木盆地与周围山系以各类断裂系统相接触，包括昆北断裂带、宗务隆山

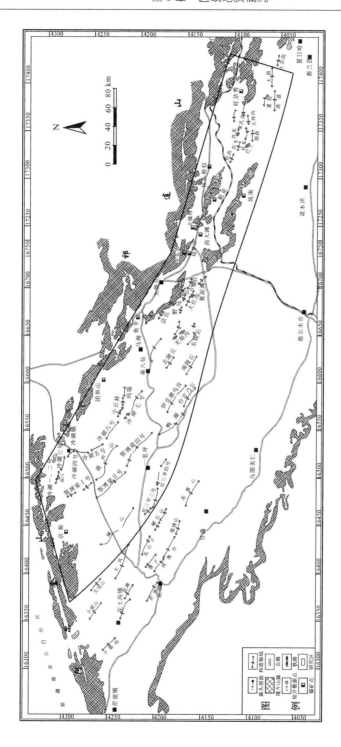

图 2-1　柴达木盆地北缘范围、交通位置及主要煤矿分布

山前断裂带、鄂拉山断裂和阿尔金南缘断裂等(汤良杰 等,2000;吕宝凤 等, 2011;李明义 等,2012)。在区域构造单元划分上,前人立足于油气成藏、勘探以及煤田展布特点(戴俊生 等,2003;余一欣 等,2005;和钟铧 等,2002;占文锋等,2008),依据盆地基底特征、现今构造应力场、地貌特征、地层出露和盆地演化等条件将柴达木盆地划分为西部的北部断块带、茫崖坳陷和东部的德令哈坳陷、三湖坳陷,并由多个相间分布的二级构造带、凹陷和凸起组成(图 2-2),而柴北缘位于柴达木盆地北部,指的是在阿尔金走滑断裂带、南祁连褶皱带和鄂拉山断裂所围限的区域,柴北缘的构造单元包括其中的一里坪凹陷、昆特伊凹陷、赛什腾凹陷、伊北凹陷、鱼卡-红山凹陷、托素湖凹陷和德令哈凹陷等 7 个凹陷,大风山构造带、冷湖构造带、驼南构造带、鄂博梁构造带、盐湖构造带、托北构造带和乌兰构造带等 7 个构造带以及平台凸起和大红沟凸起等 2 个凸起(曾联波 等, 2002)。

根据盆地区域地质演化史特征,柴达木盆地为一大型的多期次构造相互叠置的复合型内陆沉积盆地,盆地板块演化研究表明:柴达木盆地地质构造的发展演化是在经历了加里东、海西、印支、燕山、喜马拉雅等多期构造层相互叠置的基础上而最终形成了现今的盆地构造格局。

自元古代开始,柴达木地块相继发生了 26 次显著构造运动,既有区域性构造运动,也有局部构造运动,以晚三叠世末印支运动为界可将柴北缘构造演化划分为两个大的阶段:第一阶段为印支运动前的多岛陆间洋、伸展裂谷洋、残留海槽阶段,第二阶段为印支运动后的中、新生代内陆盆地形成阶段。下面以第二阶段的中生代侏罗纪为重点对柴达木盆地的构造演化进行论述(曾联波 等,2002;高先志 等,2003)。

(1)早侏罗世

对柴达木盆地以及相邻地块的古地磁研究结果显示,在早侏罗世,柴达木地块、华北地块(包括阿拉善地块)以及扬子地块都发生了较大规模的向北运移,柴达木盆地还同时发生了顺时针旋转。通过对比柴达木地块与华北地块运移速度发现,华北地块相对于柴达木地块运移的速度和距离要大(吴汉宁 等,1997),这样势必在两地块间形成伸展构造环境,产生断陷或裂谷型盆地,因此,在柴北缘地区以发育断陷型盆地为主要特征。与此同时,柴达木盆地的顺时针旋转作用也对整个柴达木盆地的构造发展造成一定影响。地块的整体旋转在促进盆地北缘进一步伸展的同时,也造成了南缘处于相对挤压的局部构造环境。这种构造作用可解释为何下侏罗统主要发育在柴北缘地区,而在南部地区呈欠发育或缺失的地层分布格局。

(2)中侏罗世

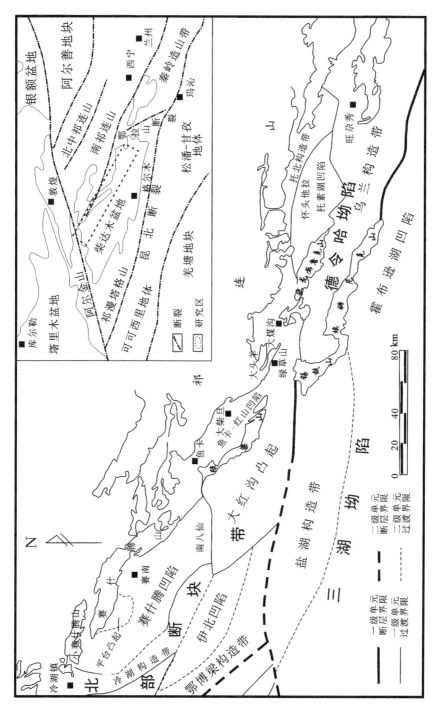

图 2-2　柴达木盆地北缘构造位置与构造单元划分图

该时期柴达木地块与华北地块延续了早侏罗世的差异运动,导致柴北缘整体仍处于地壳伸展构造环境,中侏罗世初鱼卡、赛什腾断陷形成。与此同时,中侏罗世初-白垩纪相邻的塔里木地块开始相对南、北两侧柴达木板块和华北板块向东的迁移及羌塘地块持续地向北漂移造成了柴达木板块西端和南部同时受到挤压作用,再加上柴达木板块自身的顺时针旋转,这些作用综合的结果一方面使柴北缘西端由早侏罗世的伸展构造环境转变为挤压构造环境,并导致冷湖、鄂博梁地区抬升,沉积水体向东、北方向迁移,形成了以大煤沟、鱼卡为沉积中心,向绿梁山、赛什腾凹陷等四周超覆的沉积特点;另一方面也使断陷活动中心向东迁移,由西北赛南凹陷经鱼卡地区至东南方向大煤沟地区,构造伸展作用增强而挤压作用减弱。反映在盆地性质上,中侏罗世鱼卡东侧大煤沟地区以断陷盆地为主,表现为强烈的断陷沉降;西北赛什腾凹陷老高泉地区表现为早期断陷而后期凹陷,构造沉降较小;而位于老高泉、大煤沟之间的鱼卡地区也表现为早期断陷而后期凹陷,但构造沉降幅度介于前两者之间。

(3) 晚侏罗世-早白垩世

中国西北地区整体由早、中侏罗世伸展构造环境转变为晚侏罗世-早白垩世挤压构造环境。晚侏罗世,华北-蒙古地块与西伯利亚地块的碰撞形成了蒙古-鄂霍茨克缝合带,同时拉萨地块与羌塘地块发生碰撞,造成古亚洲南部地区普遍发生变形和古老造山带的重新活动和隆升。柴达木地块位于这个碰撞带的中间部位,因此在南、北两侧碰撞作用的影响下,柴达木盆地总体处于挤压构造环境。与此同时,盆地两侧发生的逆冲推覆使早期伸展构造发生反转,并在其前缘形成了相应的前陆型挠曲盆地,柴北缘以及柴东地区的上侏罗统-下白垩统应属于前陆盆地的产物。

2.2.3 区域断裂系统及控煤样式

断裂系统指的是在同一构造应力场对特定区域作用下形成的一系列有成因联系的断裂及其所控制的地层和构造组合,而且它们在排列展布特征和构造样式方面有着明显的规律性。柴北缘地区发育着多组褶皱系统和断裂系统,它们以不同的方式控制着盆地侏罗系煤田的分布和构造格架(图 2-3)。根据其产状、性质和对构造格架的影响程度,分为以下三类。

(1) 走滑断裂系统

盆地内走滑断裂构造一级断裂系统以阿尔金和鄂拉山为代表,在此一级断裂系统影响下,形成如马海-南八仙断裂和红山-锡铁山断裂等具有明显走滑特征的二级断裂系统。这种断裂系统形成了柴北缘东西分开的基本格架,而且鄂拉山走滑断裂(NW)和阿尔金走滑断裂(NE)作为柴北缘东西边界,将其与周围的构造单元进行了分割。

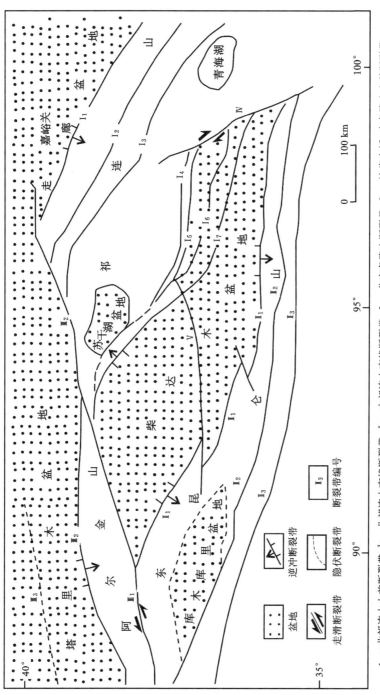

图 2-3　柴达木盆地及周缘造山带区域断裂系统

I₁—北祁连山山前断裂带；I₂—北祁连山南缘断裂带；I₃—中祁连山南缘断裂带；I₄—北宗务隆山断裂带；I₅—达肯大坂-宗务隆山山前断裂带；
I₆—欧龙布鲁克山-牦牛山断裂带；I₇—赛什腾山-锡铁山-埃姆尼克山山前断裂带；II₁—昆北断裂带；II₂—昆中断裂带；II₃—昆南断裂带；
III₁—阿尔金南缘断裂带；III₂—阿尔金北缘断裂带；III₃—塔南隆起断裂带；IV—鄂拉山断裂带；V—甘森-小柴旦断裂带。

（2）逆冲推覆构造系统

赛什腾山北-达肯大坂-宗务隆山山前断裂带、赛什腾山-锡铁山-埃姆尼克山山前断裂带、欧龙布鲁克山-牦牛山断裂带是柴北缘块断裂带内的一级断裂系统，控制了该区内的基本构造格局，断裂走向以北西-北西西向为主。其中赛什腾山北-达肯大坂-宗务隆山山前断裂、赛什腾山-锡铁山-埃姆尼克山山前断裂分别构成了柴北缘逆冲推覆构造带的南北边界，它们控制着研究区内的隆凹格局和含煤地层的展布。如新高泉矿、老高泉矿、大头羊矿、埃南矿、欧南矿、柏树山矿等都沿逆冲推覆构造的前锋带展布。由于受走滑断裂影响，研究区内断层普遍具压扭性质，故区内断裂、褶皱形态多以雁行式排列和反 S 形展布（图 2-4）。

柴北缘块断裂带以由北向南的逆冲推覆构造为主，伴随由南向北的逆冲推覆构造活动，构成南北对冲构造格局。逆冲推覆构造多以叠瓦状产出，在南北向强烈的挤压构造应力作用下，夹持于断层中的断夹块，普遍抬升，多以断-褶形态出现。

① 赛什腾山北-达肯大坂-宗务隆山山前断裂带

该断裂西起阿尔金山前，向东经赛什腾山北麓、达肯大坂山，一直延伸至东部宗务隆山，止于鄂拉山走滑断裂。由一系列叠瓦状逆冲推覆断层组成，断层面向北东方向倾斜，倾角较缓，断裂切割较深，组成赛什腾山北-达肯大坂-宗务隆山山前断裂带，构成柴北缘逆冲推覆构造带的北界。

该断裂带形成时期较早，受后期多次构造作用影响，尤其是燕山期大规模逆冲推覆构造活动的影响，导致早期形成断裂构造与后期断裂构造相互复合叠加，时序难以辨认。

② 赛什腾山-锡铁山-埃姆尼克山山前断裂带

该断裂带西起阿尔金山前，向东经赛什腾山北麓、锡铁山、绿梁山、埃姆尼克山，止于都兰地区，全长约 700 km，倾向北东，倾角较缓。断裂呈北西、北西西向反 S 形展布，略有锯齿状外形。该断裂构成柴北缘逆冲推覆构造带与柴北缘前陆滑脱拆离带（西段）和柴达木中央坳陷带（东段）的分界。

现有资料表明，该断裂于奥陶纪中期即已形成，是南隆北坳的分界。北侧的晚奥陶世发育，断陷地槽、火山岩、基性-超基性岩均较多。沿断裂带地球物理场特征显著，呈线性延伸的负异常带，重力梯度带明显；南侧为升高的磁力、重力区。喜马拉雅运动以来，该断裂带复活，古生界、前震旦系地层逆冲于新近系地层之上。

③ 欧龙布鲁克山-牦牛山断裂带

该断裂带沿西部绿草山，向东经欧龙布鲁克山，一直延伸至东部牦牛山。该断裂带由一系列次级断裂组成，断层面倾向北东方向，倾角由浅至深逐渐变缓，自西向东呈反 S 形展布。

（3）褶皱断裂系统

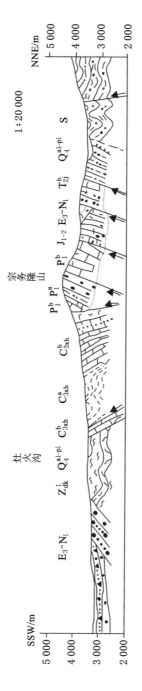

图 2-4 宗务隆山断裂系统剖面图

柴北缘块断带内背斜构造极为发育,轴向以北西-南东向为主,受走滑断层的影响,表现出扭动构造的性质,单个褶皱的规模较小,组合呈雁行斜列和反 S 形产出,褶皱构造按其构造形态可分为四类:纵弯背斜、生长背斜、断展背斜以及由于冲起构造作用形成的纵弯背斜。断裂构造多以逆冲推覆构造为主,伴随对冲构造格局,这是柴北缘褶皱构造的一大特点。受断层切割、控制,褶皱构造的规模均较小,且多发育于逆冲推覆构造的前陆滑脱拆离带内,变形程度相对较弱。

在以上三类断裂系统的控制下,在柴北缘侏罗系含煤地层中产生了各种的构造控煤样式,通过野外地质调查和煤田地质勘探资料划分出了六类典型控煤构造样式(表 2-1)。

表 2-1 柴北缘煤田构造控煤样式

类型		简要特征	实例	模式图
褶皱断裂组合	褶皱断裂(褶断)型	在区域构造应力场作用下形成的纵弯褶皱,以复式褶皱形式出现,褶皱不同程度地受断层切割破坏。煤系分布面积一般较大,可形成规模相对较大的煤田或矿区	鱼卡煤田	
逆冲断层组合	逆冲前锋型	逆冲断裂前锋(带),煤系通常位于逆冲断层下盘,靠近主断层面的岩(煤)层产状急剧变化,倾角增大、直立乃至倒转,煤层呈与逆冲断层走向平行的狭窄条带,因煤层流变可造成局部厚煤带	柏树山老高泉北露天欧南宽沟	
	逆冲褶皱型	由于边界逆冲断层的挤压和逆冲牵引,岩(煤)层发生褶皱变形,褶皱轴向与边界逆冲断层平行	绿草山旺尕秀全吉	
	叠瓦扇断夹块型	叠瓦扇断夹块,与逆冲褶皱型的区别在于断夹块岩(煤)层变形程度相对较低,基本保持单斜状态,褶皱不发育	老高泉	
	对冲断夹块型	两相向逆冲断层之共同下盘,即逆冲断层三角带,受对冲断层控制,煤系构造形态通常为轴向平行与断层走向的狭窄向斜形式,煤层变形一般较强烈	新高泉大头羊	

表 2-1(续)

类型		简要特征	实例	模式图
单斜断块组合	单斜断块型	主体构造形态为缓倾斜至中等角度的单斜,可以是大型褶皱的一翼或大型逆冲岩床的一部分,通常被断层切割,但断层对单斜构造形态不具主导控制作用。煤层变形一般不强烈,有利于开发	大煤沟西大滩埃南	

2.3　柴北缘侏罗系含煤地层

（1）含煤地层分布及古环境

柴北缘下侏罗统小煤沟组从下至上可分为四个阶段,古环境从温暖潮湿气候(第一、第二阶段)转变为干旱半干旱气候(第三、第四阶段),沉积相由开始的辫状河三角洲平原转变为后期的滨浅湖和湖湾,小煤沟组含煤地层分布主要集中在西大滩和大煤沟地区,除 D 组煤外,其余煤层横向稳定性较差,多为不可采煤层;进入中侏罗统后,古气候条件又变得温暖潮湿,因此该沉积期含煤地层的沉积范围继续扩大,从西到东依次包括新高泉、原老高泉(结绿素)、鱼卡、五彩、绿草山、西大滩、大煤沟、欧南、埃南和旺尕秀等含煤区(图 2-5)。

柴北缘鱼卡煤田位于研究区的中西部,现包括羊水河勘探区、鱼东勘探区、尕秀勘探区、二井田勘探区和北山勘探区等。中侏罗统大煤沟组 M7 煤层为煤炭开采和煤层气开发的主力目标层,通过对该地区钻孔统计知,整体上鱼卡煤田煤层厚度呈两端薄、中间厚的态势,其中鱼东和尕秀最大煤厚均超过 30 m,且构造复杂区煤厚变化较快,而构造相对简单区域则稳定分布。

（2）含煤地层对比

尽管柴北缘地区侏罗纪地层研究历史悠久,但在地层划分和对比方面的认识仍存在许多问题。早在 20 世纪 80 年代,青海煤炭地质 105 勘探队将大煤沟剖面自下而上划分为下侏罗统小煤沟组、中侏罗统大煤沟组和上侏罗统采石岭组。其中小煤沟组进一步划分为下段和上段,小煤沟组下段含 A 煤组、B 煤组、C 煤组和 D 煤组;小煤沟组上段为不含煤段,岩性以灰绿色泥岩与紫红色含砂泥岩、砂质泥岩互层为主,该段岩性特征为红色岩段,为早侏罗世托阿尔期干旱气候的产物。对于鱼卡煤田区域地层而言,从石门沟上段到大煤沟上段的岩性段依次包括油页岩段、泥岩段、砂岩段、砂泥互层段和含煤段。

石油系统对柴北缘大煤沟剖面的地层划分以 1997 年青海石油局提出的方

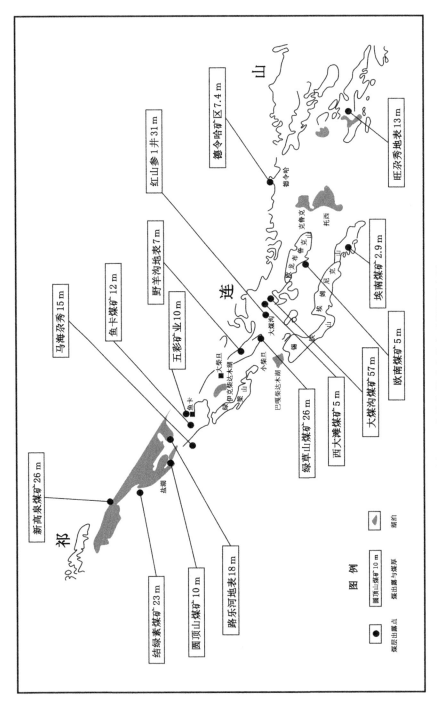

图 2-5　柴北缘煤矿点分布及煤层厚度图

案最具代表性,自下而上分为下侏罗统小煤沟组、中侏罗统大煤沟组和上侏罗统采石岭组。与 105 勘探队的划分方案相比,在下侏罗统的界定上有很大差别,青海石油局下侏罗统小煤沟组相当于 105 勘探队小煤沟组的 A 煤组,俗称含油段,中侏罗大煤沟组自下而上划分为 7 段。同时,关于中、下侏罗统界定的问题,孙德君(2001)利用大煤沟剖面进行了生物地层学、生态地层学、事件地层学等研究,认为大煤沟组第三段地质时代应属早侏罗世晚期托阿尔期,从而将早、中侏罗统界线确定在第三段和第四段间。

表 2-2 罗列出了石油系统和煤田地质系统在不同时期对柴达木盆地北缘侏罗系地层划分对比情况。其中,柴北缘侏罗系主要包括两套含煤地层,即下侏罗统含煤地层和中侏罗统含煤地层,具体见表 2-3。

表 2-2　柴达木盆地北缘侏罗纪地层划分对比一览表

105 勘探队 (1980 年)			青海油田 (1996 年以前)		席萍等 (1996 年)	张泓等 (1998 年)			石油系统 (现今)			本次采用 方案		
上侏罗统	采石岭组		上侏罗统	采石岭组		上侏罗统	采石岭组		上侏罗统	红水沟组		上侏罗统	红水沟组	
										采石岭组			采石岭组	
中侏罗统	石门沟组	油页岩段	中侏罗统	大煤沟组	七段 J_2d^7		石门沟组		中侏罗统	大煤沟组	七段 J_2d^7	石门沟组	上段 J_2s^2	
		砂岩段			六段 J_2d^6						六段 J_2d^6		下段 J_2s^1	
		泥岩段			五段 J_2d^5	中侏罗统	大煤沟组	含煤段			五段 J_2d^5	大煤沟组	上段 J_2d^2	
	大煤沟组	煤层碳质泥岩段			四段 J_2d^4			砂砾岩段			四段 J_2d^4		下段 J_2d^1	
		砂砾岩段												
		上段			三段 J_2d^3		饮马沟组	杂色岩段			三段 J_2d^3	小煤沟组	四段 J_1x^4	
下侏罗统	小煤沟组				二段 J_2d^2			黑色泥岩段			二段 J_2d^2		三段 J_1x^3	
		下段			一段 J_2d^1		甜水沟组				一段 J_2d^1		二段 J_1x^2	
				含油段 J_1x^y	小煤沟组	含油段 J_1x^y	下侏罗统	火烧山组		小煤沟组		下侏罗统	一段 J_1x^1	
			下侏罗统	小煤沟组	含炭段 J_1x^t	湖西山组	上段 J_1h^2		小煤沟组		湖西山组	三段 J_1h^3		
				暗绿色段 J_1x^1		下段 J_1h^1			湖西山组	三段 J_1h^3		湖西山组	二段 J_1h^2	
				红绿段 J_1x^h	时代未定					二段 J_1h^2			一段 J_1h^1	
										一段 J_1h^1				

表 2-3　柴北缘侏罗纪煤层对比表

地层			东台	老高泉	鱼卡	大头羊	绿草山	西大滩	大煤沟	欧南	埃南
中侏罗统	石门沟组(J_2s)	上段(J_2s^2)	M4	M4	M1	M1					
		下段(J_2s^1)	M5	M5	M2 M3 M4 M5	M2 M3 M4 M5	G煤组		G煤组		
	大煤沟组(J_2d)	上段(J_2d^2)	M7\M6	M7\M6	M7\M6	M6	F煤组	F煤组	F煤组	F煤组	F煤组
							E煤组				
		下段(J_2d^1)									
下侏罗统	小煤沟组(J_1x)	第四段(J_1x^4)									
		第三段(J_1x^3)						D煤组	D煤组		
		第二段(J_1x^2)						C煤组	C煤组		
		第一段(J_1x^1)							B煤组 / A煤组		

2.4　柴北缘侏罗系含页岩地层

根据区域地质资料和前人研究成果,柴北缘侏罗系共计发育 9 段暗色泥页岩段,分别分布在下侏罗统湖西山组和小煤沟组以及中侏罗统大煤沟组和石门沟组,其中湖西山组包括 H1～H3 段,小煤沟组包括 H4～H6 段,大煤沟组包括 H7 段,石门沟组包括 H8～H9 段(图 2-6)。

(1)下侏罗统

柴北缘侏罗系 9 套泥页岩在横向分布上具有明显的分区性。下侏罗统 H1～H3 泥页岩段主要分布在柴北缘西南部的冷湖、一里坪和南八仙地区,分布范围较广,面积约 2.1×10^4 km²(图 2-6、图 2-7)。其厚度较大,累计厚度在 20～1 200 m,整体在 500 m 以上,厚度中心位于冷湖构造带和昆特依凹陷。下侏罗统 H4～H6 泥页岩段主要发育在大煤沟及周边地区,冷湖构造带的潜西地区也有发育,累计厚度较大,但分布范围较为局限。

下侏罗统暗色泥页岩厚度分布特征如图 2-7 所示,其分布范围与下侏罗统分布范围基本一致。暗色泥页岩累计厚度从 20 m 至 1 200 m,厚值区主要分布在冷

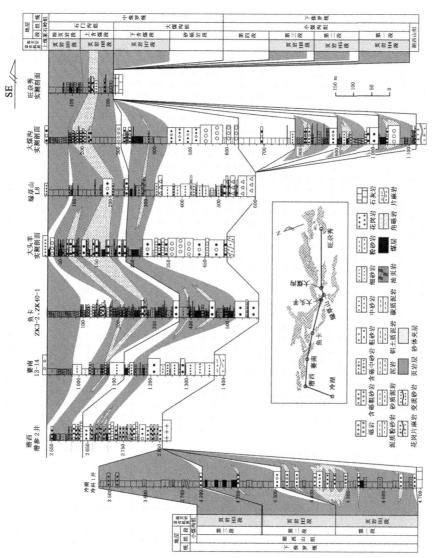

图 2-6　柴北缘侏罗系富有机质泥页岩层连井对比图

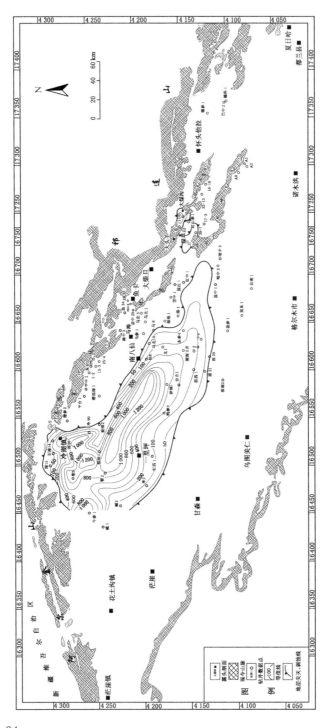

图 2-7　柴北缘下侏罗统暗色泥页岩累计厚度等值线

（据党玉琪等，2003；有修改）

湖--里坪-南八仙地区下侏罗统残余区中心位置,厚度范围为 200～1 200 m,主要有三个厚度中心,整体厚度在 800 m 以上,分布在冷湖五号冷科 1 井附近、冷湖七号冷七 2 井以南和鄂 3 井以东地区;厚度中值区包括冷湖--里坪-南八仙地区下侏罗统残余区边缘位置和大煤沟-大头羊煤矿,厚度范围为 50～200 m;厚度低值区为全吉山西-锡铁山北区段和埃南地区,厚度范围为 20～50 m。

(2)中侏罗统

中侏罗统 H7～H9 富有机质泥页岩段主要发育于柴北缘北部的赛什腾凹陷、鱼卡-红山凹陷和德令哈凹陷内,分布面积约 2.05×10⁴ km²,泥页岩段整体厚度较下侏罗统小,累计厚度为 50～350 m,但横向连续性较好(图 2-6)。

中侏罗统暗色泥页岩厚度分布特征如图 2-8 所示(见下页),其分布范围同样与中侏罗统残余地层分布基本一致。赛南-鱼卡区段存在两个暗色泥页岩厚度高值区,分别是潜西深 1 井南部和马海-鱼卡地区,厚度均在 200 m 左右。另外,在大煤沟地区厚度达到 200 m 以上,分布范围较小;德令哈凹陷暗色泥页岩分布面积较大,在北部和南部分别发育一个厚度高值区,暗色泥页岩厚度均在300 m 以上。

2.5　柴北缘侏罗系含煤岩系沉积环境

柴北缘侏罗系含煤岩系沉积体系以冲积扇-三角洲-湖泊为主,其中以中侏罗统大煤沟组上段含煤性最好,成煤环境以三角洲平原分流间湾和泛滥平原为主,中侏罗统石门沟组以湖泊沉积体系为主,石门沟组上段顶部稳定分布着一段棕褐色油页岩,并且可以全区对比(图 2-9)。

(1)早侏罗世

冷湖地区钻孔揭露下侏罗统主要为湖西山组和小煤沟组,冷湖三号、冷湖四号和南八仙地区下侏罗统主要发育辫状河、辫状河三角洲沉积体系,沉积相以辫状河三角洲前缘为主,其次为三角洲间湾和三角洲平原。冷湖五号冷科 1 井揭露的下侏罗统湖西山组第二、三段属于扇三角洲-湖泊沉积体系,沉积相以扇三角洲平原、扇三角洲前缘、深湖、半深湖和湖底扇相为主,其次为滨浅湖和辫状河三角洲前缘相。潜西地区潜参 1 井揭示的为小煤沟组第一段,主要发育辫状河三角洲平原相。物源来自早侏罗世沉积盆地南北两侧基底隆起和盆地西北方向阿尔金山。

大煤沟地区下侏罗统主要发育小煤沟组,大煤沟矿区小煤沟组地层厚度421 m,发育小煤沟组第一至第四段,自下而上沉积环境经历了辫状河三角洲平原→深湖、半深湖相→湖湾相→辫状河三角洲平原的演化过程。位于西北方向

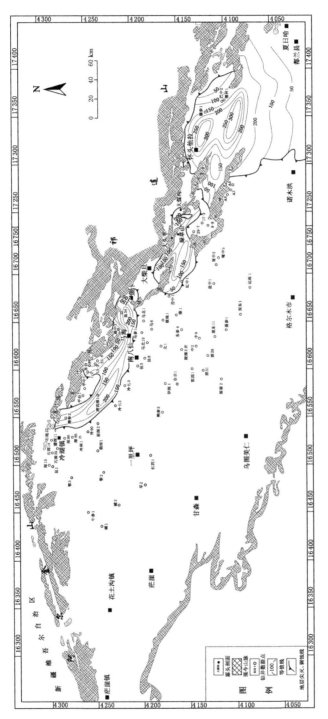

图 2-8 柴北缘中侏罗统暗色泥页岩累计厚度等值线

（据党玉琪等，2003；有修改）

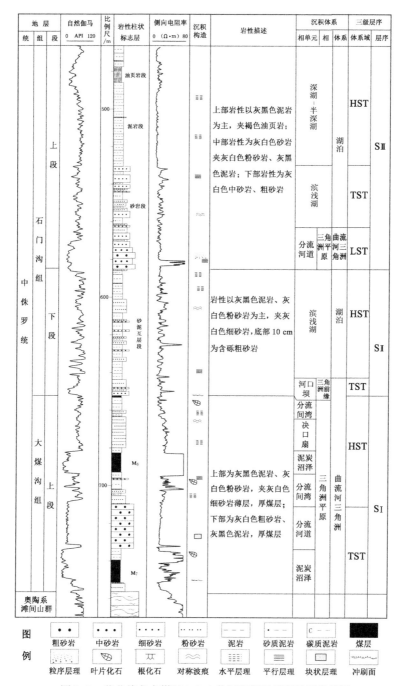

图 2-9　柴北缘鱼卡煤田 YQ-1 井沉积相及层序地层柱状图

的大头羊矿区下侏罗统从小煤沟组第四段开始沉积,主要为干旱气候下的冲积扇相。而这两个地区基本呈北西向线状分布,与区域北西向断裂带走向基本一致,位于这一线状分布以南的绿草山和红山参1井侏罗系均从中侏罗统开始接受沉积。这说明大煤沟矿区位于早侏罗世断陷盆地较陡部位,最先接受沉积,而后向位于较缓斜坡地带、大头羊、绿草山和红山参1井等地区逐渐超覆。但从大煤沟地区下侏罗统的沉积厚度和沉积相看,大煤沟地区的下侏罗统沉积要晚于冷湖地区的下侏罗统沉积。物源来自南北沉积盆地南侧早侏罗世古隆起和西部的欧龙布鲁克山。

(2)中侏罗世

柴北缘中侏罗世沉积向东、向北发生大规模迁移,形成了以大煤沟和鱼卡为沉积中心,向绿梁山、绿草山、埃姆尼克山、赛什腾凹陷、圆顶山、路乐河等超覆减薄,物源来自中侏罗世沉积盆地南北两侧基底隆起和盆地西北方向阿尔金山。柴北缘北部断块带中侏罗统包括两大聚煤区,分别为赛什腾凹陷和鱼卡-红山凹陷,而柴北缘东部德令哈坳陷中的含煤区主要位于德令哈和乌兰构造带中。柴北缘中侏罗统含煤岩系沉积体系从物源区到沉积中心依次包括冲积扇、扇三角洲、辫状河三角洲、曲流河三角洲以及湖泊等,其成煤古地理单元主要包括三角洲分流间湾和泛滥平原等,其中沉积物源区来自北部祁连山脉的小赛什腾山、赛什腾山、达肯大坂山、宗务隆山、埃姆尼克山和欧龙布鲁克山等。综上所述,根据柴北缘侏罗系构造特征、沉积环境、含煤地层及煤矿区的分布特征,将柴北缘各煤田(从西至东依次包括赛什腾、鱼卡、全吉和德令哈煤田)的煤层和泥页岩埋深及累计厚度、煤层及泥页岩镜质体反射率、TOC含量和煤质数据进行了统计,其具体特征见表2-4。

表 2-4 柴北缘各煤田侏罗系煤层和泥页岩的基本特征

煤田名称	赛什腾煤田	鱼卡煤田	全吉煤田	德令哈煤田
所含煤矿点	高泉、结绿素、圆顶山	鱼卡、五彩矿业、马海尕秀	大头羊、绿草沟、宽沟、大煤沟	旺尕秀、柏树山、红山
泥页岩沉积中心	冷湖、一里坪	鱼卡、马海、南八仙	大头羊、绿草沟、大煤沟	怀头他拉
沉积环境	冲积扇-辫状河三角洲-滨浅湖	曲流河三角洲-扇三角洲-滨浅湖-半深湖	曲流河三角洲-滨浅湖	扇三角洲-滨浅湖-半深湖
煤层埋深/m	200～2 000	200～1 500	100～1 200	200～1 000
泥页岩埋深/m	200～16 000	200～6 000	100～2 000	200～6 000

表 2-4(续)

煤田名称	赛什腾煤田	鱼卡煤田	全吉煤田	德令哈煤田
构造控煤样式	叠瓦扇断夹块型、对冲断夹块型、逆冲前锋型	褶皱断裂型、对冲断夹块型	逆冲前锋型、逆冲褶皱型、单斜断块型	逆冲前锋型、单斜断块型
煤层厚度/m	2～43.6	4～36.8	2.2～33.4	0.2～13
泥页岩厚度/m	150～1 300	50～200	50～200	50～300
TOC/%	0.5～4.0	0.6～9.4	1.0～6.0	0.5～3.5
煤中最大镜质体反射率/%	0.68	0.60	0.57	0.38
泥页岩镜质体反射率/%	0.6～6.5	0.4～1.5	0.4～0.8	0.5～2.0
灰分平均含量/%	6.35	4.07	15.48	11.44
水分平均含量/%	2.4	2.32	5.42	3.76

2.6　本章小结

（1）柴北缘自西向东依次包括赛什腾煤田、鱼卡煤田、全吉煤田和德令哈煤田等。其中，赛什腾煤田相当于二级构造单元赛什腾凹陷，鱼卡煤田相当于二级构造单元鱼卡-红山凹陷西段，全吉煤田相当于二级构造单元鱼卡-红山凹陷东段，德令哈煤田相当于二级构造单元德令哈凹陷。

（2）柴北缘侏罗系西部含煤性明显好于东部，赛什腾煤田、鱼卡煤田和全吉煤田最大镜质体反射率明显高于德令哈煤田，赛什腾煤田和鱼卡煤田的灰分要明显低于全吉煤田和德令哈煤田，而全吉煤田和赛什腾煤田煤中水分则要高于赛什腾煤田和鱼卡煤田。

（3）柴北缘侏罗系共计发育 9 段暗色泥页岩段，分别分布在下侏罗统湖西山组和小煤沟组以及中侏罗统大煤沟组和石门沟组。其中，湖西山组包括 H1～H3 段，小煤沟组包括 H4～H6 段，大煤沟组包括 H7 段，石门沟组包括 H8～H9 段。整体上，柴北缘东西两侧的赛什腾煤田和德令哈煤田泥页岩埋藏较深，而位于中部的鱼卡煤田和全吉煤田埋藏较浅。

第3章　柴北缘侏罗系煤储层吸附特征及煤岩学控制分析

　　作为评价煤层气勘探开发潜力的主要方面,煤的甲烷吸附特征及其影响因素分析一直是研究的热点。同时,甲烷吸附能力的评价与煤层气的成功勘探开发(包括 CO_2 或 N_2 驱替 CH_4)关系密切(Perera et al.,2011;Zhao et al.,2012;Song et al.,2012;Komatsu et al.,2013),并可以有效预防煤矿井下瓦斯事故。煤的渗透率作为瓦斯抽采和煤层气开采的另一个重要参数,也受到了甲烷吸附及解吸变化的影响(Zhu et al.,2013;Xie et al.,2015)。整体上,煤的吸附特征受控于其储层的内部因素和外部环境(地质构造因素)。内部因素包括煤级、灰分、水分、煤岩类型、煤岩组分、煤相和煤体结构(García-Sánchez et al.,2010;Wang et al.,2011;Gun'ko et al.,2011;Perera et al.,2012;Olajossy,2013;Li et al.,2016)。而外部因素主要包括地层温度、原地应力、煤的粒度和构造变形程度(张晓东 等,2005;Wang et al.,2011;Perera et al.,2012;Mahdizadeh et al.,2011;Yue et al.,2015)。

　　大量的研究表明,甲烷往往吸附在煤的有机组分中,同时镜质组和惰质组的甲烷吸附能力要高于同等量的壳质组(Alexeev et al.,2004;Chalmers et al.,2007;Jian et al.,2015)。但是,对于镜质组和惰质组对甲烷吸附能力的认识还存在一定的差异,大多数文献认为镜质组的甲烷吸附能力要强于惰质组的(Clarkson et al.,1999;Bustin et al.,1998;Crosdale et al.,1998;Mastalerz et al.,2004;Hildenbrand et al.,2006)。然而,相反的结论也出现在一些文献中(Wang et al.,2011;简阔 等,2014)。同时,另外一些学者则认为煤中的显微煤岩组分与甲烷的吸附能力没有任何关系(钟玲文 等,1990;Olajossy,2013)。

　　煤级和煤的显微组分在影响着煤的甲烷吸附能力方面起着决定性作用(全裕科,1995;Wang et al.,2011)。对于中高煤阶煤而言,甲烷吸附能力与煤级关系更加密切(Yao et al.,2009)。但对于低煤阶煤而言,煤的显微组分将成为控制煤的孔隙结构和甲烷吸附能力的主要因素,特别是当研究煤层位于同一煤田或横向上变化较小的地区(Jian et al.,2015;Li et al.,2016)。在本次研究中,为了体现出煤岩组分对甲烷吸附能力的控制作用,除了平面上的采样,其他煤样均采自相同的钻孔(YQ-1 井),镜质体最大反射率值相近,均在 0.7％左右,这在一定程度上降低了煤阶对甲烷吸附的影响。煤相可以反映成煤期泥炭沼泽的原始成因类型,其识别方法有多种,其中通过显微煤岩组分及其组合对煤相进行表征是常用的方法(Calder et al.,1991;Staub,2002;Bechtel et al.,2014;Sen et al.,2016)。前人通过分析煤相与甲烷吸附特性之间的关系发现,煤的甲烷吸附能力分别在干燥型森林沼泽、过渡型森林沼泽、潮湿型森林沼泽和淡水型泥炭沼泽中逐渐增大(Li et al.,2014b)。

以往的研究主要集中于显微煤岩组分和煤相与吸附能力之间的关系(Yao et al.,2008;Li et al.,2014b)。然而,由于煤级对于甲烷吸附能力的影响,单孔垂向分布相似煤级不同显微煤岩组分对甲烷吸附能力的影响却鲜有报道。本研究除了平面上对柴北缘 4 个煤田进行煤的甲烷吸附特征研究,还对柴达木盆地北缘鱼卡煤田 YQ-1 钻井岩心 13 个煤样的甲烷吸附特征及其垂向变化($R_{o,max}$＝0.68％～0.77％)进行了详细分析。所有样品均进行了工业分析、孔隙度计算、显微组分鉴定、平衡水分分析和等温吸附实验。在此基础上,对煤甲烷吸附能力的影响(特别是煤岩学影响)进行了深入分析,可以根据所获得的煤岩学数据来预测研究区内煤的朗缪尔体积和朗缪尔压力,最终寻求柴北缘煤层气的有利勘探区。

3.1　采样位置及测试方法

平面上对柴北缘 4 个煤田 7 个煤样进行了不同温度下的甲烷等温吸附实验,采样点分别位于赛什腾煤田的高泉煤矿、鱼卡煤田的五彩矿业和鱼卡煤矿、全吉煤田的大煤沟煤矿和绿草沟煤矿以及德令哈煤田的旺尕秀煤矿。煤层气勘探井岩心采样则集中在鱼卡煤田的 YQ-1 井,该井岩心中共计采集 13 个煤样,采样间隔大约为 1.5 m,其中 6 个样品来自 M6 煤层,7 个样品来自 M7 煤层,这 13 个样品按深度从 1 号至 13 号依次编号(图 3-1)。

煤的宏观煤岩类型是基于煤的宏观煤岩成分及其光泽度来进行划分的,具体参考 GB/T 18023—2000。煤的孔隙度(ϕ)是根据方程 $\phi=(\rho_s-\rho_a)/\rho_s\times100\%$ 进行计算的,其中 ρ_s 是煤的真密度,而 ρ_a 是煤的视密度。根据 GB/T 30732—2014,对煤的水分、灰分和挥发分等参数进行了测定。分别基于 GB/T 6948—2008 和 GB/T 8899—2013,利用 Leitz MPV-3 型光度计显微镜,在反射油浸光下,进行镜质体最大反射率($R_{o,max}$)测定和显微组分鉴定(500 个点)。

选择镜煤条带的煤样,在相应的实验室内经过破碎、缩分、研磨,按照 GB/T 474—2008 制取粒度为 0.25～0.18 mm(60～80 目)的样品共计 200 g 左右。高

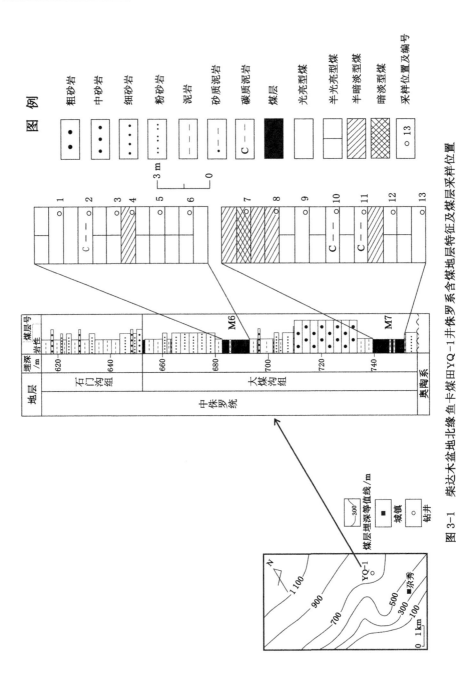

图 3-1 柴达木盆地北缘鱼卡煤田 YQ-1 井侏罗系含煤地层特征及煤层采样位置

压等温吸附测试工作委托河南理工大学瓦斯地质研究所完成,平衡水条件下的吸附测试工作委托中国石油勘探开发研究院廊坊分院完成(实验温度为 30 ℃),测试仪器选用美国生产的 IS-100 型高压气体等温吸附仪,测试方法参照 GB/T 19560—2008。

3.2　煤层气的赋存状态和吸附特征

煤体中赋存气体的多少不仅影响煤层气含量的大小,还直接决定着煤层中瓦斯的流动性及由此引发的灾害危险性。因此,研究煤层中甲烷的赋存状态是煤层气勘探开发和矿井瓦斯研究中的重要内容之一。

煤对甲烷的吸附作用主要是物理吸附,是甲烷分子与碳分子相互吸引的结果,一般把甲烷分子进入煤体内部的煤层气称为吸收状态,把附着在煤体表面的煤层气称为吸着状态,吸收状态和吸着状态统称为吸附状态。赋存甲烷气的煤层中,通常吸附态量占 80%～90%,游离态量占 10%～20%,吸附态中又以煤体表面吸着状态占多数。

(1)吸附态

煤层中吸附状态的煤层气一般占到煤中总量的 80%～90%,具体比例取决于煤的变质程度、埋藏深度、地质构造和煤层气开发中所导致其赋存状态变化等因素(张新民 等,2002)。煤是一种多孔介质,煤中的孔隙大部分是直径小于 50 nm 的微小孔,这使煤具有丰富的内表面积,会形成较高的表面吸引力,所以煤具有很强的储气能力。

(2)游离态

在气饱和的情况下,煤的孔隙和裂隙中充满着处于游离状态的煤层气。这部分气体服从一般气体状态方程,因分子热运动显现出气体压力。游离态气体的含量取决于煤的孔隙(裂隙)体积、温度、压力、气体成分及其压缩系数,即:

$$Q_y = \sum_{i}^{n} f_i \cdot \phi \cdot p \cdot K_i \tag{3-1}$$

式中,Q_y 为游离气含量,cm^3/g;f_i 为第 i 气体摩尔分数;ϕ 为单位质量煤的孔隙体积,cm^3/g;p 为气体压力,MPa;K_i 为第 i 气体的压缩系数。

在中高煤阶煤中,游离气占的比例相对较低,然而随着我国对西北地区低煤阶煤层气勘探开发工作的重视,发现在低煤阶中以游离态存在于煤储层的比例显著高于中高煤阶(刘洪林 等,2007;徐忠美 等,2011)。另外,煤储层内煤层气的赋存状态不仅有吸附态和游离态,还包含有少量的液态和固溶体状态。但是,由于吸附态和游离态煤层气所占的总比例常在 85％以上,正常情况下整体所表现出的特征仍是吸附和游离状态赋存特征。

(3) 单分子层吸附理论

1916 年,法国化学家 Langmuir(朗缪尔)在研究固体表面吸附特性时,提出了单分子层吸附的状态方程,即朗缪尔方程。朗缪尔方程的基本假设条件是:① 吸附平衡是动态平衡;② 固体表面是均匀的;③ 被吸附分子间无相互作用力;④ 吸附作用仅形成单分子层。其数学表达式为:

$$V = \frac{abp}{(1+bp)} \tag{3-2}$$

式中,吸附常数 a 取决于吸附剂和吸附质的性质,表示在给定的温度下单位质量固体的极限吸附量,对煤体吸附甲烷而言,该值一般为 15～55 m^3/t;b 为压力常数;p 为气体压力。

Langmuir 方程的另一种表达方式是:

$$V = \frac{V_L p}{p_L + p} \tag{3-3}$$

式中,V_L 为 Langmuir 体积,cm^3/g,其物理意义与 a 值相同,即 $V_L = a$;p_L 为 Langmuir 压力,MPa,代表吸附量达到 Langmuir 体积的一半时所对应的平衡气体压力,其与压力常数 b 的关系是 $P_L = 1/b$。

气体平衡压力较低时,Langmuir 方程分母中的 bp 项与 1 相比可以忽略不计,此时的吸附量与压力成正比,即:

$$V = abp \tag{3-4}$$

式(3-4)被称为 Henry(亨利)公式,它只有在吸附剂的内表面积最多有 10％被气体分子覆盖时(即在平衡气体压力很低时)才成立。

气体平衡压力很高时,Langmuir 方程分子中的 1 相对于 bp 项可以忽略不计,即 $V = a$,这就是饱和吸附,它反映了 a 值的物理意义。

3.3 柴北缘各煤田侏罗系煤储层吸附特征

煤层气主要以吸附状态储集于煤的微孔隙中,因此煤的吸附能力不仅影响着煤层含气性,而且决定着后期煤层气的开发(采收率),这也就直接影响到了煤层气井的产能。有关煤的吸附特性及其影响因素前人做了大量的研究(张群 等,1999;张庆玲 等,2004;苏现波 等,2005b;谢振华 等,2007),但对于柴达木盆地北缘地区煤储层研究较少,本次的研究工作将会有利于促进该地区煤层气开发的进程。对柴北缘侏罗系不同地区进行系统采样,然后对其吸附特征进行统一测试分析(表 3-1),并进一步探讨了吸附特性的影响因素,具体包括煤的显微组分、煤质以及煤变质程度等参数,最终从煤的吸附特性出发探讨对柴北缘煤层气开发的影响。

表 3-1　柴北缘侏罗系煤储层基本参数和等温吸附数据(25 ℃)

序号	样号编号	采样点	煤层	$R_{o,max}$ /%	M_{ad} /%	A_{ad} /%	V_{daf} /%	Δp	f	V /%	I /%	V_L /(m³/t)	p_L /MPa
1	0801	高泉煤矿	M7	0.68	2.4	6.35	34.72	6	0.64	83.05	16.23	33.56	1.37
2	0802	五彩矿业	M7	0.72	2.62	2.66	27.9	8	0.62	51.75	47.28	32.68	0.83
3	0803	大煤沟	F	0.47	7.07	14.31	40.12	6	0.61	69.65	29.0	36.36	1.89
4	0804	旺尕秀	F	0.38	3.76	11.44	47.27	6	0.88	59.58	36.88	30.96	1.56
5	0805	鱼卡煤矿	M7	0.51	2.01	5.48	40.94	8	0.74	82.80	14.21	42.19	1.20
6	0811	绿草沟上分层	G	0.48	4.31	23.09	33.88	6	0.5	49.68	46.35	26.51	1.64
7	0813	绿草沟下分层	G	0.54	4.88	9.06	35.24	8	0.42	61.25	36.52	30.08	1.82

注:$R_{o,max}$—最大镜质体反射率;M—水分;A—灰分;V—挥发分;ad—空气干燥基;daf—可燃基;Δp—瓦斯放散初速度;f—坚固性系数;V—镜质组含量;I—惰质组含量;V_L—兰氏体积;p_L—兰氏压力。

一般采用等温吸附的兰氏参数(包括兰氏压力和兰氏体积)来评价煤储层的吸附特征。兰氏体积(V_L)的物理意义是指煤层甲烷的极限吸附量,代表煤储层的最大吸附能力。而兰氏压力(p_L)的物理意义是指极限吸附量 50% 所对应的压力,代表着煤层气储层吸附气体的难易程度以及解吸速率的快慢程度。较低的兰氏压力表明等温吸附曲线曲率较大,因此煤在低压区吸附量相对较大,而在高压区随着压力的增大煤的吸附量增加速率降低。较高的兰氏压力则表明等温吸附曲率较小,因此煤在低压区吸附量相对较小,而在高压区随着压力的增大煤的吸附量快速增高。

根据以上柴北缘 7 个煤样干燥基的甲烷等温吸附实验测试结果分析可知,该地区煤的吸附能力较强且离散度较低,其兰氏体积在 26.51～42.19 m³/t 之间,平均为 33.19 m³/t;而兰氏压力则一般在 0.83～1.89 MPa 之间,均值为 1.47 MPa,表明该地区煤储层在低压区吸附相对容易,而在高压区随着压力的增大煤的吸附量增加速率明显减缓。这样的煤储层如果进行煤层气开发,前期随着压力下降产气量较小,而只有当压力下降到一定程度后,产气量和产气速率才会迅速提高。

3.4 柴北缘侏罗系煤储层吸附性影响因素分析

3.4.1 煤变质程度对煤吸附能力的影响

煤的变质程度对煤吸附能力具有重要的控制作用,但整体上煤变质程度对其吸附性能的影响较为复杂,不同实验条件下获得的结论也不尽相同。刘志钧(1988)通过分析500个干煤样吸附结果发现,随着变质程度的增加,煤的吸附能力呈现先减小、后增加的趋势,在焦煤阶段煤的吸附能力最小;钟玲文等(1990)研究了我国65个矿区不同变质程度的干煤样后发现,随着变质程度的增加煤的吸附能力呈现先减小、后增加、再减小的趋势,最低值和最高值处的最大镜质体反射率分别为1.2%和4.0%;张群等(1999)在平衡水条件下对煤的吸附能力和煤变质程度之间的关系进行了研究,发现随着镜质体反射率增加煤的兰氏体积增大,二者呈良好的正相关关系;姚艳斌等(2007)通过对华北地区煤的变质程度与煤的吸附能力之间关系的研究,认为随着煤的镜质体反射率增大,煤的吸附能力呈多项式形式增强,其中在$R_o < 1.1\%$时增长迅速,之后增长逐渐变缓。通过对所测样品的镜质体最大反射率与极限吸附量(兰氏体积)做相关性分析(表3-1),发现两者呈现微弱的正相关关系或者说关系并不十分明显。一方面可能由于所测样品数量较少,并未呈现较为明显的趋势;另一方面是由于所测煤样的煤变质程度相当,其他因素可能决定着煤的甲烷吸附能力,因此煤变质程度对兰氏体积变化的反映并不明显。

3.4.2 煤质的影响

水分作为煤质分析中最为重要的内容之一,对煤的吸附能力具有重要的影响。煤中水分存在形式随着煤级的变化而表现不同,在低煤阶时,煤中水分一般以游离水为主;而在中高煤阶时,煤中结构水的含量逐渐增大。对于所测煤样,除极个别样品外,总体上煤中水分含量与煤的吸附能力成反比,即水分含量越高,煤的吸附能力越低[图3-2(a)]。究其原因,煤中水分的增加会导致吸附空间的减少,从而进一步减少煤中的比表面积,进而使得甲烷的吸附量降低。

煤的吸附能力随着灰分的增加而降低,这在学术界已经达成了共识。究其原因,一方面气体主要存储在微孔中,灰分的存在堵塞了部分微孔,导致煤比表面积减小,从而降低了煤的吸附能力;另一方面煤中的灰分会导致煤中吸附甲烷气体有机质组分降低,对吸附的甲烷浓度起到稀释作用,从而降低了煤的吸附特性。研究区内兰氏体积和煤中灰分产率关系也证实了这一观点

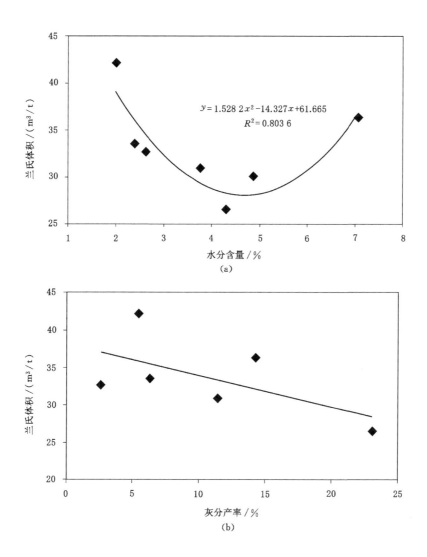

图 3-2 柴北缘侏罗系煤中水分和灰分对吸附能力的影响

［图 3-2(b)］。

3.4.3 温度的影响

目前的实验研究表明,温度升高,甲烷分子活性增强,不易被煤体吸附;同时,已被煤体吸附的气体分子在温度升高时易于获得动能,发生脱附现象,导致吸附量降低,也就是所谓的气体由吸附态向游离态转换(张天军 等,2009;蔺亚兵 等,2012)。本次研究通过对柴北缘不同地区 5 个典型干燥煤样分别在 25 ℃、35 ℃、

45 ℃条件下进行煤的等温吸附实验,得到了各煤样的等温吸附曲线(图 3-3),并计算得出了代表煤吸附参数的兰氏体积和兰氏压力,见表 3-2。

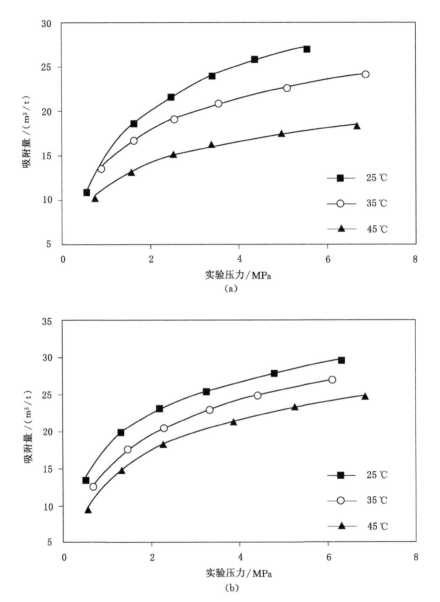

图 3-3　柴北缘侏罗系 5 个煤样在不同温度下的等温吸附曲线

(a) 高泉;(b) 五彩矿业;(c) 鱼卡;(d) 大煤沟;(e) 旺尕秀;

(f) 各煤样兰氏体积与实验温度之间的关系

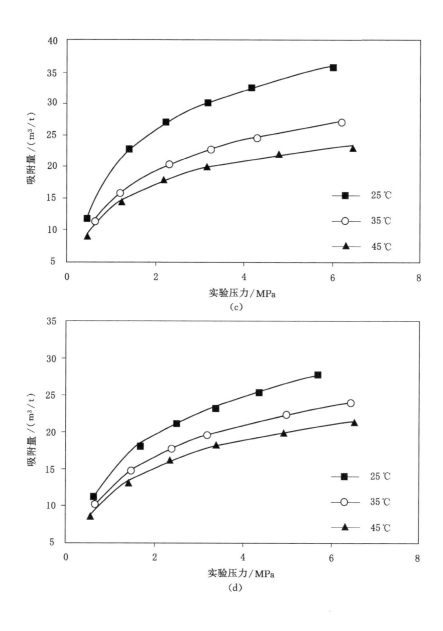

图 3-3(续)

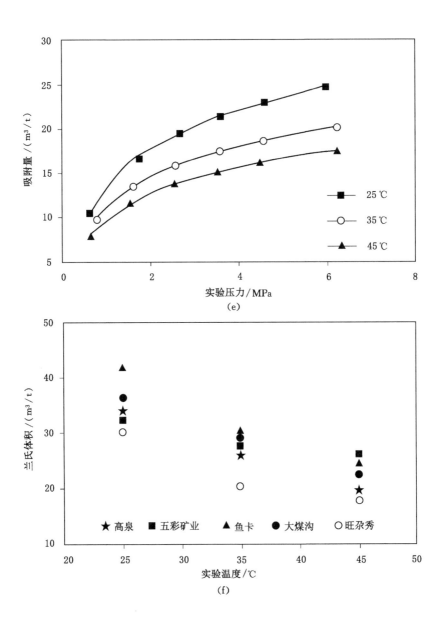

图 3-3(续)

表 3-2　所测试煤样的特征参数及 Langmuir 常数

煤样	煤样的主要特征参数			25 ℃		35 ℃		45 ℃	
	灰分 /%	水分 /%	挥发分 /%	a /(m³/t)	b /MPa	a /(m³/t)	b /MPa	a /(m³/t)	b /MPa
高泉	6.35	2.4	34.72	33.557	0.734	26.247	1.27	20	1.359
五彩矿业	2.66	2.62	27.9	32.68	1.209	28.329	1.165	25.81	1.785
鱼卡	5.48	2.01	40.94	42.194	0.826	29.762	0.882	25.316	1.204
大煤沟	14.31	7.07	40.12	36.364	0.529	29.412	0.663	22.573	1.401
旺尕秀	11.44	3.76	47.27	30.96	0.64	20.08	0.904	18.484	1.582

由表 3-2 和图 3-3 可知，柴北缘各煤样吸附常数 a 值随着温度的升高呈显著下降的趋势，因此，随着实验温度的升高，各煤样甲烷吸附量均降低，这与前人所得到的结论是一致的。虽然兰氏压力整体上随着温度的升高而降低，但兰氏压力不仅与温度有关，而且还依赖于吸附平衡时的压力以及煤自身的物理性质（张天军等，2009）。同时结合各煤样兰氏体积与实验温度之间的关系［图 3-3(f)］，这种变化关系可以体现得更加明朗。需要指出的是，在各个实验温度条件下，旺尕秀煤样的吸附能力在所有煤样中最差，而其他煤样在不同温度条件下，其兰氏体积有着不同的变化。其中，在 25 ℃条件下，吸附能力表现为：鱼卡＞大煤沟＞高泉＞五彩矿业；在 35 ℃条件下，吸附能力表现为：鱼卡＞大煤沟＞五彩矿业＞高泉；在 45 ℃条件下，吸附能力表现为：五彩矿业＞鱼卡＞大煤沟＞高泉。因此，总体上虽然煤样的吸附能力随着温度的升高而降低，但不同的煤样降低的速率不同，这应该与煤样本身的特征参数有很大关系。

3.5　柴北缘侏罗系煤储层吸附性特征的煤岩学控制机理

煤的有机显微组分包括镜质组、惰质组和壳质组三大类。镜质组是植物木质纤维素在还原条件下经凝胶化作用形成的胶状物质；惰质组是丝炭化作用的产物；壳质组是来源于植物的皮壳组织和分泌物，以及与这些物质相关的次生生物质，包括孢子、角质和树皮等。普遍认为，壳质组吸附能力最低，镜质组和惰质组的吸附能力较强，而关于镜质组和惰质组两者吸附能力的比较及两者对吸附能力的影响，到目前为止学术界并未达成一致的意见（钟玲文，2004a；Faiz et al.，2007；Bechtel et al.，2014）。下面将以柴北缘鱼卡煤田 YQ-1 井多个垂向煤样为例，从宏观煤岩特征、显微煤岩组分和煤相类型等方面分别探讨甲烷吸附特征的煤岩学控制特征。

3.5.1 鱼卡煤田 YQ-1 井煤储层甲烷吸附特征

对鱼卡煤田 YQ-1 井侏罗系大煤沟组的 13 个煤样进行甲烷等温吸附实验,结果表明其平衡水条件下的朗缪尔体积(V_L)介于 7.07～16.62 cm^3/g 之间(平均 11.84 cm^3/g),朗缪尔压力(p_L)则介于 4.0～8.09 MPa 之间(平均 5.33 MPa)。图 3-4(a)所示为一些煤的甲烷吸附线相互交叉,而另外一些煤的甲烷吸附线则相互叠加,但与干燥基的甲烷吸附能力相比较,平衡水条件下的煤样吸附能力明显降低,因此从另一方面而言,水分含量对该地区煤的甲烷吸附能力影响较大。尽管有些文献认为低煤阶煤中两者之间呈正相关关系(Jian et al.,2015),但本次研究中煤样的朗缪尔体积与朗缪尔压力的确没有明显关系[图 3-4(b)]。已有研究表明,V_L 随着煤级的增加而增大(傅雪海 等,2007;Wang et al.,2011),但本研究中由于 $R_{o,max}$ 值比较集中,V_L 与煤样 $R_{o,max}$ 之间没有表现出明显的关系[图 3-5(a)]。此外,V_L 与煤中灰分产率呈明显的负相关关系($R^2=0.84$),如图 3-5(b)所示。这是因为高灰分产率不仅可以填充孔隙(特别是微孔),而且还可以降低煤的有机质含量。

3.5.2 煤的宏观煤岩类型对甲烷吸附能力的影响

基于煤样本身的物理性质,将其中 10 个煤样划分为 4 种宏观煤岩类型,具体包括 2 个光亮型煤、6 个半光亮型煤、1 个半暗淡型煤和 1 个暗淡型煤(图 3-1)。前人对于宏观煤岩组分对甲烷吸附能力的影响研究表明,同一地区亮煤的甲烷吸附能力往往高于暗煤(Crosdale et al.,1998;Hildenbrand et al.,2006;Chalmers et al.,2007)。在本次研究中,煤的朗缪尔体积与宏观煤岩类型同样也支持了前人的研究结果(图 3-6)。具体来说,相比于半暗淡型煤和暗淡型煤而言,光亮型煤和半光亮型煤可以吸附更多的甲烷。然而,光亮型煤是否比半光亮型煤吸附更多的甲烷还不太明显,而且有文献报道,在中高阶煤中光亮型煤和半光亮型煤的甲烷吸附能力低于暗淡型煤和半暗淡型煤(Yao et al.,2009)。低煤阶煤中镜质组对于甲烷吸附能力的影响要高于惰质组,这是因为镜质组中微孔体积的增加是引起甲烷吸附能力增强的主要原因,但中高煤阶煤的惰质组中较大孔隙比镜质组中的微孔可以提供更多的吸附空间(钟玲文,2004a;姚艳斌 等,2007)。

3.5.3 煤岩组分对甲烷吸附能力的影响

YQ-1 井大煤沟组煤样镜质组含量介于 14.80%～82.70% 之间(平均 53.84%),惰质组含量介于 5.40%～27.40% 之间(平均 10.96%),壳质组含量介于 6.0%～26.80% 之间(平均 15.50%),见表 3-3。煤的矿物质含量变化范围介于 0.6%～62.60% 之间(平均 19.70%),且高矿物质能够有效降低甲烷吸附能力(Weniger et al.,2010),本次研究煤中矿物质含量与甲烷吸附能力呈明显的负相关关系($R^2=0.72$),如图 3-7(a)所示。接下来重点探讨镜质组和惰质组含量以及两者的组合关系对煤甲烷吸附能力的影响。

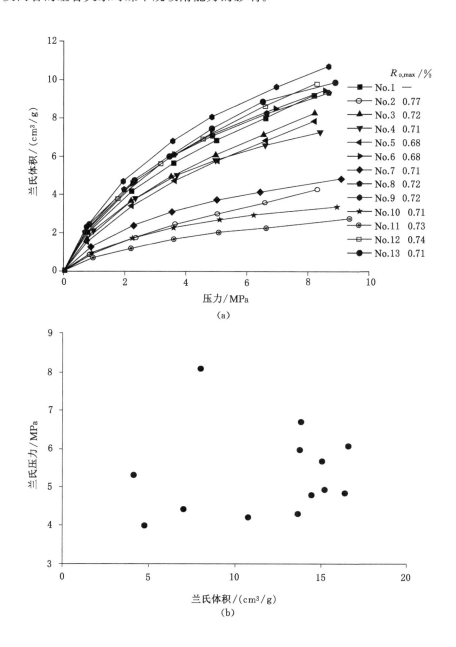

图 3-4 柴达木盆地鱼卡煤田 YQ-1 井煤样甲烷吸附特征以及兰氏体积和兰氏压力之间的关系

（a）在 30 ℃条件下的甲烷吸附曲线；（b）兰氏压力与兰氏体积的关系

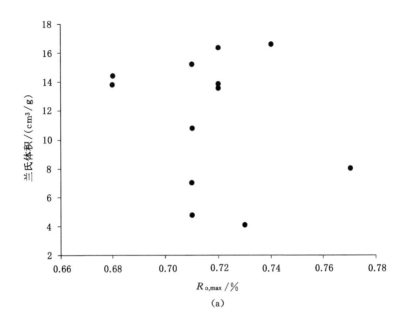

(a)

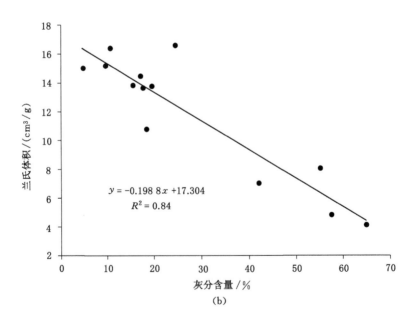

(b)

图 3-5　煤样甲烷吸附体积与煤变质程度和灰分之间的关系

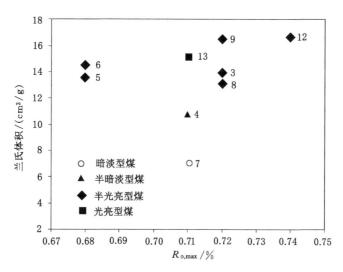

图 3-6　不同煤样宏观煤岩类型下的甲烷吸附分布特征

表 3-3　YQ-1 井煤样镜质体反射率、工业分析、孔隙度分析、煤岩组分鉴定和甲烷吸附数据

序号	$R_{o,max}$ /%	A_{ad} /%	M_{ad} /%	M_e /%	ϕ /%	V /%	I /%	E /%	M /%	p_L /MPa	$V_{L,ad}$ /(cm³/g)
1	/	4.78	5.75	14.47	11.19	/	/	/	/	5.68	15.05
2*	0.77	55.12	2.37	7.89	8.76	14.80	9.40	13.20	62.60	8.09	8.05
3	0.72	19.53	3.39	11.15	14.58	67.60	5.70	25.80	0.90	5.97	13.78
4	0.71	18.34	3.48	12.36	11.89	64.40	10.70	24.30	0.60	4.21	10.80
5	0.68	15.52	3.26	12.36	9.22	63.10	8.50	26.80	1.60	6.70	13.82
6	0.68	17.14	4.31	11.33	18.06	82.70	5.40	10.70	1.20	4.80	14.46
7	0.71	41.93	2.84	6.85	9.25	34.80	9.90	6.00	49.30	4.43	7.07
8	0.72	17.68	4.04	9.92	15.17	73.00	6.60	18.40	2.00	4.31	13.67
9	0.72	10.6	4.76	13.25	13.57	64.50	27.40	6.80	1.30	4.85	16.41
10*	0.71	57.56	2.29	6.25	6.94	17.00	10.00	12.50	60.50	4.00	4.81
11*	0.73	64.76	1.81	5.81	5.26	21.80	21.80	14.80	41.60	5.32	4.16
12	0.74	24.42	3.05	9.22	13.73	61.70	9.60	15.20	13.50	6.06	16.62
13	0.71	9.82	5.25	11.8	12.86	80.70	6.50	11.50	1.30	4.92	15.23

注:"/"表示无数据;"*"表示碳质泥岩;$R_{o,max}$—最大镜质体反射率;A_{ad}—灰分;M_{ad}—水分;M_e—平衡水分;ad—空气干燥基;ϕ—孔隙度;V—镜质组含量;I—惰质组含量;E—壳质组含量;M—矿物含量;p_L—兰氏压力;V_L—兰氏体积。

　　煤的镜质组含量与甲烷吸附能力呈良好的正相关关系($R^2 = 0.77$),如图 3-7(b)所示。镜质组作为腐殖质凝胶化和沥青化的产物,与同等量的惰质组相

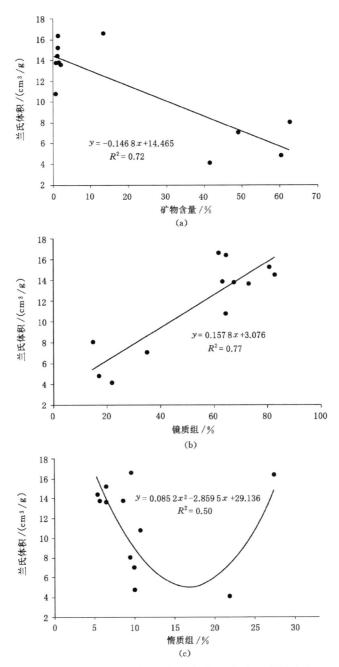

图 3-7　煤样中矿物质、镜质组、惰质组、壳质组、镜惰比和
镜质组＋惰质组含量对于甲烷吸附能力的影响

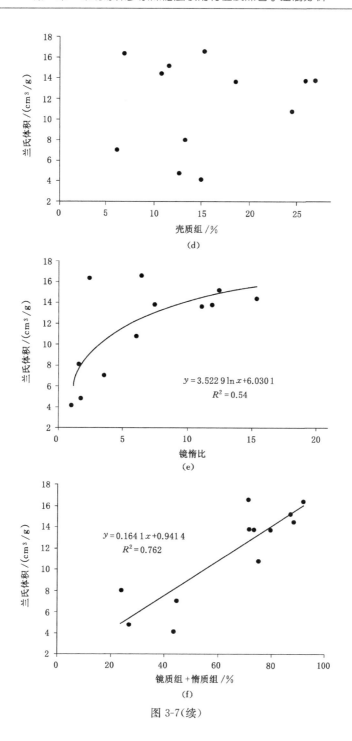

(d)

$$y = 3.5229\ln x + 6.0301$$
$$R^2 = 0.54$$

(e)

$$y = 0.1641x + 0.9414$$
$$R^2 = 0.762$$

(f)

图 3-7(续)

比较具有更多的微孔含量和更高的比表面积(钟玲文 等,1990;Chalmers et al.,2007;Busch et al.,2011;Li et al.,2014b;Jian et al.,2015)。随着惰质组含量的增加,煤的朗缪尔体积呈先降低、后升高的趋势,其拐点处对应的惰质组含量为17%[图3-7(c)]。然而,除了煤样9,大部分样品的甲烷吸附能力和惰质组含量均呈负相关关系。垂向序列上,上部煤样的壳质组含量要高于下部煤样,而且壳质组含量确实和甲烷吸附能力关系不明显[图3-7(d)]。相反地,上部煤样的惰质组含量却低于下部煤样,这表明研究区在聚煤过程中由干热期向湿冷期进行过渡(鲁静 等,2014)。镜惰比一定程度上可以代表古气候变化以及原始泥炭沼泽地的氧化还原条件,它与镜质组在垂向序列上变化一致(图3-8)。因此,镜惰比值与甲烷吸附能力也同样呈正相关关系[图3-7(e)]。具体来说,下部干热期煤的甲烷吸附能力较弱,而湿冷期煤的甲烷吸附能力则相对较强(图3-8)。整体上,煤的甲烷吸附能力受控于镜质组和惰质组含量,同时它也与镜质组和惰质组含量的总和呈很好的正相关关系($R^2 = 0.76$),如图3-7(f)所示。总之,中侏罗统大煤沟组沉积期古气候和古环境的变化引起了显微煤岩组分差异,从而导致煤的甲烷吸附能力不同。

根据镜质组、惰质组含量和甲烷吸附能力之间的三维空间关系可知(图3-9),富镜质组的煤往往具有较高的甲烷吸附能力,但煤样9这个富含惰质组的样品除外。根据煤岩组分的镜下鉴定结果,绝大多数煤中惰质组的丝质体和半丝质体被黏土矿物充填[图3-10(a)、(b)、(c)、(d)],但煤样9却不一样,该样品丝质体和半丝质体中被黏土充填的孔隙明显低于其他样品[图3-10(e)、(f)]。由于这些未被充填的孔隙可以吸附更多的甲烷,因此煤样9具有较高的兰氏体积(图3-9)。对于研究区低煤阶煤样而言,富镜质组的煤以及富含惰质组但未被矿物充填的煤均有较高的甲烷吸附能力。

3.5.4 煤相对甲烷吸附能力的影响

煤相一定程度上表征着显微煤岩组分变化以及泥炭沼泽地水位波动,因此它在控制煤的甲烷吸附能力上起着很重要的作用(Li et al.,2014b)。本次研究中,5个煤相指标是通过煤中各显微煤岩组分及其组合进行分析的。这5个煤相指标分别是植物结构保存指数(TPI)、凝胶化指数(GI)、森林指数(WI)、地下水流动指数(GWI)和镜惰比(V/I),前4个煤相指标的计算公式如下:

$$TPI = (结构镜质体 + 均质镜质体 + 半丝质体 + 丝质体)/$$
$$(基质镜质体 + 粗粒体 + 碎屑惰质体)$$

$$GI = (镜质组 + 粗粒体)/(半丝质体 + 丝质体 + 碎屑惰质体)$$

$$WI = (结构镜质体 + 均质镜质体)/(基质镜质体 + 碎屑镜质体)$$

$$GWI = (胶质镜质体 + 团块镜质体 + 矿物质 + 碎屑镜质体)/$$
$$(结构镜质体 + 均质镜质体 + 基质镜质体)$$

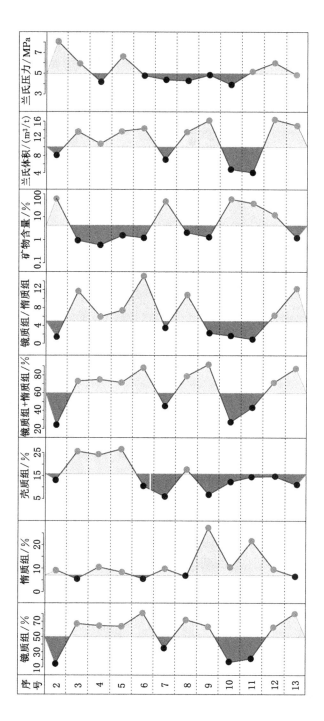

图 3-8 煤样等温吸附参数和相对应煤岩参数之间关系的空间变化特征

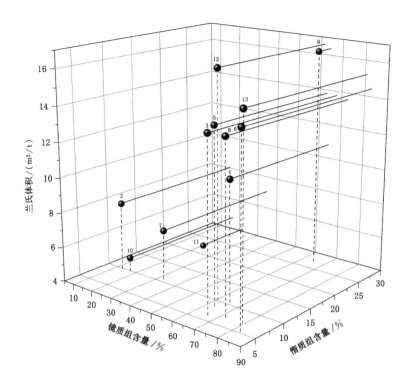

图 3-9　煤样镜质组含量、惰质组含量和甲烷吸附能力之间的三维空间展布

　　煤相作为煤地质学重要的研究内容,过去的研究主要集中在泥炭地聚集条件、聚煤植物类型和沼泽地沉积环境等方面(Calder et al.,1991)。在此,我们主要针对煤相对甲烷吸附能力的影响进行重点研究。

　　根据研究煤样的显微煤岩组分特征,将其划分为 4 类煤相(表 3-4),具体包括类型Ⅰ(煤样 3、6、8、12 和 13)、类型Ⅱ(煤样 4 和 5)、类型Ⅲ(煤样 2、7、9 和 11)和类型Ⅳ(煤样 10)。这 4 种煤相类型分别是潮湿森林沼泽、过渡森林沼泽、干燥森林沼泽、开放水体泥炭沼泽。具体来说,煤相Ⅰ具有较高的沉积水位和较高的凝胶化程度,在这样的沼泽类型中,经常可以发现镜质组含量高于 60% 以及光亮型煤和半光亮型煤的宏观煤岩类型。因此,煤相Ⅰ中的煤样具有较高的 TPI(>1)、GI(>4)、WI(>0.5)、V/I(>4)和较低的GWI(<0.5)。过渡森林沼泽在凝胶化程度上与潮湿森林沼泽较为相似,不同之处在于具有较高的生物降解和较低的森林化程度。因此,煤相Ⅱ中的煤具有较高的 GI(>4)、V/I(>2)和较低的 TPI(<1)、WI(<0.5)、GWI(<0.5)。干燥森林沼泽煤相与前两个煤相特征较为不同,具有较高的 TPI、GWI 和较低的 GI

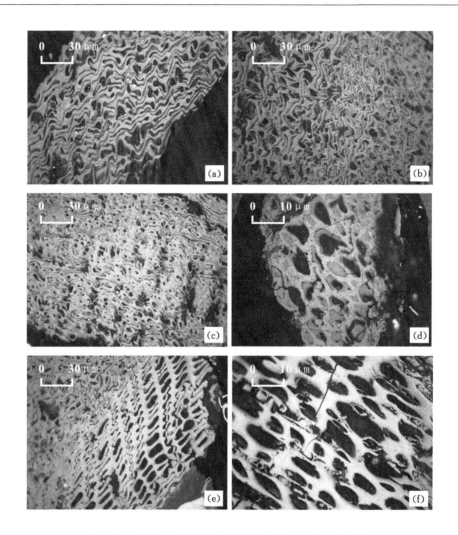

图 3-10　煤样中半丝质体和丝质体中被矿物质充填情况
（所有煤样显微组分均在油浸镜头放大 500 倍视域下观察）
（a）煤样 3；（b）煤样 5；（c）煤样 8；（d）煤样 12；（e）、（f）煤样 9

（Calder et al.，1991）。对于本次研究的煤样而言，干燥森林沼泽的煤相指标边界为 GI（<4）、V/I（<2）、TPI（>1）、WI（>0.5）和 GWI（>0.5）。另外，由于微生物活动影响不同，此类型煤相中的 TPI 变化范围较大［图 3-11（a）］。开放水体泥炭沼泽则具有较强的地下水流动强度和较高的微生物降解能力［图 3-11（b）］，此煤相指标的变化特征是具有较低的 TPI（<1）、较高的 GI（>4）、相对较高的 GWI（>1）、较低的 WI（<0.5）和 V/I（<2）。

表3-4 柴达木盆地北缘鱼卡煤田YQ-1井中煤样的显微煤岩组分和煤相分析结果

序号	镜质组含量/%						惰质组含量/%					壳质组含量/%					矿物/%	矿物类型	煤相类型划分指标					煤相类型
	T	C1	C2	C3	C4	VD	SF	F	Mi	Ma	ID	Sp	Cu	Re	Fl	ED			V/I	GI	TPI	GWI	WI	
2	—	11.1	—	—	—	3.7	1.5	5.9	—	—	2.0	6.5	3.2	—	1.5	2.0	62.6	黏土、黄铁矿	1.6	1.6	9.3	6.0	3.0	Ⅲ
3	37.8	3.0	21.8	3.8	1.2	—	—	4.2	—	1.5	—	13.6	7.3	—	—	4.9	0.9	黏土	11.9	16.5	1.9	0.1	1.9	Ⅰ
4	26.8	—	29.4	8.2	—	—	—	3.8	—	2.7	4.2	14.5	6.5	—	—	3.3	0.6	黏土	6.0	8.4	0.8	0.2	0.9	Ⅱ
5	16.3	—	43.0	2.3	1.5	—	1.8	4.5	—	—	2.2	13.6	4.2	2.5	2.0	4.5	1.6	黏土	7.4	7.4	0.5	0.1	0.4	Ⅱ
6	48.0	—	16.2	9.5	9.0	—	—	5.4	—	—	—	6.5	—	—	—	4.2	1.2	黏土	15.3	15.3	3.3	0.3	3.0	Ⅰ
7	26.0	6.5	2.3	—	—	—	—	4.1	0.6	1.0	5.8	6.0	—	—	—	—	49.3	黏土	3.5	3.5	4.5	1.4	14.1	Ⅲ
8	17.2	—	12.3	41.0	2.5	—	—	1.7	—	—	3.3	2.0	9.5	1.5	1.8	3.6	2.0	黏土	11.0	14.8	1.1	1.5	1.4	Ⅰ
9	23.0	—	39.0	2.5	—	—	5.0	17.5	—	—	4.9	4.6	—	—	—	2.2	1.3	黏土	2.4	2.4	1.0	0.1	0.6	Ⅲ
10	—	—	5.6	—	—	11.4	—	4.0	—	—	6.0	6.2	3.0	—	—	6.3	60.5	黏土	1.7	1.7	0.3	12.8	0.0	Ⅳ
11	13.1	—	—	—	8.7	—	—	10.8	—	—	11.0	8.8	—	—	—	3.0	41.6	黏土	1.0	1.0	2.2	3.8	1.5	Ⅲ
12	27.4	—	34.3	—	—	—	2.7	6.9	—	—	—	13.2	—	—	—	2.0	13.5	黏土、黄铁矿	6.4	7.4	1.1	0.2	0.8	Ⅰ
13	51.4	—	14.5	9.1	5.7	—	—	1.5	—	1.0	4.0	4.7	2.5	—	2.0	2.3	1.3	黏土	12.5	14.9	2.7	0.2	3.5	Ⅰ

注:"—"表示0;T—结构镜质体;C1—均质镜质体;C2—基质镜质体;C3—团块镜质体;C4—胶质镜质体;VD—碎屑镜质体;SF—半丝质体;F—丝质体;Mi—微粒体;Ma—粗粒体;ID—碎屑惰质体;Sp—孢子体;Cu—角质体;Re—树脂组;Fl—荧光体;ED—碎屑壳质体;V/I—镜质组/惰质组;GI—凝胶化指数;TPI—结构保存指数;GWI—地下水流动指数;WI—森林指数;Ⅰ—潮湿森林沼泽煤相;Ⅱ—过渡森林沼泽煤相;Ⅲ—干燥森林沼泽煤相;Ⅳ—开放水体泥炭沼泽煤相。

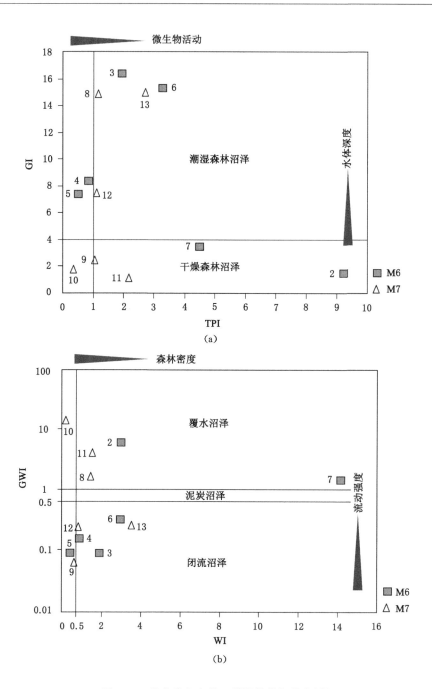

图 3-11　柴北缘鱼卡煤田煤样的煤相分布图解

对于煤相指标与甲烷吸附能力之间的关系而言,具有较高 GI 的煤样对应较高的朗缪尔体积[图 3-12(a)],具有较高 GWI 的煤样往往具有较低的有机组分(特别是镜质组含量)和较高的矿物质含量,因此与甲烷吸附能力呈负相关关系[图 3-12(b)]。

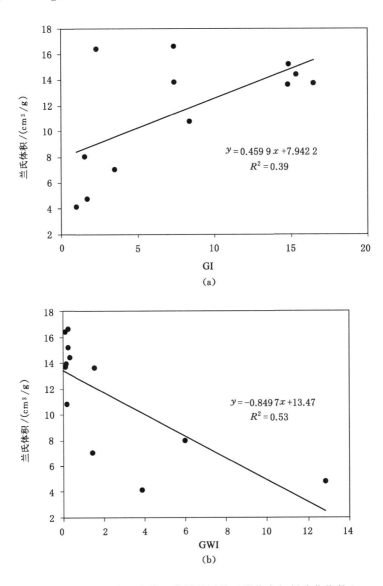

图 3-12　柴北缘鱼卡煤田煤样的甲烷吸附能力与凝胶化指数和
地下水流动指数之间的关系

　　煤相对于甲烷吸附能力的影响整体上是较为复杂的,对于所识别出来的不同煤相而言,潮湿森林沼泽煤相Ⅰ和过渡森林沼泽煤相Ⅱ的甲烷吸附能力要高于干燥森林沼泽煤相Ⅲ和开放水体泥炭沼泽煤相Ⅳ[图 3-13(a)]。另外,从煤相Ⅰ至煤相Ⅳ,煤样的孔隙度呈先降低、后增大的趋势,与甲烷吸附能力变化关系较为一致[图 3-13(b)],这应该是煤相控制甲烷吸附变化的内在因素。

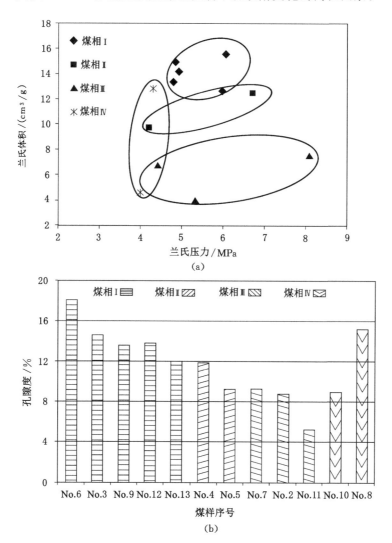

(a)

(b)

图 3-13　煤的兰氏体积和兰氏压力之间的关系及不同煤相类型的孔隙度分布

3.5.5 基于煤相分布的柴北缘鱼卡煤田煤层气勘探潜力分析

以上所分析的 4 个煤相及其相应的煤岩学特征、水动力条件、沉积环境和甲烷吸附能力等见表 3-5。在柴北缘鱼卡煤田中，大煤沟组的沉积环境包括辫状河三角洲和滨浅湖（刘天绩 等，2013；Li et al.，2014a）。结合上述所分析的各类显微煤岩组分指标，潮湿森林沼泽经常沉积在下三角洲平原（即沉积区方向），而过渡森林沼泽则出现在下三角洲平原的另一端（即物源区方向），干燥森林沼泽和开放水体泥炭沼泽分别在上三角洲平原和滨浅湖沉积区发育。表 3-5 中同样显示出潮湿森林沼泽发育的煤具有最强的甲烷吸附能力，发育在过渡森林沼泽且具有较高孔隙度的煤样、发育在过渡森林沼泽但具有较低孔隙度的煤样以及发育在干燥森林沼泽和开放水体泥炭沼泽煤样的甲烷吸附能力依次减弱。因此，就甲烷吸附能力而言，发育在潮湿森林沼泽和发育在过渡森林沼泽且具有较高孔隙度的煤样应该是柴北缘鱼卡煤田大煤沟组煤层气的重点勘探目标。

表 3-5 柴达木盆地鱼卡煤田中侏罗统大煤沟组煤相分类标准及其分布特征

特征	煤相 Ⅰ 潮湿森林沼泽相	煤相 Ⅱ 过渡森林沼泽相	煤相 Ⅲ 干燥森林沼泽相	煤相 Ⅳ 开放水体泥炭沼泽相
宏观煤岩类型	具条带状结构光亮型煤和半光亮型煤	具层状结构半光亮型煤和半暗淡型煤	具纤维状结构半暗淡型煤和暗淡型煤	具块状结构暗淡型煤
优势煤岩组分	结构镜质体、均质镜质体	基质镜质体	丝质体、半丝质体	孢子体、碎屑镜质体、碎屑惰质体、碎屑壳质体
煤相指标界线	TPI＞1，GI＞4，WI＞0.5，GWI＜0.5，V/I＞4	TPI＜1，GI＞4，WI＜0.5，GWI＜0.5，V/I＞2	TPI＞1，GI＜4，WI＞0.5，GWI＜0.5，V/I＜2	TPI＜1，GI＞4，WI＜0.5，GWI＞1，V/I＜2
水动力条件	潜水面以下，静水和强还原环境	潜水面以下，强微生物作用	潜水面附近，氧化环境	潜水面以下，强流水环境
沉积环境	下三角洲平原（靠近沉积区）	下三角洲平原（靠近物源区）	上三角洲平原	滨浅湖
甲烷吸附能力	强且稳定	强但不稳定，易受煤孔隙的影响	弱	弱

3.6　本章小结

（1）柴北缘侏罗系煤的甲烷吸附能力与煤中水分、灰分产率和实验温度成反比，与煤级关系并不十分明显。综合研究表明，影响柴北缘煤储层甲烷吸附性能的主控因素为煤质、温度和煤岩组分。

（2）柴北缘煤储层随着实验温度的升高，各煤样兰氏体积和兰氏压力均降低，同时，德令哈煤田旺尕秀煤样的吸附能力在所有煤样中最差，全吉煤田大煤沟和绿草沟煤样兰氏压力较高，在煤层气开采中随着压力的降低最容易解吸出来。

（3）柴北缘侏罗系低煤阶煤与煤中镜质组含量成正比，但与壳质组含量无明显关系。随着惰质组含量的增加，煤的甲烷吸附能力呈先降低、后增加的趋势，其变化的最低点对应的惰质组含量在 17% 左右。另外，甲烷吸附能力与镜惰比呈对数正相关关系。煤聚集期干热环境与湿冷环境交替演化是造成煤的甲烷吸附能力不同的根本因素。

（4）根据显微煤岩组分及其组合类型垂向变化分析，在柴北缘侏罗系大煤沟组识别出了 4 种煤相类型，认为煤的甲烷吸附能力与凝胶化指数（GI）呈正相关关系，与地下水流动指数（GWI）呈负相关关系，发育在潮湿森林沼泽和发育在过渡森林沼泽且具有较高孔隙度的煤样应该是柴北缘鱼卡煤田大煤沟组煤层气的重点勘探目标。

第4章 柴北缘侏罗系煤储层孔-裂隙结构特征

与常规的砂岩和碳酸盐岩相比较,煤储层具有特殊的双重孔隙(孔隙与裂隙)结构的特点。作为煤层气的气源岩和储集层,煤储层的物性包括含气性、孔-裂隙结构和渗透性等。而煤储层孔-裂隙结构作为煤储层物性的重要方面,影响着煤层气吸附、解吸、扩散和渗流等一系列开发因素,因而一直是国内外学者研究的对象(张慧 等,2001,2002;姚艳斌 等,2010;范俊佳 等,2013;刘大锰 等,2015)。渗透率作为煤层气开发的重要参数之一,决定了煤层气开采的潜力和经济价值。实质上,煤储层的渗透率是对煤储层孔-裂隙系统的综合反映。

从煤层气勘探角度而言,前人已在煤的聚集特征、煤层气资源选区评价及煤层气成藏条件等方面进行了深入研究(李松 等,2009;刘洪林 等,2010;侯海海 等,2014),而分形维数作为精细定量表征孔隙结构非均质性的参数近年来逐渐被熟知,且已经证实煤储层多孔介质在不同研究尺度上均具有明显的分形特征(Yao et al.,2008,2009;张松航 等,2009;宋晓夏 等,2013)。但由于煤高非均质性的存在,不同学者对于煤孔隙类型的分类及其分形维数的表征,特别是不同煤阶条件下分形维数的吸附性和渗透性响应,得出的结论并不完全一致(Yao et al.,2008,2009;张松航 等,2009)。事实上,大多数研究仅仅针对不同区域相对较窄煤级范围内孔隙分形特征进行了研究,大范围煤级条件下孔隙分形维数与煤储层各参数之间的规律性认识还需进一步研究。另外,规律性认识总结后可以通过煤储层参数值来间接分析分形维数变化及其所代表的物理意义特征,从而避免了计算分形维数的复杂过程。

本章以柴达木盆地北缘侏罗系煤储层为研究对象,基于低温液氮吸附、高压压汞和甲烷等温吸附等实验对研究区内煤的吸附孔隙和渗流孔隙特征进行分析,揭示了表征煤吸附孔隙和渗流孔隙分形维数的物理意义,并重点探讨了柴北缘煤储层吸附孔隙分形维数与甲烷吸附特征、煤质和煤孔隙结构等之间的内在关系,在此基础上分析了低煤阶、中煤阶和高煤阶等不同煤级条件下分形维数与煤储层各参数的关系,研究结果对于煤层气赋存特征和定量分析煤储层物性参数具有一定的理论意义。

4.1　煤储层孔-裂隙结构系统及表征方法

4.1.1　孔-裂隙系统的概述

煤储层是一种非均质的、各向异性并具有发达孔隙系统的固态介质。煤的孔径结构特征与其孔隙的赋存状态有关,孔径结构可极大地影响煤孔隙与气、液分子之间的相互作用。因此,正确认识煤的孔径结构是研究煤孔隙性及空间结构特征的基础。在煤及煤层气的研究领域,国内外学者一致认为煤储层是由孔隙、裂隙组成的"双重孔隙"结构系统(Close,1993)(图 4-1),即包括影响煤层气赋存空间的基质孔隙和决定煤层气运移、产出的裂隙。事实上,在孔隙和裂隙之间还存在一种过渡类型,即微裂隙,对煤层气的运移和产出同样具有很重要的作用(Gamson et al.,1996)。

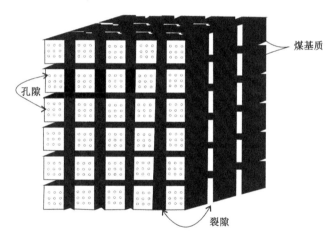

图 4-1　煤储层的"双重孔隙"结构系统

目前,国内煤炭工业界和煤层气勘探开发研究人员应用最为广泛的是苏联学者霍多特于 1961 年提出的十进制分类标准,IUPAC 于 1966 年制定的孔径分类方案则在国外煤物理和煤化学文献中较为常见(微孔,孔径<2 nm;中孔,孔径 2~50 nm;大孔,孔径>50 nm)。另外,国内学者张慧(2001)和郝琦(1987)等分别根据孔隙成因对孔隙进行了分类;桑树勋等(2005)根据固-气作用机理将孔隙分为吸收孔隙(<2 nm)、吸附孔隙(2~10 nm)、凝聚吸附孔隙(10~100 nm)和渗流孔隙(>100 nm);傅雪海等(2005)基于孔隙的分形对煤的孔径进行了分类;姚艳斌等(2013)将煤储层孔隙整体上分为吸附孔隙(<100 nm)和渗流孔隙(>100 nm)。

　　本次研究采用的是苏联学者霍多特所提出的孔径分类方案,即煤的孔隙类型由孔径大于 1 000 nm 的大孔、孔径在 100～1 000 nm 之间的中孔、孔径在 10～100 nm 之间的过渡孔或小孔和孔径小于 10 nm 的微孔组成。根据上述学者对孔径的研究,将孔径小于 100 nm 范围的孔隙归为吸附-解吸孔隙(即吸附孔),主要以毛细管凝结和物理吸附及扩散的方式存在;将孔径大于 100 nm 范围的孔径归为渗流孔,主要影响煤层气产出过程中的解吸、扩散和渗流等。煤储层的裂隙系统则由微裂隙、内生裂隙和外生裂隙组成,对于煤储层的双重孔隙结构研究方法而言,一般包括液氮吸附法、高压压汞法和显微光度计法,其中液氮吸附法的优势主要对微孔、小孔和部分中孔进行有效检测;高压压汞法的有效测试范围主要集中在部分小孔、中孔和大孔;显微光度计法则可以对部分大孔、微裂隙、内生和外生裂隙进行有效统计。

4.1.2　煤孔-裂隙系统的测定表征方法

　　(1) 低温液氮吸附法

　　煤的液氮吸附法主要用于测试煤的吸附孔的比表面积、孔体积和孔径结构分布。本次测试在瑞华通正非常规油气技术检测(北京)有限公司完成,测试仪器为美国康塔 NOVA 2000e 型比表面积及孔径分析仪,理论测试孔径范围为 2～200 nm,理论测试比表面积范围为 0.1～3 500 m²/g,行业标准采用中国石油天然气《岩石比表面积和孔径分布测定 静态吸附容量法》(SY/T 6154—2019)。制样方法:选取煤块中镜煤和亮煤条带,在实验室内经过破碎和研磨,并选取过 40 目筛(0.42 mm)～60 目筛(0.28 mm)之间的煤样 5～10 g 备测。

　　煤样进行液氮吸附法孔径测试的基本原理是:煤的表面分子存在剩余的表面自由场,气体分子(除氢气外)接触到煤的表面时,部分气体分子被吸附于煤表面且在这一过程中释放出吸附热,当气体分子的热运动克服煤分子表面自由场的位能时发生脱附。吸附和脱附速度相等时达到吸附平衡。在温度和压力恒定的情况下,当气体在煤表面达到吸附平衡时,吸附量是相对压力(平衡压力 p 与饱和蒸汽压力 p_0 的比值)的函数。测得不同的相对压力下的吸附量即可绘出吸附等温线。根据得到的吸附等温线相关数据,结合 BET 方程计算出比表面积,再利用 BJH 法计算孔径分布。该方法的优势在于能够精确测定煤的吸附孔的比表面积,同时提供孔径结构分布信息。

　　(2) 高压压汞法

　　高压压汞法主要用于测定煤的渗流孔的孔隙度、孔隙结构及其相关参数。测试仪器为美国康塔 PoreMaster 33 系列高压压汞仪,实验最高压力为 33 000 psi,可测孔径范围为 1 080 μm～5 nm,本次测试于中国石油勘探开发研究院毛细管压力实验室完成,行业标准采用中国石油天然气《岩石毛管压力曲线的测定》（SY/T 5346—2005）。煤样制作方法:选取大块煤样,在 YBZS-200 型自动取心机沿垂直煤层层理进行钻样取心,煤心直径 25 mm,长度 30 mm。煤样应预先测得孔隙度、岩样密度和空气渗透率等参数。

煤储层进行压汞实验的基本原理是:汞对于绝大多数岩心都是非润湿相,如果对汞施加的压力大于或等于孔隙喉道的毛管压力时,汞就克服毛管阻力进入孔隙。将液态汞压入预抽真空的煤孔隙系统,逐渐增加进汞压力,使得汞能够探测到更小的孔隙,进汞压力越高所能探测到的最小孔径范围越大。根据进汞的孔隙体积分数和对应压力,就能得到毛管压力与煤样含汞饱和度的关系,称之为压汞法毛管压力曲线。

高压压汞法探测的孔径和进汞压力关系是基于 Washburn 方程,即:

$$r_c = \frac{-2\sigma\cos\theta}{p_c} \tag{4-1}$$

式中　p_c——毛管压力,MPa;

　　　r_c——在毛管压力 p_c 下所能探测到的最小孔径,μm;

　　　θ——汞蒸气和煤表面的润湿接触角,(°);

　　　σ——表面张力常量,在实验室条件下,煤的 σ 值可设定为 0.48 J/m²,θ 为 140°。

通过运算可得到:

$$p_c = \frac{0.735}{r_c} \tag{4-2}$$

根据式(4-2)可将毛管压力曲线换算为孔喉大小及分布曲线。

（3）扫描电镜法

选择煤样的新鲜面,利用扫描电镜法将煤样放大几百倍甚至上万倍后观察煤中孔隙、裂隙以及附着在表面或充填于裂隙中矿物的微观形貌,并借助 X 射线能谱（EDX）测定矿物的元素组成,结合形貌特征和元素组成确定矿物种类。扫描电镜法是作为其他孔-裂隙系统测试表征方法的补充和展示手段。

实验所用 FESEM-EDX（型号 BCPCAS4800,日本生产）能够进行 B-U 范围内元素分析。测试条件为:工作电压 15 kV,电流 10 μA,放大倍数 10 000 倍,测试工作在北京市理化分析测试中心完成。

（4）微裂隙表征方法

煤储层的微裂隙是相对于宏观裂隙而提出的,一般指的是宽度为微米级的裂隙,它是沟通宏观裂隙和孔隙的桥梁,在煤层气的渗流过程中起着关键的作用（张新民 等,2002;姚艳斌 等,2013）。煤的显微裂隙可通过 LABORLXE 12 POL 显微光度计来统计测定。具体方法是:将煤样品抛光制作成 30 mm ×

30 mm 的煤岩光片,然后在显微光度计下,可以定量分析煤的裂隙密度,其定义为:在 9 cm² 的范围内 50 倍镜下所见到的裂隙的总条数及其密度。

分别按 A、B、C 和 D 四种裂隙类型进行统计和分析:① 类型 A 为较大微裂隙,其宽度大于 5 μm 且长度大于 10 mm,连续性好且延展远。② 类型 B 和 C 为中等微裂隙,其中 B 型宽度大于 5 μm 且长度小于 10 mm,C 型宽度小于 5 μm 且长度大于 300 μm。类型 B 和 C 多呈现树枝状或羽状组合,其中类型 B 相当于树枝状的主干部分,类型 C 相当于枝杈部分,较细且延伸较远。③ 类型 D 为宽度和长度都较小的微裂隙,定义宽度小于 5 μm 且长度小于 300 μm,多呈现树枝状,裂隙的连通性相比而言较差。该方法的优势在于不仅可以统计裂隙密度,而且可以在镜下观察到各类型微裂隙的形态,可以辅助区分内生裂隙和外生裂隙。

4.2 煤储层孔隙发育特征及主控因素

孔隙指的是未被固体物质充填的空间,为煤储层结构的重要组成部分,与煤储层的储集性能和煤储层渗透性等参数密切相关(孙茂远 等,1998)。煤的孔隙性能一般采用孔隙度、比表面积和煤的孔容等参数来表征。

4.2.1 煤的孔隙表征参数

(1) 煤的孔容

孔容即孔体积,常用比孔容表示,即每克煤所具有的孔隙体积(cm³/g),煤的孔容与煤级和煤的物质组成密切相关。一般而言,随着煤级的增大,煤的总孔容呈现先减小、后增大的趋势,在中煤阶段达到最小。

(2) 煤的比表面积

煤的比表面积包括外表面积和内表面积(cm²/g),外表面积所占比例极低,贡献几乎全来自内表面积。煤的比表面积大小与煤的分子结构和孔径结构有关。在相似总孔容的前提下,煤级越高,微小孔隙所占的比例越大,煤比表面积一般越大。

(3) 煤的孔隙度

煤的孔隙度(率)是煤中孔-裂隙体积与煤总体积之比(%),它是衡量煤储层储集性能的一个重要参数。在实验室中一般采用氦气来测定孔隙度,因为氦气是惰性气体,不会与煤产生吸附,而且分子直径小,约为 0.38 nm,可以进入煤岩很小的孔隙中。用氦气测定的孔隙度为理论最大值,反映了煤对气体的最大容纳能力。氦孔隙度减去割理孔隙度为基质孔隙度,可以很好地反映煤岩中孔隙对甲烷的吸附能力。

4.2.2 煤的孔隙分布特征及其主控因素

4.2.2.1 煤的孔隙形态及成因

煤的孔隙成因及其发育特征是煤体结构、煤层生气、储气及渗透性能的直接反映。根据成因,Gan 等(1972)将煤中孔隙划分为分子间孔、煤植物组织孔、热成因孔和裂缝孔;郝琦(1987)将其划分为植物组织孔、气孔、粒间孔、晶间孔、铸模孔和溶蚀孔等;吴俊等(1991)根据压汞实验结果,按孔道分布特征,将煤中孔隙分为 3 大类,即开放型、过渡型和封闭型,共计 9 小类,以上分类中有些孔隙的命名很大程度上借用了砂岩或灰岩储层的名称。然而,煤层与砂岩、灰岩储层仍有较大的区别,应该区别对待(苏现波 等,2001)。本书以煤的变质、变形特征为基础,借鉴前人分类成果,将煤孔隙的成因类型划分为 4 大类 9 小类(表 4-1)。

表 4-1 煤的孔隙类型及其成因概述

类型		成因简述
原生孔	结构孔	成煤植物本身具有各种组织结构孔
	屑间孔	镜屑体、惰屑体和壳屑体等有机质碎屑内部之间的孔
后生孔	气孔	煤化作用过程中由生气和聚气作用而形成的孔隙
外生孔	角砾孔	煤受构造应力破坏而形成的角砾之间的孔
	碎粒孔	煤受构造应力破坏而形成的碎粒之间的孔
	摩擦孔	压应力作用下面与面之间摩擦而形成的孔
矿物质孔	铸模孔	煤中矿物质在有机质中因硬度差异而铸成的印坑
	溶蚀孔	可溶性矿物在长期气、水作用下受溶蚀而形成的孔
	晶间孔	矿物晶粒之间的孔

通过对研究区煤样的扫描电镜分析,柴北缘侏罗系煤的孔隙类型有发育在均质镜质体中的气孔(图版 1-1、1-2),角砾孔、碎粒孔(图版 1-4),结构镜质体中的植物组织孔(图版 1-5)和黄铁矿铸模孔(图版 1-6)。其中,发育于均质镜质体中的某些气孔被高岭石等黏土矿物所充填(图版 2-1)。

4.2.2.2 煤的渗流孔隙发育及其主控因素

(1)孔隙度发育及其影响因素

一般而言,随着煤镜质体反射率的增大,煤的孔隙度(氦气测试法)呈现"两端高、中间低"的变化规律,即在变质程度较高和较低的煤中孔隙度较大,而中等变质程度煤的孔隙度则较小。具体来说,对于 $R_o < 0.6\%$ 的褐煤和长焰煤阶段而言,煤的结构松散,煤中发育较多的中孔和大孔,且煤分子含有大量的支链(如羧基和羟基等官能团),因此煤储层具有较大的孔隙度;在由低煤阶向中煤阶过

渡时期,煤中原生大孔隙急剧减少,热变气孔数量增多,在这个过程中,相对于微小孔体积的增加,大孔的体积减小则占主要优势,因此煤的孔隙度随着镜质体反射率的增大而不断降低;当 R_o 介于 1.2%～2.3%之间时,随着煤化作用的进一步加大,即随着聚碳脱氢去氧作用的加剧,煤中几乎所有的含氧官能团全部脱落,大孔含量减少速率逐渐变缓,而煤的微孔隙的增加逐渐占主导地位,因此,在这一阶段孔隙度随着煤变质程度的增大而有增高的趋势,并在 R_o 位于 2.3%左右时达到极大值;当煤变质程度进一步增大,进入高变质无烟煤时,煤的孔隙度又呈缓慢减少的趋势(图 4-2)。

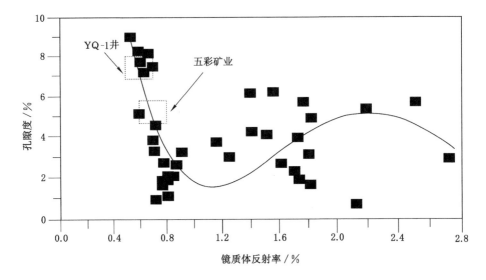

图 4-2　研究区内煤的孔隙度与镜质体反射率的关系

通过氦气法对鱼卡煤田 YQ-1 井 M7 煤层和五彩矿业 M7 煤层的孔隙度进行了测试,并对两个地区煤的变质程度进行了测试,结果表明:YQ-1 井煤的孔隙度为 7.3%,最大镜质体反射率为 0.58%,五彩矿业煤的孔隙度为 4.68%,最大镜质体反射率为 0.72%,通过对这两个样品镜质体反射率和孔隙度关系分析可知,YQ-1 井和五彩矿业相关统计点均与整个序列变化曲线保持一致。

另外,发现煤的孔隙度与煤中灰分产率呈现负相关关系,即煤中的灰分产率越高,储层越差,煤的孔隙度越小[图 4-3(a)],这主要是因为高灰分可以有效充填煤中的各类孔隙,降低煤中的孔隙度(Hou et al.,2017b)。将各个煤样的孔隙度与其煤体结构综合指标($f/\Delta p$)进行对比,结果表明:煤体结构破坏程度越高,煤中孔隙度越高,即构造煤的孔隙度要高于原生结构煤[图 4-3(b)]。

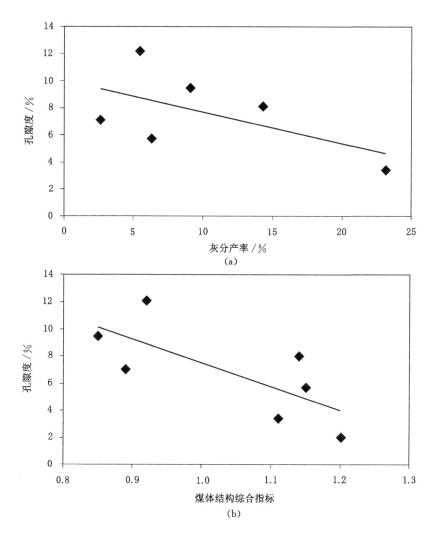

图 4-3　煤中灰分产率和煤体结构对孔隙度的影响

（2）渗透率变化特征及影响因素

煤储层渗透率是表征渗透性大小的参数，其单位一般采用 10^{-3} μm^2 或 mD 表示，由于煤储层的孔-裂隙结构特征、煤级水平、物质组成和所处地质背景的差异，导致煤储层渗透性具有较高的非均质性，因此煤储层渗透率在区域上常常差异显著，即使在同一个矿区、同一个煤矿或同一层煤，样品的渗透率也可能有明显差异。煤的渗透率除了与煤级有关系外，其变化值大小更与煤储层的孔隙度和裂隙发育程度关系密切，另外裂隙相比较于孔隙具有更好的连通性和方向性，因此,对于渗透率的贡献更大。柴北缘侏罗系煤变质程度较低,大多处于长焰煤阶段,相比较于中高煤阶而言,煤储层孔隙度和渗透率较高,但孔隙度较高的YQ-1井的渗透率值并没有孔隙度较低的五彩矿业的高,究其原因,可能与煤的微裂隙发育有很大关系。

(3) 孔隙结构发育特征

利用高压压汞实验可测出各孔径段孔隙含量、孔容和比表面积,计算出排驱压力、孔喉平均直径、汞饱和度中值压力及对应的中值半径、进汞饱和度和退汞效率等参数,这些参数均能够很好地反映煤孔隙结构特征(表4-2)。

表4-2 柴北缘侏罗系鱼卡煤田主力煤层压汞实验相关参数

地点	样品编号	$R_{o,max}$ /%	孔隙度 /%	渗透率 /mD	排驱压力 /MPa	汞饱和度中值压力 /MPa	中值半径 /μm	孔喉平均直径 /μm	进汞饱和度 /%	退汞效率 /%	压汞孔径段孔隙含量/%			压汞曲线类型
											$0\sim10^2$ nm	$10^2\sim10^3$ nm	$>10^3$ nm	
YQ-1井	140039019	0.58	7.3	0.35	0.22	6.9	0.11	1.04	84.3	24.81	56.5	38.6	4.9	I_1
五彩矿业	140039022	0.72	4.68	0.89	0.09	31.8	0.02	2.26	79.6	80.3	76.2	21.9	1.9	I_2

① 排驱压力是指压汞实验中汞开始大量进入煤样时的压力,指的是孔隙系统中最大连通孔隙、孔喉所对应的毛细管压力,亦称入口压力或门限压力。排驱压力是划分煤储层储集性能好坏的主要标志之一,因为它既反映了煤储层的孔隙喉道的集中程度,同时又体现了这类集中孔隙喉道的大小。一般来说,排驱压力在0.1 MPa及以下,认为煤储层性能较好;在0.1 MPa和1 MPa之间,煤储层性能中等;大于1 MPa,储层性能较差。对于鱼卡煤田YQ-1井和五彩矿业而言,排驱压力分别为0.22 MPa和0.09 MPa,储层性能分别为中等和较好等级。

② 孔喉平均直径是表示煤储层平均孔喉直径大小的参数,鱼卡煤田YQ-1井和五彩矿业的孔喉平均直径分别为1.04 μm和2.26 μm,孔喉平均直径属于中等偏上水平,说明该地区煤的孔径结构中渗流孔(即孔径>100 nm)的比例相对较大,如YQ-1井和五彩矿业的微小孔比例分别为56.5%和76.2%,但与华北煤田中部焦作、安鹤和平顶山矿区等中高煤阶煤相比,孔喉平均直径值显著较高。

③ 进汞饱和度表示在实验最高压力时所累计的汞饱和度(%),表征所能侵

入煤最小孔隙的能力;退汞效率是指在限定的压力范围内,从最大注入压力降到起始压力时,煤样内退出的水银体积与降压前注入的水银总体积的百分数,它反映了非润湿相毛细管效应采收率,一般来说,退汞效率越高,说明毛细管效应采收率越大。对于鱼卡煤田 YQ-1 井和五彩矿业煤储层而言,由于前者孔喉平均直径小于后者,即孔隙的连通性能五彩矿业要高于 YQ-1 井,因此退汞效率也要远高于 YQ-1 井。需要说明的是,对于具有"双峰"孔径结构的煤储层,渗透率一般较低,因为中孔含量少而孔径不连续分布继而导致孔隙连通性能差,而柴北缘鱼卡煤田的中孔含量可以达到 20%～40%,这也是该地区渗透率较好的根本原因。

④ 汞饱和度中值压力是指当汞饱和度为 50% 时所对应的毛细管压力或称为饱和度中值压力,而中值半径指的是汞饱和度中值压力对应的孔隙半径,中值压力与渗透率成反比,而中值半径则与渗透性呈正相关关系,对于 YQ-1 井的汞饱和度中值压力要小于五彩矿业的情况,认为微小孔所占比例的大小起到了关键作用。

(4) 典型孔隙结构模型分析

煤的高压压汞曲线可以区分出不同的孔隙结构,进而划分出不同的煤储层储集类型。姚艳斌等(2013)通过对华北地区 107 件煤岩样品的压汞曲线分析统计,依据煤的进汞和退汞曲线特征,总结出了 5 类典型的孔隙结构模型(图 4-4)。

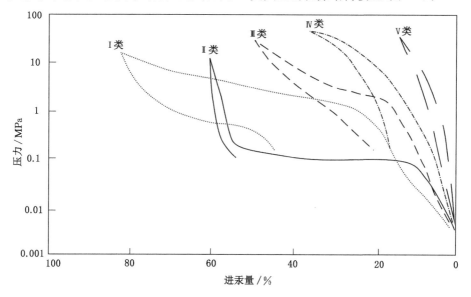

图 4-4　典型煤储层压汞曲线类型

　　类型Ⅰ的退汞曲线和进汞曲线近似平行，退汞效率高达50%以上，孔隙的连通性好，该类孔隙对煤层气的富集和产出均非常有利；类型Ⅱ的退汞效率非常低，反映孔隙结构不均匀，孔隙之间的连通性较差；类型Ⅲ的压汞曲线呈现三段式，该类曲线特点的样品的孔隙结构中，微小孔隙比中大孔隙发育，中孔比大孔发育，孔隙之间的连通性好，对煤层气的富集和产出较为有利；类型Ⅳ反映微孔发育，而小孔到大孔之间的孔隙较少，但分布较均匀，孔隙之间的连通性一般，该类孔隙对煤层气的储集非常有利，但对煤层气的产出不利；类型Ⅴ孔隙结构中的微孔含量最高，有的甚至达到90%以上，这类孔隙对煤层气的储集有利，但对其产出则非常不利。

　　根据柴北缘鱼卡煤田 YQ-1 井和五彩矿业中侏罗系主力煤层毛细管压力曲线和孔隙分布（图 4-5），结合以上 5 类压汞曲线特征，可知两者的压汞曲线属于类型Ⅰ。这类压汞曲线呈现两段式结构，其具体分布特征为：在进汞压力低于 0.1～0.5 MPa 时，压汞曲线为一较陡的斜线段，此时侵入的是煤中的大级别孔隙，达到煤的排驱压力后，直到压力为 10 MPa 这期间，开始大量进汞，大于 10 MPa 以后基本不再进汞，说明高压压汞实验对于微孔的探测较为有限。同时，由于退汞效率的不同，将类型Ⅰ曲线继续分为两个亚类，即Ⅰ$_1$（YQ-1 井）和Ⅰ$_2$（五彩矿业）。

　　分选系数和歪度这两个参数最早用于沉积学的粒度分析（Folk et al.，1957），之后被引入储层孔喉大小的统计学研究（Chilingar et al.，1972）。而压汞曲线的形态主要受控于孔喉的歪度和分选系数，其中分选系数是样品中孔隙喉道大小标偏差的量度，它直接反映了孔隙喉道分布的集中程度。在总孔隙中，具有某一等级的孔隙喉道占绝对优势时，表明其孔隙分选程度好，分选系数值越小，孔隙分布越均匀。歪度是度量孔隙喉道大小分布的不对称性，歪度等于 0 时，说明孔隙分布曲线对称，歪度大于 0 时为粗歪度，歪度小于 0 时为细歪度，对于储层的储集性能来讲，歪度越粗越好。

　　由研究区煤样高压压汞实验结果可知，类型Ⅰ$_1$YQ-1 井煤样孔喉的分选系数为 0.871，孔喉分选较差，歪度为 1.559，偏粗歪度；类型Ⅰ$_2$五彩矿业的孔喉分选系数为 1.111，孔喉分选较好，歪度为 1.897，粗歪度。因此，YQ-1 井的孔隙分布要比五彩矿业更加均匀，而五彩矿业的渗透率要高于 YQ-1 井的。一般而言，对于高渗储层，分选越好、歪度越粗的储层渗透率越高（Nabawy et al.，2009），然而，对于低渗储层而言，歪度越粗、分选越差的储层，其渗流性能反而更好。

　　压汞实验在最初进汞阶段中，进汞量的增加是由于非润湿相汞在岩样粗糙表面坑凹处的贴而引起的虚假侵入体积，即所谓的麻皮效应。本书在绘制孔喉分布频率图时，剔除了麻皮效应所引起的虚假进汞体积，并将前述煤样的孔喉

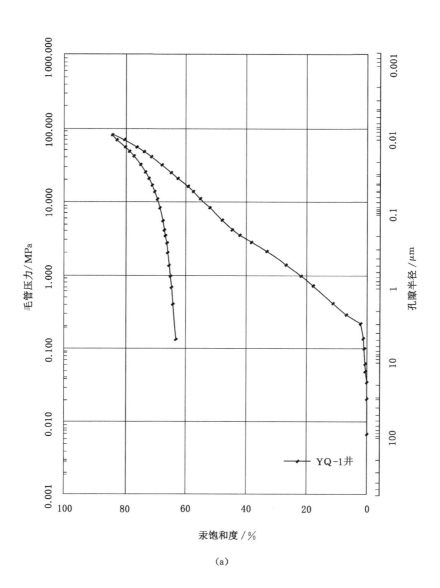

（a）

图 4-5　柴北缘侏罗系 YQ-1 井和五彩矿业煤层毛细管压力曲线及孔隙分布图

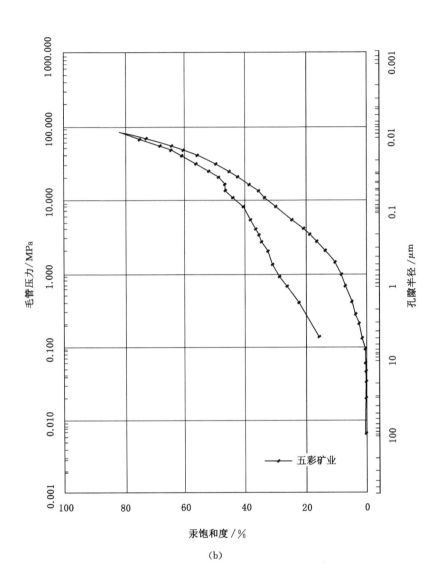

（b）

图 4-5（续）

分布特征分述如下：YQ-1 井煤样的孔喉分布频率图呈明显的多峰型，孔喉分布比较广阔，既有细孔喉，也有粗孔喉；而五彩矿业煤样的孔喉分布频率图呈现明显的细孔喉单峰型，孔喉主要分布在细孔喉的范围内。由煤样的孔喉分布特征可知(图 4-6)，对于低渗透储层而言，孔喉分布呈单峰型的煤样，因其孔喉分布范围较大，因而分选较差；而孔喉分布呈多峰型的煤样，各孔喉分布较为均匀，反而分选却很好。

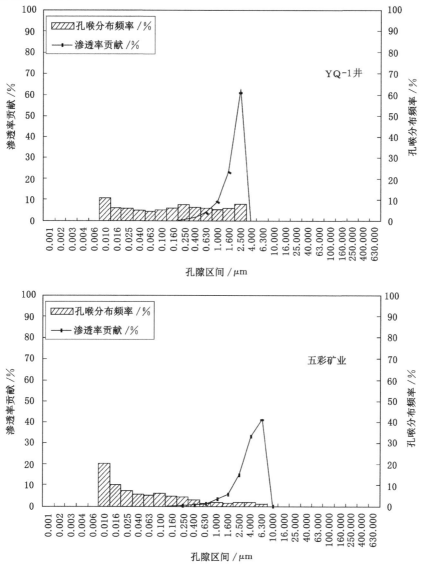

图 4-6　柴北缘侏罗系 YQ-1 井和五彩矿业煤样孔喉分布频率及对渗透率的贡献

由渗透率贡献曲线可知,较大的孔喉贡献了大部分的渗透率值,YQ-1井和五彩矿业的煤样均具有此特征。不同的是,后者孔径范围要比前者更大,因此具有较高的煤储层渗透率。

4.2.2.3 煤的吸附孔隙发育及其主控因素

(1) Kelvin方程及吸附孔隙分类

将具有毛细孔的材料与某种蒸汽接触,让蒸汽的相对压力从零开始增加,开始时毛细孔里没有凝聚液,但因吸附作用孔壁已有蒸汽的吸附层,当吸附压力增加至与孔隙的 Kelvin 半径相对应的值时,便发生毛细孔凝聚。

如果让蒸汽的相对压力从 1 开始减小,开始时毛细孔被凝聚液所充填,当相对压力减小至与孔的 Kelvin 半径相对应的值时,便发生毛细孔蒸发。当气-液平衡发生在半径为 r 的毛细管中时,Kelvin 方程表述为:

$$r_k = \frac{-2\gamma V_m \cos\theta}{RT\ln\left(\dfrac{p}{p_0}\right)} \tag{4-3}$$

式中　θ——液体与孔壁接触角,在润湿表面时,$\theta = 90°$;

γ——液体的表面张力,液氮的表面张力取 8.85×10^{-3} N/m;

V_m——液体的摩尔体积,取 34.65×10^{-4} m³;

R——气体常数,取值 8.315 J/(K·mol);

T——温度,$T = 77.3$ K,即约为 -196 ℃;

r_k——在 p/p_0 压力下发生毛细凝聚的临界孔半径。

由于毛细孔的具体形状不同,其发生凝聚时的相对压力与发生蒸发时的相对压力可能相同,也可能不同。如果蒸发时的相对压力等同于凝聚时的相对压力,吸附等温线上吸附分支与凝聚分支平行;反之,若两者相对压力不同,那么两个分支便会分开,即产生吸附回线。

(2) 煤中不同的孔对吸附回线的影响

煤孔隙十分复杂,多数为无定形孔,在煤的扫描电镜下观察,多呈圆柱、圆锥、平板和墨水瓶等四种孔形,下面分别讨论它们对吸附回线的影响。

① 假设煤中存在着一端封闭的圆筒孔或一端封闭的平行板孔及锥形孔,如图 4-7 和 4-8 所示。从图中可以看出,这三种形状的孔发生凝聚与蒸发时的情形是相同的,即发生凝聚与蒸发的相对压力相同,因而不产生吸附回线。

② 假设煤中存在着两端都开口的圆筒孔,如图 4-9 所示。当这种孔发生凝聚时,气-液两相界面是一个圆柱面,此时相对压力 $x_c = \exp\left(-\dfrac{\gamma V_m}{RT r_k}\right)$;而在蒸发时,气-液界面是一个半球面,此时的相对压力 $x_v = \exp\left(-\dfrac{2\gamma V_m}{RT r_k}\right)$。由上两个

图 4-7　一端封闭的圆筒孔

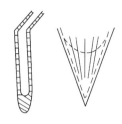

图 4-8　一端封闭的平行板孔及锥形孔

公式可知,发生凝聚时的相对压力要高于发生蒸发时的相对压力,因此具有这类孔隙的煤发生凝聚与蒸发时的相对压力不同,会产生吸附回线。

③ 假设煤中存在着四边都开口的平行板孔,如图 4-10 所示,当发生凝聚时,气-液界面为一平面;蒸发时,气-液界面为一圆柱面。根据 Kelvin 方程,具有这种孔的煤也能够产生吸附回线。

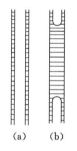

（a）　　（b）

图 4-9　两端开口的圆筒孔

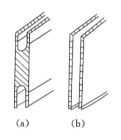

（a）　　（b）

图 4-10　四边开口的平行板孔

④ 假设煤中存在着墨水瓶状的孔,如图 4-11 所示,因为孔径越小,越易发生毛细凝聚,所以这种孔先在细颈处发生凝聚,此时气-液界面为圆柱形,随着压力的升高,瓶体逐渐充满凝聚液;蒸发时,由于细颈里的凝聚液将瓶体内的液体封住了,细颈处先开始蒸发,气-液界面为半球形,在细颈处已产生了吸附回线,待细颈处液体蒸发完毕,相对压力早已远低于瓶体蒸发时所要求的相对压力值,出现骤然蒸发出瓶中全部凝聚液的现象,造成脱附线急剧下降。

综合上述分析,认为凡是开放性孔(包括两端开口的圆筒孔及四边开放的平行板孔)都能产生吸附回线,而封闭性孔(包括一端封闭的圆筒形孔、一端封闭的平行板孔和一端封闭的圆锥形孔)均不能产生吸附回线,墨水瓶孔虽是一端封闭的,却能产生一定的吸附回线。

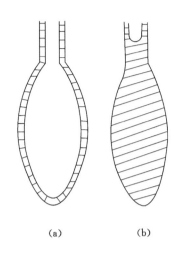

图 4-11　墨水瓶状的孔

（a）开始凝聚时的情况；（b）开始蒸发时的情况

（3）比表面积和孔体积特征

煤层气的吸附状态主要赋存在煤中微小孔的内表面,因此,煤的比表面和微小孔体积对于煤层气的吸附和储集性能的影响具有重大意义。根据固体表面吸附理论可知,吸附作用一般可以分为两种类型:一种是物理吸附,即吸附质分子与吸附剂之间的作用力是范德华引力,物理吸附是快速和可逆的;另一种则为化学吸附,即吸附质分子与吸附剂之间形成表面化学键,化学吸附是慢速和不可逆的。对于煤而言,显然是符合其物理吸附的特征(严继民 等,1986)。

然而,煤的比表面积与煤甲烷吸附能力之间的相关关系至今在国内外学术界颇存争议。Bustin 等(1998)通过对加拿大和澳大利亚不同煤阶煤的比表面积和孔容进行研究,结果发现煤的比表面积和孔容随着煤级增大呈先减小、后增大的趋势,在烟煤阶段出现极小值,同时指出微孔含量或比表面积较高的煤具有较低的甲烷吸附容量;桑树勋等(2003)对西北准噶尔盆地和吐哈盆地煤层气的储集特征进行了研究,认为低煤阶煤的孔比表面积大,但原位状态下的吸附气体的能力较低,而中高煤阶孔比表面积和吸附气体能力之间却呈正相关关系,同时指出煤吸附能力的大小取决于孔比表面积和吸附热的高低,比表面积越大,吸附热越高,煤的吸附能力就越强;钟玲文等(2002)基于 BET 对煤变质程度中等($R_{o,max}$ 在 0.88%～0.91% 之间)的煤样进行了煤比表面积和孔体积的计算,并对煤样进行了甲烷等温吸附实验,结果发现煤的比表面积和吸附能力两者之间存在微弱的正相关关系。

对柴北缘侏罗系高泉、YQ-1、五彩矿业、鱼卡、大煤沟和旺尕秀等煤矿区和钻井采样,利用低温液氮吸附实验求得各样品的比表面积、总孔体积和最可几孔径,并基于 BJH 算法计算各孔径段体积百分比分布,结果见表 4-3。

由表 4-3 中可知,柴北缘侏罗系各地区煤样比表面积变化较大,在 $0.843\sim$ $55.12\ m^2/g$ 之间,平均为 $23.34\ m^2/g$;总孔体积变化范围在 $2.46\times10^{-3}\sim$ $50.43\times10^{-3}\ mL/g$ 之间,平均为 $25.27\times10^{-3}\ mL/g$,且比表面积和总孔体积呈很好的正相关线性关系[图 4-12(a)];最可几孔径在微孔范围之内,变化不大,在 $3.78\sim4.01\ nm$ 之间。除大煤沟煤矿外,其余采样点各孔径段体积比为:微孔>小孔>中孔,且微孔比例占绝对优势。

根据以上各学者对煤比表面积与吸附能力之间关系的见解,姚艳斌等(2013)认为煤的比表面积与煤级和煤岩组分等参数之间没有显著的相关关系,而且与煤吸附能力的相关关系也非常弱,或者说它们之间的相关关系都比较复杂。同样,这种关系在本次研究区内同样适用,如图 4-12(b)所示在 25 ℃下等温吸附兰氏体积与比表面积的关系比较离散,几乎没有规律可言,但是煤比表面积与等温吸附的兰氏压力则成反比,兰氏压力表征着煤吸附甲烷的难易程度,煤的比表面积越大,对应煤样早期的吸附速率越大,兰氏压力则越低。

(4) 低温液氮吸附曲线

关于物理吸附的大量实验研究表明,除少数个别情况外,总体看来,等温吸附曲线可分为 5 种类型(傅雪海 等,2007)(图 4-13),这 5 类吸附等温线类型反映了 5 种不同吸附剂的表面性质、孔径分布和吸附质与吸附剂相互作用关系。

下面主要对本次所涉及的类型Ⅰ和类型Ⅱ进行简要介绍,类型Ⅰ吸附等温线首先被朗缪尔称为单分子层吸附类型,因此又称为朗缪尔型,可用来进行单分子层吸附理论模型的解释(具体论述见第 3 章,在此不再赘述)。而类型Ⅱ因其形状称为反 S 形吸附等温线,曲线的前半段上升缓慢,呈向上凸起,可由 BET 方程解释,后半段发生了急剧的上升,并一直接近饱和蒸汽压但并未呈现出吸附饱和现象,发生了毛细孔凝聚,可由 Kelvin 方程解释。

结合柴北缘侏罗系 8 个煤样低温液氮吸附-脱附曲线(图 4-14),可知它们均属于以上等温吸附线的Ⅱ类型,而对于所测煤样的脱附曲线却有着明显的区别,这应该是由于不同孔隙结构所导致的,相关内容将在后续典型孔隙结构模型剖析章节中进行具体论述。

4.2.3　典型孔隙结构模型剖析

结合以上研究区内煤样的高压压汞实验和低温液氮吸附实验结果,对柴北缘侏罗系含煤岩系煤储层的孔隙结构特征进行了论述,现将该地区典型渗流孔(中大孔)和吸附孔(微小孔)的结构模型进行具体展示和剖析。

表 4-3　柴北缘侏罗系各采样点煤样低温液氮吸附及甲烷等温吸附测试结果一览表

地点	煤层	$R_{o,max}$/%	工业分析/%			比表面积/(m²/g)	总孔体积/(10⁻³ mL/g)	平均孔径/nm	各孔径段体积比/%			兰氏体积/(m³/t)	兰氏压力/MPa	曲线类型
			水分	灰分	挥发分				0~10 nm	10~100 nm	>100 nm			
高泉	F	0.68	2.4	6.3	34.7	16.76	18.94	4.52	83.48	15.58	0.94	33.56	1.37	I
YQ-1	F	0.58	—	—	—	43.55	43.77	4.02	82.43	16.70	0.87	—	—	I
五彩矿业	F	0.72	2.6	2.6	27.9	55.12	50.43	3.66	86.44	13.28	0.28	32.68	0.83	I
鱼卡	F	0.51	2.0	5.4	40.9	21.3	29.48	5.53	68.21	29.55	2.24	42.19	1.20	II
大煤沟	F	0.47	7.1	14.3	40.1	2.45	6.53	10.66	33.70	57.41	8.89	36.36	1.89	III
旺尕秀	F	0.38	3.7	11.4	47.3	0.84	2.46	11.67	51.76	37.20	11.04	30.96	1.56	III
绿草沟上分层	G	0.56	5.6	4.8	33.9	2.54	4.57	7.20	67.11	27.99	4.90	26.51	1.64	III
绿草沟下分层	G	0.69	4.9	9.1	35.2	2.78	7.83	11.27	46.30	46.50	7.20	30.08	1.82	III

注：“—”为无数据；$R_{o,max}$为镜质体最大反射率；等温吸附测试条件：25 ℃ 下煤的干燥无灰基样。

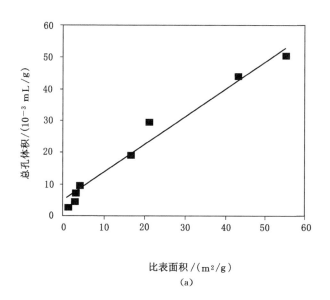

(a)

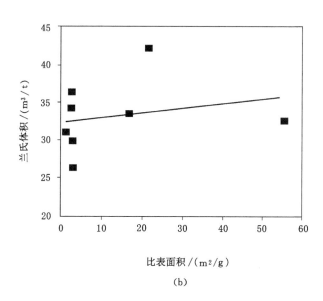

(b)

图 4-12　柴北缘侏罗系煤样比表面积对总孔体积和吸附性能的影响

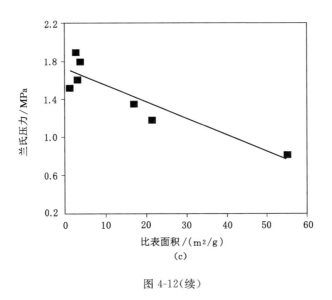

(c)

图 4-12(续)

4.2.3.1 渗流孔的结构模型

类型 I_1 以 YQ-1 井的煤样为代表,其特点是各类孔隙类型发育较好,煤储集性能中等(排驱压力在 0.1~1 MPa 之间),渗透率中等,对应的汞饱和度中值压力较低(6.86 MPa),孔喉平均直径中等,累计进汞的饱和度较高(84.32%)。这种类型的压汞曲线呈现典型的三段式结构(图 4-5),其分布特征为:压力在 0.2 MPa 以下时,随着毛细管压力的增大,进汞量变得非常少,压汞曲线为非常陡的斜线段,主要对应于植物细胞残留大孔隙和较大的次生孔隙,表明此类孔隙不甚发育;随着毛细管压力达到排驱压力,压汞曲线为斜率较高的直线段,总的进汞量急速增加,约占总进汞量的 90% 以上,表明煤样中微小孔所占比例较大,孔隙非常发育;退汞曲线与进汞曲线不平行,且退汞效率相对较低,说明该类型煤样孔隙结构不均匀,孔隙之间的连通性能相对较差。

类型 I_2 以五彩矿业煤样为代表,其孔隙结构好,煤储集性能较好(排驱压力 0.1 MPa 以下),渗透率较好,对应的汞饱和度中值压力非常高(31.84 MPa),孔喉平均直径较大,累计进汞的饱和度较高(79.59%)。这种类型的压汞曲线呈现典型的两段式或非典型的三段式结构(图 4-5),其分布特征为:压力在 0.1 MPa 以下时,进汞量为零,表明孔径大于 6.3 μm 的微裂隙、植物细胞残留大孔隙不发育;随着毛细管压力达到排驱压力,压汞曲线为迅速升高的半圆弧,总的进汞量急速增加,表明煤样中发育部分中孔和大孔,但主要以微小孔为主,其微小孔隙非常发育;退汞曲线和进汞曲线几乎平行,退汞效率较高,可达到 80%

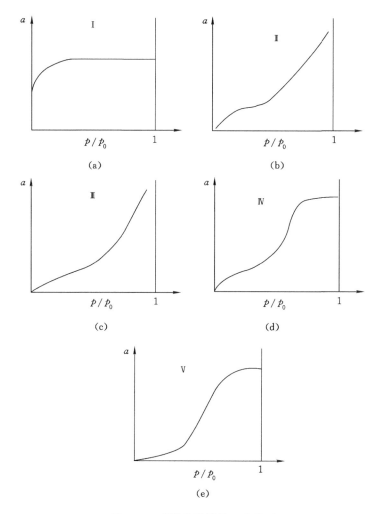

图 4-13　吸附等温线的 5 种类型

以上,说明该类煤样中孔隙结构的连通性能好,该类孔隙对煤层气的富集和产出较为有利。

4.2.3.2　吸附孔的结构模型

煤的低温液氮等温吸附实验原理符合孔隙材料吸附和凝聚的理论(严继民等,1986)。因此,可以根据煤的吸附和脱附曲线类型和特征来判识煤的孔隙形态,从而对不同孔隙模型进行确定。基于对柴北缘侏罗系 8 个煤样的液氮测试结果,该地区典型吸附孔的结构模型可以分为 3 种类型,即类型Ⅰ、类型Ⅱ和类型Ⅲ。

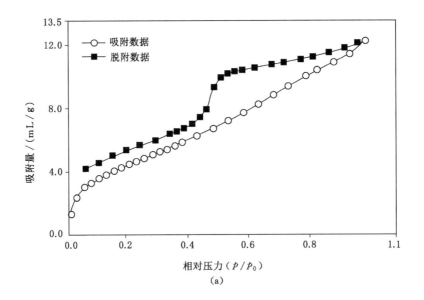

(a)

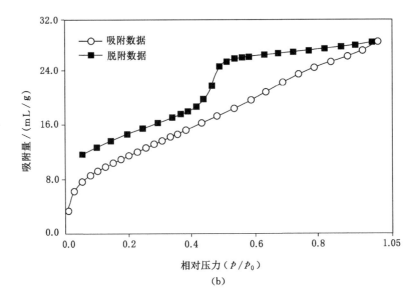

(b)

图 4-14　柴北缘侏罗系煤样低温液氮吸附-脱附曲线

(a) 高泉煤矿；(b) YQ-1；(c) 五彩矿业；(d) 鱼卡煤矿；(e) 大煤沟煤矿；

(f) 旺尕秀煤矿；(g) 绿草沟上分层；(h) 绿草沟下分层

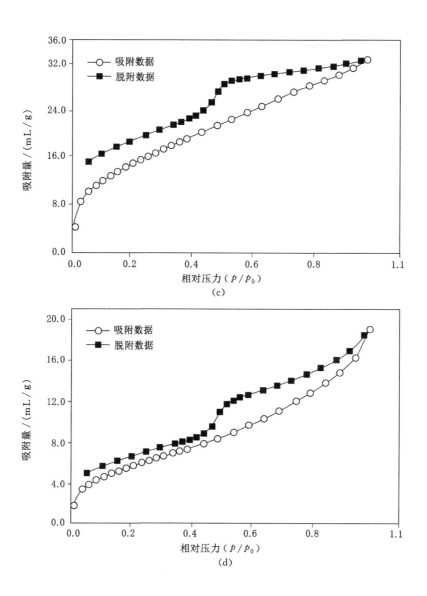

图 4-14(续)

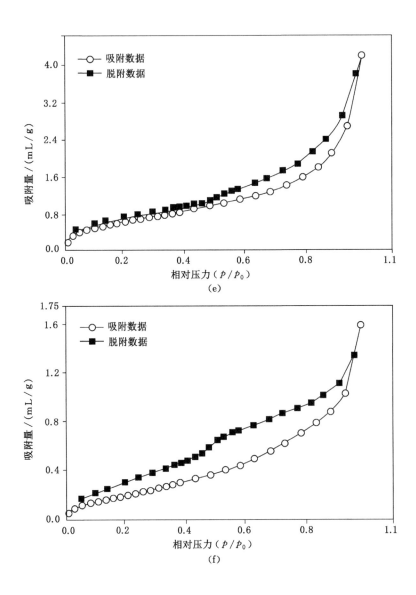

（e）

（f）

图 4-14（续）

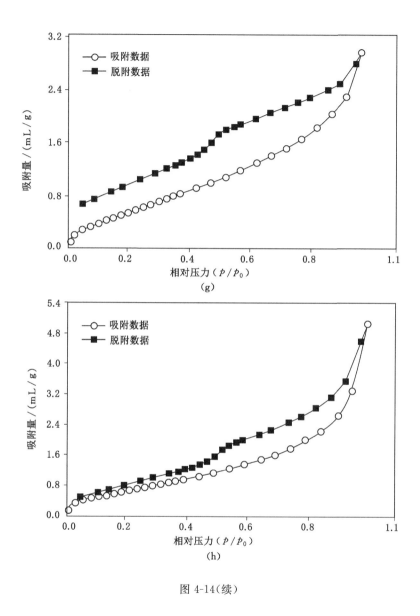

(g)

(h)

图 4-14(续)

　　类型 I 以柴北缘鱼卡煤田 YQ-1 井 M7 煤层为代表(图 4-15),该类煤样液氮吸附-脱附曲线的特点是:吸附线基本可呈两段式上升,前期快速上升,后期则稳定上升,而脱附曲线则存在明显的滞后环,且在相对压力为 0.5 附近处急剧下降[图 4-15(a)]。类型 I 所代表的孔隙结构类型以微孔占绝对优势,孔隙形态为典型的"口小肚大"的墨水瓶或细瓶颈状毛细孔，当然也不排除有一端封闭的不透气孔隙，因为这类孔隙影响不到吸附和脱附曲线形状。在吸附时，由于煤中的微孔非常发育，因而氮气分子的吸附曲线在平稳中升高，并在相对压力接近 1 时发生凝聚；随着相对压力的降低，氮气分子开始脱附，由于细瓶颈里的凝聚液已将瓶体内的液体封住，尽管相对压力已接近瓶内半径相对应的值，但它们还是不能够有效地蒸发出来，随着相对压力继续降低，细瓶颈处开始慢慢蒸发，因气-液界面为半球形，故发生蒸发时的相对压力和凝聚时不同，在细瓶颈处就产生了吸附回线，待细瓶颈处液体蒸发完毕，相对压力远低于瓶体内吸附质蒸发时所要求的相对压力值，从而使瓶体中的液体突然释放出来，导致回线急剧下降（陈萍 等，2001）。而且此类孔隙结构的吸附回线拐点一般都发生在相对压力为 0.5 附近，根据 Kelvin 方程，Kelvin 半径 $r_k=-2\times8.85\times10^{-3}\times34.65\times10^{-4}\times1/8.315\times77.3\times\ln 0.5=1.38$（nm），而此时的吸附层平均厚度 $t=[13.99/(0.034-\lg 0.5)]\times0.5\times10^{-1}=0.65$（nm），因此孔半径 $r_p=r_k+t=1.38+0.65\approx2$（nm）。最终求得该相对压力点对应的孔径为 4 nm，也就是说这种细瓶颈状的瓶口直径一般在 4 nm 左右。

具备此类曲线的煤样还包括柴北缘的高泉煤矿和五彩矿业，此类曲线的煤样比表面积和孔体积相对较大，本次所测试样品的平均比表面积为 38.48 m^2/g，总孔体积平均为 37.71×10^{-3} mL/g，而平均孔径在 3.8 nm 左右。这是因为该类孔隙类型主要为微孔[图 4-15(b)]，而微孔具有非常高的比表面积和微孔体积，因此该类孔隙非常有利于煤层气的吸附和储集，但对于煤层气的开采和解吸较为不利。

类型Ⅱ以柴北缘侏罗系鱼卡煤田鱼卡煤矿 M7 煤层为典型代表，该类样品氮吸附和脱附曲线表现为：吸附曲线稳定上升，并在后半段上升速度迅速增加；脱附曲线存在明显的滞后环，但并未出现如类型Ⅰ的典型平台段[图 4-16(a)]。类型Ⅱ所代表的孔隙结构以微孔发育为主，孔隙形态为开放型的两端开口圆筒孔及四边开放平行板孔。此类孔隙在发生凝聚时的相对压力要高于发生蒸发时的相对压力，具有这类孔隙的煤发生凝聚与蒸发时的相对压力不同，因此能够产生吸附回线。类型Ⅱ与类型Ⅰ的主要区别在于两者能够产生回线的不同形态并指示存在不同的孔隙结构类型。

具备Ⅱ型曲线的煤样一般具有较高的比表面积和总孔体积，孔隙对表面积和总孔体积的贡献主要来自微孔[图 4-16(b)]，该类孔隙为典型透气性好的微孔隙，因此对煤层气的吸附、解吸和扩散均有利。

类型Ⅲ以柴北缘侏罗系全吉煤田大煤沟煤矿 F 煤组为典型代表[图 4-17(a)]，该类样品的吸附曲线和脱附曲线基本保持一致，存在微弱的滞后环。该类型所代

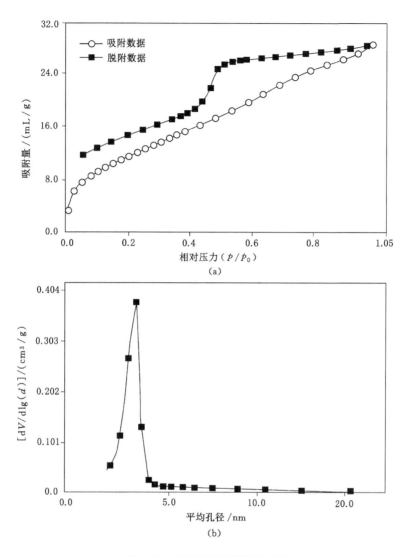

图 4-15　典型 Ⅰ 类吸附孔隙特征

（a）吸附-脱附曲线；（b）孔径与孔体积分布

表的孔为典型的双峰孔隙结构，即小孔和微孔含量均较高[图 4-17(b)]，这类孔包括开放型的两端开口圆筒孔及四边开放平行板孔，也可能存在一端封闭的不透气孔隙。

具备曲线 Ⅲ 型的煤样一般具有较低的比表面积和总孔体积，本次研究煤样比表面积都在 2.5 m^2/g 以下，总孔体积均在 $7×10^{-3}$ mL/g 以下。对于煤层气的解

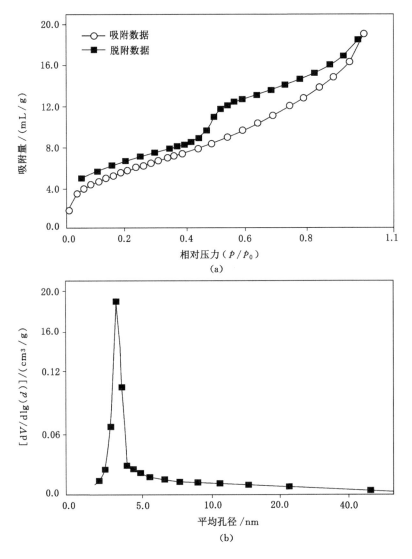

图 4-16 典型 II 类吸附孔隙特征

（a）吸附-脱附曲线；（b）孔径与孔体积分布

吸和扩散来讲，一方面由于小孔所占比例明显增高，有利于煤层气的解吸，另一方面这种双峰孔隙结构可能会影响到气体的有效扩散。当微小孔隙对煤样比表面积的贡献量较大时，煤样的吸附能力和储集性能也会大为改善。

4.2.4 低温液氮和高压压汞法的煤样孔隙对比分析

煤储层的孔隙结构影响着煤层气的储集和运移，而煤的非均质性强，其孔径

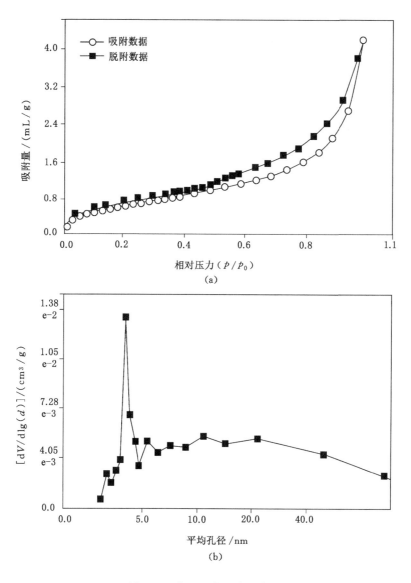

图 4-17　典型 Ⅲ 类吸附孔隙特征

（a）吸附-脱附曲线；（b）孔径与孔体积分布

大小变化范围较大且发育大量的纳米级孔隙，而现有的孔隙结构表征技术往往只能够适用于特定的孔隙尺寸范围，对于孔隙结构全面且合理的表征较为困难。因此，综合以上低温液氮和高压压汞实验对研究区煤样孔隙结构的测试结果，可以更加全面地分析该地区煤储层的孔隙分布及其结构特征。

　　对 YQ-1 井和五彩矿业煤样同时进行了以上实验,结果表明:采用高压压汞法测得煤的平均比表面积为 6.7 m²/g,低温液氮吸附法测得煤的平均比表面积为 49.34 m²/g,低温液氮吸附法测得的比表面积明显大于高压压汞法的结果,表明低温液氮法比高压压汞法能够探测到更细小的孔隙,而高压压汞法的优势则在于可以有效探测到 500 nm 以上的中孔和大孔。

　　根据以上两类测试结果,得到了五彩矿业和 YQ-1 井煤样孔径的总体分布(图 4-18)。由图可知,五彩矿业煤储层孔隙以小孔和中孔为主,大孔次之,微孔最少,而 YQ-1 井煤储层孔隙以中孔和大孔为主,小孔次之,微孔最少。其中,两者微孔孔径均在 4 nm 左右出现高值区,表明细瓶颈类孔隙占微孔比例较高。

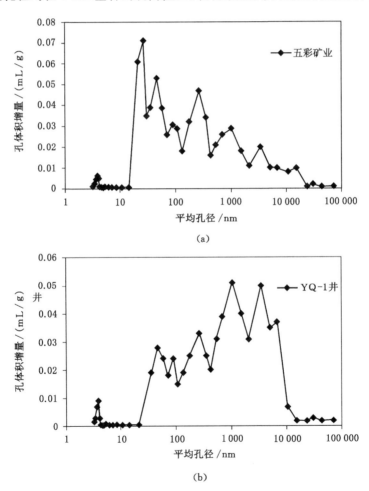

图 4-18　柴北缘煤样总体孔径分布图

4.3　煤储层孔隙非均质性特征及其意义

煤层气作为一种典型的气体地质体,以煤层及其围岩为主要储集层,我国的煤储层具有典型的高非均质性特征,在宏观上可以从煤层垂向和横向的分布上表现出来,具体体现在煤储层中煤岩煤质及其对应渗透性的变化上,其中煤岩煤质又包括煤中镜质组、惰质组、水分、灰分、硫分和挥发分等参数,而在微观上则表现为复杂的孔-裂隙结构的非均质性。煤的这种微观孔-裂隙结构的非均质性会在一定程度上影响到煤储层的宏观非均质性,进而影响煤储层的储集、渗流和产出各项性能。综合而言,这种非均质性的变化对煤层气的开发有很大的影响,总结这种非均质性变化特征对煤层气战略选区及后期开采工艺有重要意义。

4.3.1　煤储层吸附孔非均质性表征及对甲烷吸附的影响

煤中微小孔等吸附孔对于煤的甲烷吸附性能影响非常大,因此煤储层吸附孔的非均质性(包括煤中微小孔的比表面积及其结构特征)对于甲烷的吸附能力的影响也就较大。本次研究在计算煤的吸附孔分形维数的基础上,通过对各煤样吸附孔分形维数与煤的吸附能力、煤的物质组成和孔隙结构等因素之间的对比研究,以期揭示柴北缘侏罗系煤储层中吸附孔非均质性及其对甲烷吸附能力的影响。

4.3.1.1　煤的吸附孔分形维数计算

采用煤的液氮吸附实验中相对压力和吸附量数据可以计算煤的吸附孔的分形维数,计算方法主要包括分形 BET 模型、分形 Langmuir 模型、分形 FHH 模型和热力学模型等方法(Xu et al.,1997;Garbacz,1998;Nakagawa et al.,2000;Gauden et al.,2001;Hu et al.,2004a,b;Liu et al.,2015a;Yao et al.,2008)。在这些分形模型中,FHH 模型方法是应用较多的一种计算方法(Pyun et al.,2004;El-Shafei et al.,2004;Rigby,2005),分形 FHH 模型方法的来源和计算原理已在国内外多篇文献中报道过(Pfeifer et al.,1989;Yin,1991;Drake et al.,1994;Ismail et al.,1994;Wu,1996),在这里只将该方法的结果和各参数所代表的意义进行简要介绍。

根据 FHH 模型原理,利用吸附压力和吸附量的数据,可根据如下方程计算煤的吸附孔分形维数:

$$\ln\left(\frac{V}{V_0}\right) = \alpha + A\left[\ln(\ln(\frac{p_0}{p}))\right] \tag{4-4}$$

式中,V 为平衡压力 p 下吸附的气体分子体积;V_0 为单分子层吸附气体的体积;p_0 为气体吸附的饱和蒸汽压;A 值大小取决于煤的微小孔分形维数 D 及煤的吸附机制的一个幂指数常数;α 为常数。其中,A 值可通过吸附体积和相对压力倒数的对数线性关系斜率求得。获得 A 值后,可进一步计算煤的吸附孔分形维数。需要注意的是,在通过 A 值计算 D 值时,不同的学者基于不同的吸附理论提出了两种不同的计算方法,且至今未能达成共识。

有学者认为煤对氮气的吸附是一种单分子吸附,受吸附质和吸附剂界面之间的范德华力所控制,此时分形维数的计算表达为:

$$A = (D - 3)/3 \qquad (4\text{-}5)$$

也有些学者认为气-固界面间的范德华力相对于气-液界面间的表面张力可以忽略不计,煤对氮气的吸附主要受毛管凝聚效应所控制,因此分形维数的计算表达为:

$$A = D - 3 \qquad (4\text{-}6)$$

为了分析以上两种表达式在研究区内的适应性,本书对该地区 8 个煤岩样品在相对压力分别为 0~0.5 和 0.5~1 之间的 BET 吸附曲线进行分析。这是因为所有实验样品的吸附和脱附曲线均在相对压力为 0.5 左右产生滞后现象,也反映了在这个压力前后所测试的孔隙在大小和形态上均存在着较大差异,同时造成了在此压力前后存在单位不同的吸附行为。因此,以相对压力 0.5 为界线,分别应用式(4-5)和式(4-6)来计算相对压力在 0~0.5 和 0.5~1 两段的分形维数(表 4-4)。在这两个相对压力段上,双对数曲线呈现不同的斜率,且两者之间拟合度较高(图 4-19),说明在这两个相对压力段确实存在着两个不同的孔隙分形维数,即 D_1 和 D_2。

由表 4-4 可知,通过式(4-6)计算得出的分形维数都在 2~3 之间,而通过式(4-5)计算的结果明显偏小,其中有一部分低于 2。由于孔表面或孔结构的分形维数一般都在 2~3 之间,否则就脱离了分形孔隙系统分形的意义(Pfeifer et al.,1983;谢和平,1996)。因此,本次研究采用“$A = D - 3$”的计算结果并进行下一步的分析。

根据分形维数的计算结果,D_1 值相对较低,为 2.001~2.345,并且分布较为均匀,而分形维数 D_2 值相对较高,为 2.641~2.917,而且 D_1 与 D_2 之间并不存在明显关系。对比 D_1 和 D_2 的数据可发现,分形维数 D_1 变化不大且相关度一直很高,D_2 则明显不同,不存在滞后环的大煤沟煤样和滞后环不明显的绿草沟下分层、旺尕秀煤样的 D_2 要明显低于其他滞后环明显的样品。这说明在较小吸附孔段(Kelvin 半径<1.38 nm),微孔结构差异并不十分明显,而在较大吸附孔段(Kelvin 半径>1.38 nm),吸附-脱附曲线中存在滞后环煤样的孔隙结构要比不存在滞后环的煤样更加复杂。

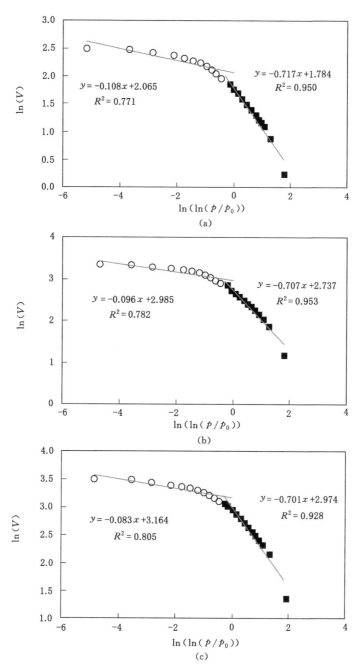

图 4-19　柴北缘侏罗系煤样液氮吸附体积和相对压力的双对数曲线

（a）高泉；（b）YQ-1；（c）五彩矿业；（d）鱼卡；（e）大煤沟；（f）旺尕秀；

（g）绿草沟上分层；（h）绿草沟下分层

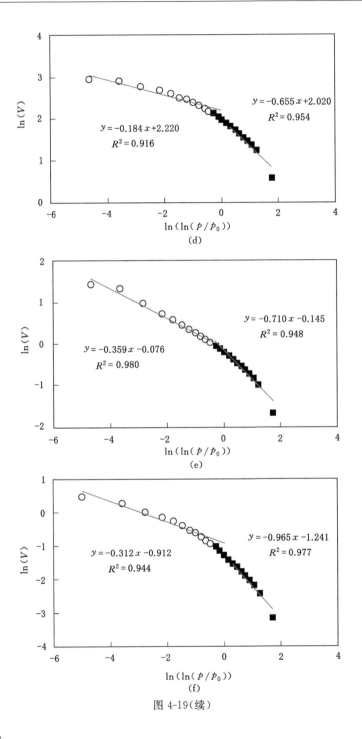

图 4-19(续)

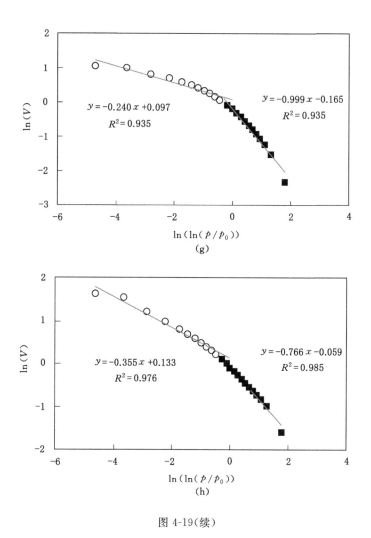

图 4-19（续）

表 4-4　基于分形 FHH 模型的吸附孔分形维数

煤样	相对压力:0～0.5				相对压力:0.5～1			
	A_1	$D_1=3+A_1$	$D_1=3+3A_1$	R_1^2	A_2	$D_2=3+A_2$	$D_2=3+3A_2$	R_2^2
高泉	−0.717	2.283	0.849	0.95	−0.108	2.892	2.676	0.77
YQ-1	−0.707	2.293	0.879	0.95	−0.096	2.904	2.712	0.78
五彩矿业	−0.701	2.299	0.897	0.93	−0.083	2.917	2.751	0.81
鱼卡	−0.655	2.345	1.035	0.95	−0.184	2.816	2.448	0.92

表 4-4(续)

煤样	相对压力:0～0.5				相对压力:0.5～1			
	A_1	$D_1=3+A_1$	$D_1=3+3A_1$	R_1^2	A_2	$D_2=3+A_2$	$D_2=3+3A_2$	R_2^2
大煤沟	-0.71	2.29	0.87	0.95	-0.359	2.641	1.923	0.98
旺尕秀	-0.965	2.035	0.105	0.98	-0.312	2.688	2.064	0.94
绿草沟上分层	-0.999	2.001	0.003	0.97	-0.24	2.76	2.28	0.94
绿草沟下分层	-0.766	2.234	0.702	0.99	-0.355	2.645	1.935	0.98

注:R 为 $\ln(V)$ 和 $\ln(\ln(p_0/p))$ 双对数曲线的相关关系。

4.3.1.2　分形维数与吸附能力的关系

在本书第 3 章已经论述,煤的甲烷吸附能力主要受控于两个方面:一方面是煤的自身条件,包括物质组成和化学特征,如煤变质程度、煤岩成分组成、灰分和水分等;另一方面是实验的外部条件,包括温度、压力和地应力等,这种认识已经被广大学者所认可。而对于煤的微小孔的分形特征与甲烷吸附能力的探讨并未深入。本次研究通过以上计算的分形维数(D_1 和 D_2)与煤的甲烷吸附能力之间的关系进行研究,以期进一步探讨吸附孔的孔径结构对于煤吸附能力的影响。

分形维数 D_1 和 D_2 与煤的吸附能力(干燥基的兰氏体积)之间的关系如图 4-20 所示,分形维数 D_1 与兰氏体积呈现较好的二项式相关关系,总体上兰氏体积随着分形维数 D_1 呈现先减小、后增大的趋势,特别是在 $D_1>2.2$ 之后,煤样兰氏体积随着分形维数 D_1 的增大而明显增高。而分形维数 D_2 与煤样的兰氏体积之间关系并不明显,呈弱正相关关系且相关度较低。总体上,吸附孔分形维数 D_1 对煤样吸附能力的影响要明显高于 D_2。究其原因,煤对甲烷的吸附大部分为孔隙表面吸附,仅有少部分为孔隙填充吸附(吸收状态),分形维数 D_1 所反映的就是煤的微孔表面的分形维数,而分形维数 D_2 则反映的是煤的微小孔的孔结构分形维数。需要指出的是,分形维数 D_2 与兰氏体积的关系与前人研究成果并不相符(姚艳斌 等,2013),这也从侧面上说明分形维数 D_2 与煤样的吸附能力之间关系并不明显,不能用绝对的正相关或负相关关系简单表明。

4.3.1.3　分形维数与煤的物质组成的关系

分形维数 D_2 随着煤中水分的增加而呈现明显降低的趋势,这与前人所得到的结论一致(姚艳斌 等,2013),即煤中水分与分形维数 D_2 呈现倒 U 形的相

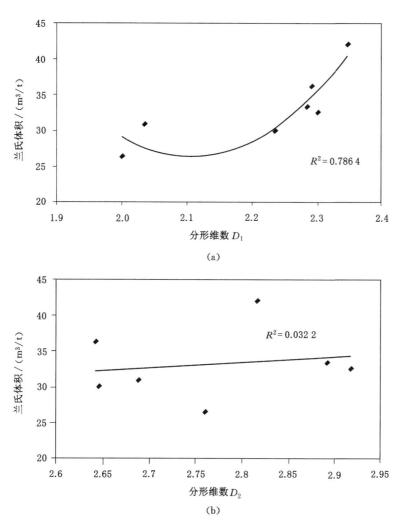

图 4-20　分形维数和兰氏体积之间的关系

关关系,在水分含量小于 2% 时,分形维数 D_2 随着水分的增加而增大,而在水分含量大于 2% 时,两者关系恰好相反。相比较而言,分形维数 D_1 与煤中水分含量相关关系并不明显。因此,煤中的水分含量对煤的分形维数 D_2 有显著的影响,而对于 D_1 则没有显著的影响。究其原因,分形维数 D_2 代表的是煤孔结构分形维数,当煤样进行吸附时,气-液相的水分子可能引起吸附分子在吸附表面的振动,形成气-液表面张力而影响吸附。而 D_1 则反映了煤的表面分形维数,对煤中的水分含量变化的反映并不明显(图 4-21)。

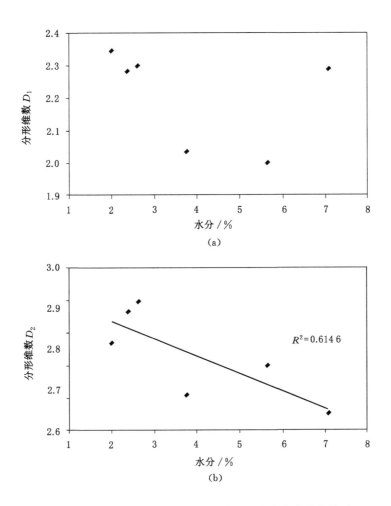

图 4-21 分形维数（D_1 和 D_2）与煤的内在水分含量的关系

　　由煤中灰分产率与分形维数 D_1 和 D_2 的关系图（图 4-22）可知，D_1 代表了煤的孔表面分形维数，与煤中的灰分产率关系并不明显；而分形维数 D_2 则与灰分产率呈现明显的负相关关系，即灰分产率越大，分形维数 D_2 越低，这是因为 D_2 表征的是煤孔结构的分形维数，因此对煤中的灰分变化较为敏感。需要指出的是，也有学者认为 D_2 与灰分产率呈正相关关系，原因是煤中的灰分会充填煤的微孔，造成孔隙结构的非均质性增强，因此分形维数增高。但是煤中的灰分是否可以充填到微孔中还有待于进一步讨论，需要从机理上做出合理的解释。

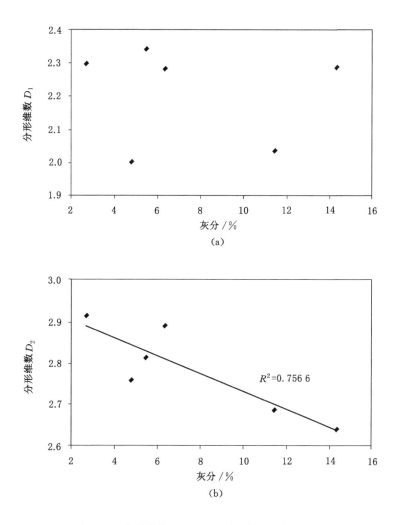

图 4-22　分形维数(D_1 和 D_2)与煤的灰分产率的关系

　　由煤中挥发分含量与分形维数 D_1 和 D_2 的关系图(图 4-23)可知,D_1 代表了煤的孔表面分形维数,与煤中的挥发分关系并不明显;而分形维数 D_2 则与灰分产率呈现明显的负相关关系,即挥发分越大,分形维数 D_2 越低。这是因为 D_2 表征的是煤孔结构的分形维数,因此对煤中的挥发分变化较为敏感;另一方面,煤中的挥发分越低,也就表示着煤中有机质可挥发的热分解产物量越低,说明煤中孔隙的结构越复杂,严重影响着煤中气体和液体的挥发能力,因此分形维数 D_2 越高。

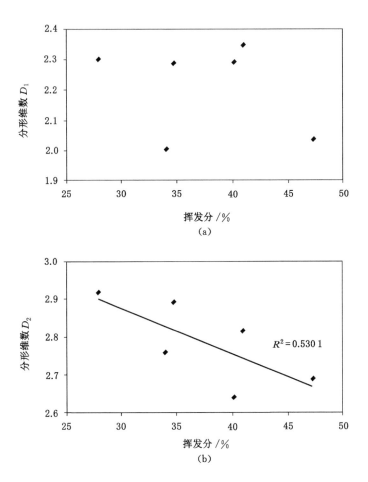

图 4-23　分形维数（D_1 和 D_2）与煤的挥发分之间的关系

　　分形维数 D_1 和 D_2 随各煤样镜质体反射率（煤级）增加而有增大的趋势（图 4-24），但关系并不是十分明显。这是因为煤的变质程度与煤的灰分、水分和煤岩显微组分等其他物质组成关系密切，而这些煤的物质组成又与煤的分形维数之间呈现不同的相关关系，所以才会导致分形维数与煤级之间的规律并不十分明显。

4.3.1.4　分形维数与煤的孔隙结构的关系

　　为了更好地研究以上两个分形维数 D_1 和 D_2 所代表的物理意义，分别对表征煤的孔隙结构的参数，包括比表面积、平均孔径、微孔含量以及总孔体积，与以上两个分形维数之间的内在联系进行了研究。

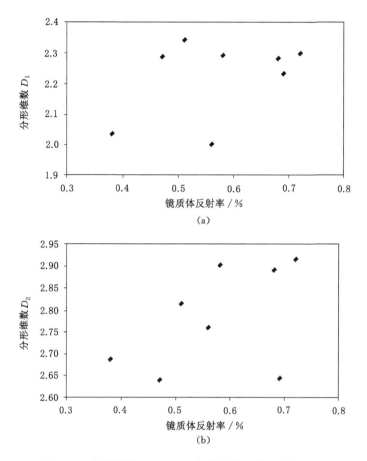

图 4-24 分形维数(D_1 和 D_2)与煤的镜质体反射率的关系

煤样的比表面积与两个分形维数 D_1 和 D_2 之间的关系如图 4-25 所示。分形维数 D_1 与煤的比表面积呈正相关关系,即比表面积越高,分形维数 D_1 越大。这是因为 D_1 表征的是煤的孔表面分形维数,分形维数越大,吸附量越大,因此对应的比表面积越大;而分形维数 D_2 与比表面积也呈正相关关系,随着微孔含量增大,一方面会促使煤样比表面积的增大,另一方面由于各类孔隙分布不均匀也会导致煤孔隙的非均质性增强,因而反映煤孔结构的分形维数 D_2 也会相应增大。

两个分形维数 D_1 和 D_2 与所测煤样的平均孔径的关系如图 4-26 所示。其中,D_2 与煤的平均孔径呈明显的负相关关系,这进一步说明分形维数 D_2 表征的是煤的孔隙结构,分形维数 D_2 较高的煤样一般具有复杂的孔隙结构。由于

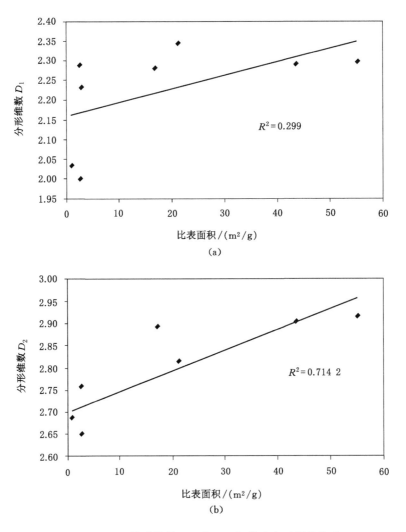

图 4-25　分形维数(D_1 和 D_2)与煤比表面积的关系

分形维数 D_1 表征的是煤的孔表面分形维数,因此与煤的平均孔径并没有明显的关系。

两个分形维数 D_1 和 D_2 与所测煤样的微孔含量的关系如图 4-27 所示。其中,D_2 与煤样的微孔所占比例具有明显的正相关关系,即 D_2 随着微孔含量的增加而增大,这是因为研究区为低煤阶煤样,吸附孔中多以小孔为主,微孔含量的增大表明孔隙结构趋于复杂,孔隙的非均质性也就增强,因此代表孔隙结构的分形维数 D_2 随之增大;而代表煤的孔表面的分形维数 D_1 与煤的微孔含量的关

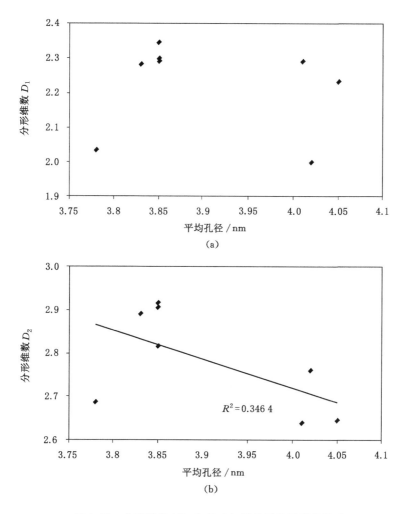

图 4-26　分形维数(D_1 和 D_2)与煤样平均孔径的关系

系并不明显。

　　两个分形维数 D_1 和 D_2 与所测煤样的总孔体积之间的关系如图 4-28 所示。其中,D_1 与煤样的总孔体积之间不具备明显的线性关系,这是由于 D_1 与煤样的平均孔径和微孔含量关系不明确所导致的;而 D_2 与煤的总孔体积呈正相关关系,且相关度较高,说明煤的微孔越发育,孔隙结构复杂所导致的分形维数 D_2 越大,最终导致煤的总孔体积增大。

4.3.1.5　分形维数与煤体结构的关系

　　通过对各煤样的煤体结构综合指标与分形维数 D_1 和 D_2 之间关系的研究

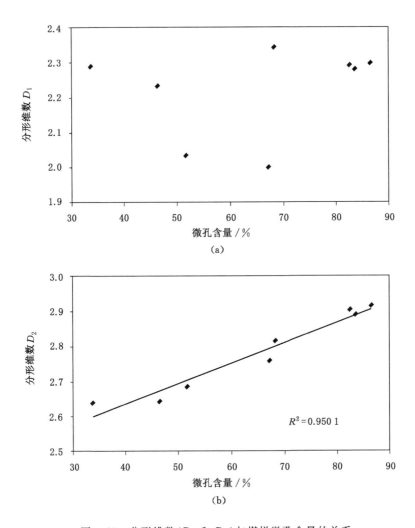

图 4-27　分形维数(D_1 和 D_2)与煤样微孔含量的关系

(图 4-29),总体上两个分形维数与煤体结构之间并没有明显的相关关系。究其原因,煤体结构是关于煤的宏观特征的参数,而吸附孔隙分形维数则反映的是煤的孔表面和孔结构等微观特征,因此两者并没有呈现特别明显的相关关系。

4.3.1.6　孔隙非均质性对煤的吸附能力的影响

多孔物质分形特征的表征主要包括孔表面积和孔隙结构分形维数两方面 (Pyun et al.,2004)。一般认为,孔表面积分形维数 $D_1 = 2$ 时,代表煤的表面非常光滑,而 $D_1 = 3$ 时,则表示煤样的表面非常粗糙。孔隙结构分形维数 $D_2 = 2$

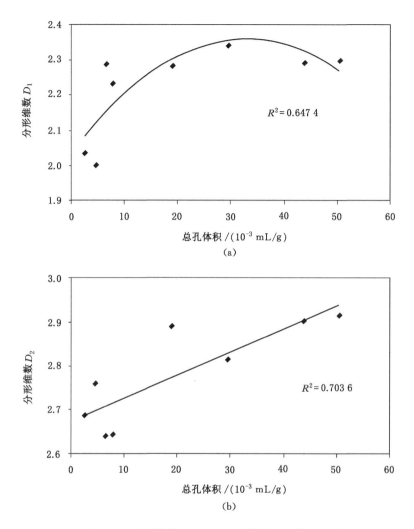

图 4-28　分形维数(D_1 和 D_2)与煤样总孔体积的关系

时,表示具有非常均一的孔喉特征,而 $D_2=3$ 时,则代表煤样的孔隙结构非常复杂,孔喉分布极其不均匀。因此,研究煤的吸附孔分形特征及其影响因素时,以上两个分形维数的变化特征需同时考虑,缺一不可。而且在煤对甲烷的吸附过程中,两者同样具有重要的作用。

在煤样吸附甲烷的初始阶段,煤对甲烷的吸附过程是单分子层吸附,吸附的能力主要来自气-固界面分子间的范德华力,此时分形维数 D_1 起主导作用,同时分形维数 D_1 也反映着煤分子和气体分子间的范德华力作用。随后进入了多

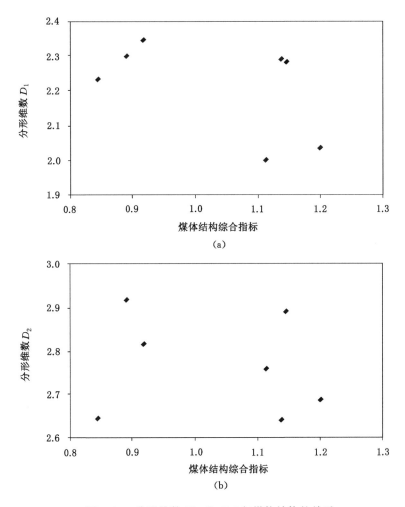

图 4-29　分形维数(D_1 和 D_2)与煤体结构的关系

层吸附充填阶段,微孔表面已经大面积覆盖饱和,此时微孔和小孔的充填作用开始出现,同时分形维数 D_2 也开始发挥作用,该阶段吸附能力受控于这种气-液间的表面张力或分子凝聚现象(Sing,2004),这就与表征煤的孔隙结构 D_2 有着密切的联系。

　　因此,分形维数 D_1 和 D_2 对煤的甲烷吸附能力均有影响,只是在不同的阶段主导地位有所不同。一方面,煤的吸附孔分形维数 D_1 越高,孔隙表面就越粗糙,能够提供更多的吸附孔位,煤的甲烷吸附能力越强;另一方面,分形维数 D_2 越高,煤的孔隙结构越复杂,煤的孔隙非均质性越强。但对于煤的甲烷吸附能力而言,需要分不同的煤级进行考虑:对于中高煤阶而言,吸附孔中主要以微孔为主,伴随着小孔含量增加,煤的吸附孔孔喉均质性变差,分形维数 D_2 增高,但孔隙非均质性对甲烷吸附带来的负面影响要高于煤中小孔对甲烷吸附的贡献(正效应);而对于低煤阶而言,吸附孔中主要以小孔为主,伴随着微孔含量的增加,煤的吸附孔孔喉均质性变差,因此分形维数 D_2 增高,但微孔含量增加对甲烷吸附的贡献(正效应)要高于孔隙非均质性带来的负面影响。

综上所述,对于中高煤阶而言,孔表面分形维数越高而孔结构分形维数越低的煤的甲烷吸附能力越强;而对于低煤阶而言,孔表面分形维数越高同时孔结构分形维数也越高,对应煤的甲烷吸附能力越强。

4.3.1.7　不同煤级条件下分形维数与煤孔隙参数的关系

煤孔隙分形维数一般用以定量化表征复杂的孔隙结构,但根据煤中各参数变化来间接研究分形维数以及所代表的物理意义则较少涉及。根据不同煤阶条件下的煤孔隙分形维数与各主要煤参数之间的关系分析可知,随着镜质体反射率的增大,表征煤孔隙表面分形维数 D_1 持续升高[图 4-30(a)],表明煤中有机质孔隙系统不断发育,各类孔隙表面变得逐渐粗糙,煤的甲烷吸附能力越来越强。煤中灰分含量则与各分形维数关系不明显或者比较复杂[图 4-30(b)],表明煤的物质组成(如灰分、硫分等)不仅仅与各孔隙段发育及分形特征有关系,而且可能也与其他因素如泥炭地沉积环境及其演变的关系更加紧密。不同煤阶条件下,表征孔隙结构分形维数 D_2 与平均孔径和微孔含量分别呈明显的负相关和正相关关系[图 4-30(c)、(d)],表明具有平均孔径越小和微孔含量越高的煤,其孔径结构越复杂。

综上所述,一定条件下可以利用镜质体反射率(即煤的变质程度)高低来间接分析煤孔隙表面特征及其甲烷吸附能力,同时可以根据煤中微孔含量和平均孔径大小来进一步反映煤孔隙结构的复杂程度。

4.3.2　煤储层渗流孔非均质性表征及对渗透性的影响

煤储层的渗流孔指的是孔径大于 100 nm 的中孔、大孔和微裂隙,渗流孔所占比例及其非均质性对于煤层气的渗流和产出具有重要影响。国内外学者对于煤储层分形维数的推导以及该参数与煤的变质程度、煤体结构、煤结构演化特征、煤孔径分布和煤岩煤质特征等影响因素之间的内在关系一直在研究(赵爱红等,1998;王文峰 等,2002;Mahamud et al.,2003;傅雪海 等,2005;杨宇 等,2013)。通过对煤样渗流孔分形维数的计算,并结合煤样的变质程度、渗透率和煤体结构特征进行了相关性分析,以期探讨煤的渗流孔的结构非均质性及其影响因素。

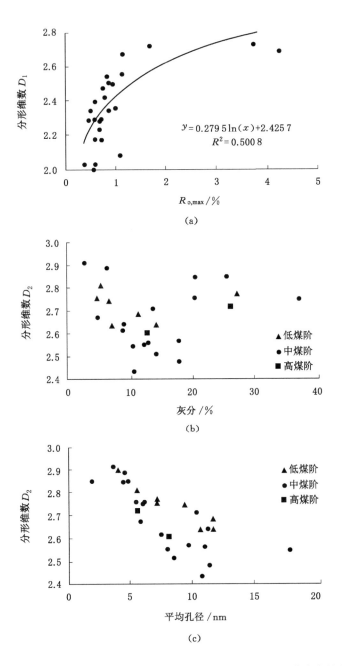

图 4-30 分形维数与最大镜质体反射率、灰分含量、平均孔径和微孔含量之间的关系

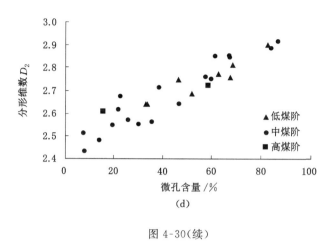

(d)

图 4-30(续)

4.3.2.1　渗流孔的分形维数计算

具有分形结构的固体,其表面积 S 与标度 ρ 之间存在以下关系(Friesen et al.,1993):

$$S(\rho) \propto \rho^{2-D} \tag{4-7}$$

在分子吸附实验中,若覆盖材料表面所需的分子数为 n,则:

$$n(\rho) \propto \rho^{-D} \tag{4-8}$$

被测量的表面积 $S(\rho)$ 根据式(4-7)变化,而 D 的大小需要从式(4-8)中通过测出一系列不同尺寸的分子数而确定。但是通过计算压汞孔隙表面积来得到渗流孔的分形维数比较麻烦,因此,有学者提出了一种不需要计算孔表面数据的分形热力学方法(Zhang etl al.,1995,2006)。

高压压汞法是有效确定多孔介质孔隙大小及分布的一种测试手段(田华等,2012;杨峰 等,2013)。设定不规则固体表面是由不规则的孔和外表面接通或者和其他孔的内表面接通,同时进一步假定每个孔隙均为圆柱孔,它的平均长度和孔半径成正比。这样煤的表面孔结构就可以用孔容积表示。Pfeifer 等(1983)提出了基于压汞数据的分形维数的计算,该方法基于压汞的进汞体积及其对应的孔径之间的双对数关系,可简要描述为以下公式:

$$\lg\left(\frac{\mathrm{d}V_r}{\mathrm{d}r}\right) \propto (2 - D_s)\lg(r) \tag{4-9}$$

式中,V_r 为累计进汞体积;r 为某进汞压力下所能探测到的孔径;D_s 为孔隙分形维数。

将式(4-9)和式(4-1)结合起来,可得到进汞体积、压力和分形维数之间的关系：

$$\lg\left(\frac{dV_p}{dr}\right) \propto (D_s - 4)\lg(p) \tag{4-10}$$

式中，V_p 为在汞压力 p 下的累计进汞体积。

具体的计算方法如下：根据进汞曲线各压力点和对应的累计进汞量绘制在双对数坐标内，如果煤样具有分形特征，则两个双对数数据 $\lg(dV/dp)$ 和 $\lg(p)$ 具有显著的线性关系，否则不具备分形的特征。若具有线性关系，则根据两者线性关系的斜率 A 即可求出分形维数 D，其计算式为：$D = 4 + A$。

在对 $\lg(dV/dp)$ 的具体求解过程中，事实上，在使用实际的压汞曲线求分形维数时，可以采用中心差商法简便运算并进行求解（贺承祖 等，1998）：

$$\frac{dV_{mp}}{dp} = \frac{V_{mp}(p_{k+1}) - V_{mp}(p_k)}{p_{k+1} - p_k} \tag{4-11}$$

式中，p_{k+1}、p_k 为进汞曲线上相邻两点的毛管压力，MPa；$V_{mp}(p_{k+1})$、$V_{mp}(p_k)$ 为毛管曲线上相邻两点对应的累计进汞体积，mm^3。

应该指出的是，在所有渗流孔（$0.1 \sim 100~\mu m$）中并不是所有孔径段的孔隙都具有分形特征或者说在不同的孔径段代表了不同物理或力学机制（Suuberg et al.，1995）。对于进汞曲线的低压阶段，汞刚开始进入煤体孔隙中并不符合自然界的分形维数；而在高压处，由于煤的弹塑性作用，此时煤的孔隙分形维数会在一定程度上反映煤的压缩行为，也不能完全反映出煤的孔隙分形维数，而且此时计算的分形维数大于 3，和煤的吸附孔隙一样，已经超出了孔隙分形维数的意义，因此，需要剔除两端的数据，才能够有效地体现出渗流孔隙的分形维数特征。对研究区内 YQ-1 井和五彩矿业的煤样的渗流孔分形特征分析可知，当所有孔隙进行双对数曲线计算时［图 4-31(a)］并不符合分形的要求，事实上只有中间段（孔径范围约在 $0.1 \sim 5~\mu m$）的范围内才具有明显的分形特征［图 4-31(b)］。

通过对柴北缘 YQ-1 井和五彩矿业煤样分别进行压汞分形维数计算（表 4-5），结果表明：YQ-1 井的分形维数为 2.958 6，五彩矿业的分形维数为 2.881 6，两个样品对应的分形维数相对较高，与其他学者所得到的结果基本一致（赵爱红 等，1998；王文峰 等，2002），说明该地区煤样相对于其他岩石样品来说具有较高的分形维数，同时也客观表明煤样的渗流孔隙结构或比表面积要比其他岩石更加复杂。

表 4-5　柴北缘侏罗系煤样参数及压汞实验分形维数的计算

地点	样品编号	$R_{o,max}/\%$	渗透率/mD	A	D	压汞曲线类型
YQ-1 井	140039019	0.58	0.352	$-1.041\,4$	2.958 6	I_1
五彩矿业	140039022	0.72	0.892	$-1.118\,4$	2.881 6	I_2

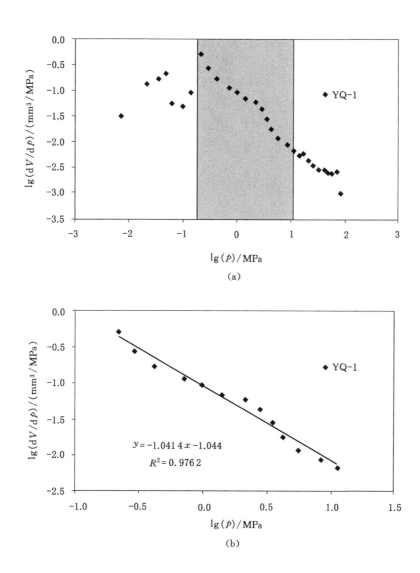

(a)

(b)

图 4-31 柴北缘 YQ-1 井煤样的进汞体积和进汞压力的双对数曲线

4.3.2.2 渗流孔的分形维数与煤储层其他参数的关系

一般认为,煤的渗流孔分形维数越高,渗流孔隙结构越复杂,这就直接或间接影响到了煤层气运移或采出的能力,因此对应的渗透率就应该越低,以上样品所测结果也印证了这一说法(表 4-5),当然这个比较应该在相似的煤阶条件下进行,因为煤级也会对煤孔隙结构及其孔隙分形维数造成较大的影响。

Prinz 等（2004）和姚艳斌等（2013）认为，当煤的镜质体反射率 $R_o < 1.2\%$ 时，煤阶越高，煤的分形维数越低；当煤的镜质体反射率 $R_o = 1.2\% \sim 2.1\%$ 时，煤级与煤渗流孔分形维数呈正相关关系；而当煤的镜质体反射率继续增大时，煤的孔分形维数一直保持高值。本次研究中煤样的镜质体反射率均小于 1.2%，而且镜质体反射率越高，分形维数越低，符合以上结论。究其原因，煤级对煤的孔分形维数影响主要是在煤化作用过程中，引起煤的物理和化学结构变化，鉴于本次所测样品较少，不能够继续深入分析，希望以后在有条件的情况下继续研究。

4.4　煤储层裂隙发育特征及主控因素

煤层中的各类裂隙决定着煤的结构构造和物理性质，对煤层气的生储、聚集及开发等起着直接或间接的控制作用，根据不同的分辨率条件，可将裂隙分为宏观裂隙和微裂隙。宏观裂隙一般通过肉眼来观测，可以见到大于 0.1 mm 的裂隙，而微裂隙一般通过显微镜来观测，其中光学显微镜可分辨出大于 1 μm 的裂隙，扫描电子显微镜放大 500 倍可以分辨出长度为 0.6 μm 的裂隙。

煤储层裂隙按照成因可分为内生裂隙和外生裂隙两种。一般认为，内生裂隙是在煤化作用过程中，煤中凝胶化物质受到了温度、压力的影响，内部结构发生变化，体积均匀收缩，产生内张力而形成的（Ting,1997），因此这类裂隙与煤的变质程度有很大关联；而外生裂隙主要是煤层形成后由于受到构造应力的作用而产生的，外生裂隙内多见次生矿物或破碎煤屑的充填物。两种裂隙不仅在形态上具有显著的差异，而且对煤的渗透性的贡献也不尽相同（王生维 等，1995；李小彦，1998；Pitman et al.,2003；Dawson et al.,2012；Golab et al.,2013；Permana et al.,2013；秦勇，2005）。

4.4.1　煤的宏观裂隙发育特征

本次研究宏观裂隙发育特征的描述参照煤炭行业标准《煤裂隙描述方法》（MT/T 968—2005），且以柴北缘鱼卡煤田 YQ-1 井侏罗系 M7 煤层和五彩矿业 M7 煤层为例对柴北缘侏罗系煤储层的宏观裂隙发育特征进行研究。YQ-1 井 M7 煤层断口类型为阶梯状断口；裂隙类型以垂直裂隙为主、顺层裂隙和斜交裂隙为辅，说明该地区受到强烈的外力挤压，煤储层中的微裂隙以裂隙 C 型和 D 型为主（表 4-6）；宏观煤岩类型为半光亮型；宏观煤岩成分主要为亮煤，夹少量的镜煤条带；裂隙规模中型至大型；最大裂隙长度大于 5 cm，高度介于 3～8 cm 之间，宽度小于 0.5 cm；裂隙密度级别为密至较密；裂隙充填矿物及程度为无填充或少部分被方解石充填；裂隙连通性中等。

表 4-6 柴达木盆地北缘侏罗系各煤样煤储层微裂隙分布

样品	煤储层微裂隙分布质量分数/%				
	裂隙 A	裂隙 B	裂隙 C	裂隙 D	裂隙总数
高泉	10	—	50	40	2.15
五彩矿业	—	4	36	60	1.90
鱼卡	—	—	58.82	58.82	2.00
YQ-1	—	—	45.45	54.55	1.87
大煤沟	—	14.29	32.86	52.86	1.98
旺尕秀	—	7.55	41.51	50.94	1.95
G1	1.61	17.86	38.21	42.32	2.73
G2	2.91	29.82	44.36	22.91	1.91
G3	0.62	21.54	37.54	40.31	2.95
G4	5.83	52.63	30.45	11.09	1.96
G5	0.52	11.86	37.63	50	1.84
G6	3.38	25.12	38.16	33.33	2.16
G7	—	12.69	27.61	59.7	3.26
G8	2.58	35.89	28.46	33.07	2.78
G9	4.24	42.42	26.67	26.67	2.64
G10	—	2.6	49.48	47.92	2.30
G11	0.77	26.92	50	22.31	2.43
G12	1.94	11.38	53.03	33.66	2.69
G13	0.42	15.97	36.13	47.48	2.36
G14	4.88	55.16	23.08	16.89	2.43
G15	3	28.33	37.33	31.33	2.74
G16	3.48	42.61	19.13	34.78	3.05
G17	—	—	34.09	65.91	2.60
G18	3.79	35.61	45.45	15.15	2.76
G19	9.16	60.31	22.9	7.63	1.86
G20	0.75	15.5	47.09	36.66	2.45
G21	7.22	35.74	56.19	47.25	3.04
G22	7.14	33.77	40.91	18.18	2.11
G23	1.5	19.19	35.91	43.41	2.29
G24	1.04	21.12	37.16	40.68	2.73

表 4-6(续)

样品	煤储层微裂隙分布质量分数/%				
	裂隙 A	裂隙 B	裂隙 C	裂隙 D	裂隙总数
G25	5.26	53.29	30.26	11.18	2.40
G26	0.37	8.55	41.08	50	1.94
G27	1.12	17.07	33.81	48.01	2.56
G28	3.41	53.69	25	17.9	3.08
G29	3.25	39.29	25	32.47	2.42
G30	—	5.25	40.33	54.43	1.80
G31	0.56	17.32	44.69	37.43	1.85
G32	1.63	13.82	43.09	41.46	2.03
G33	0.76	40.3	35.36	23.57	3.14
G34	7.21	54.95	20.72	17.12	2.22
G35	1.06	28.04	51.85	19.05	2.16
G36	1.23	26.07	38.04	34.66	2.5

注:"—"表示没有发现,下同。

五彩矿业 M7 煤层煤体结构为碎裂煤,断口为阶梯状断口,裂隙类型以垂直裂隙为主、顺层裂隙和斜交裂隙为辅,说明该地区受到强烈的外力挤压,煤中原始条带遭到破坏,煤储层中的微裂隙以裂隙 C 型和 D 型为主(表 4-6);宏观煤岩类型为光亮-半光亮型;宏观煤岩成分则以镜煤和亮煤为主,其次为暗淡煤;裂隙规模为中型至大型;最大裂隙长度大于 8 cm,高度介于 3～8 cm 之间,宽度小于0.5 cm;裂隙密度级别为较密;裂隙充填矿物及程度为大部分被方解石充填;裂隙连通性中等;裂隙发育程度为一般。

4.4.2 内、外生微裂隙发育特征

对柴北缘高泉煤矿、五彩矿业、鱼卡煤矿、YQ-1 井、大煤沟煤矿、旺尕秀煤矿以及高泉煤矿 M7 煤层从上至下等间距采样 36 件,共计 42 个样品。在 50 倍光学显微镜下对煤储层微裂隙进行了统计,各统计样品的面积相同,均为 9 cm^2。其中,裂隙类型 A、B、C 和 D 型的裂隙条数以及各样品裂隙总数统一处理为微裂隙分布百分比,方便后期的数据处理和分析。

由表 4-6 可知,除少数样品微裂隙以 B 型为主外,该地区煤储层微裂隙均以 C 型和 D 型为主。这种 C 型和 D 型裂隙的定向性和连通性普遍较差,一方面可以体现出构造煤较为发育,不利于煤层气的开采(孙粉锦 等,1998;张遂安,2004);另一方面,含有此类裂隙的煤体强度较低,在煤层气的钻井、压裂

以及排采阶段,由破裂形成的粉末极易堵塞井眼(Vaziri et al.,1997;刘贻军等,2004)。

通过在光学显微镜下对煤的微裂隙进行观测,发现煤储层的内、外生微裂隙在形态上有着显著的差异。其中,内生微裂隙多发育于均质镜质体中(图版2-2、2-4、2-6、4-1、4-3),有时可以切穿基质镜质体、半丝质体和丝质体等其他组分(图版3-3),其形态上可呈现为孤立状、正交状和多边形泥裂状,微裂隙密集发育时可呈规则网状等(图版2-2、2-6、4-1、4-2、4-3)。而外生微裂隙定向性比较差,从形态上可以有不规则的网状、碎屑状、阶梯状以及花纹状等(图版3-1、4-4、4-5、4-6),从性质上可以有张性裂隙(图版2-5、3-2、3-3、3-4、3-6)、压性裂隙(图版3-5)和剪切裂隙(图版2-3、3-1),同时有外生裂隙的煤样一般对应的D型裂隙极其发育(图版4-5),而张性外生裂隙更容易被充填各类矿物(版图2-3、2-5)。

4.4.3　内生微裂隙发育的煤岩学控制机理

为了深入研究煤储层中微裂隙的发育与煤的岩石学的内在关系,对以上36件煤样的显微煤岩组分(包括亚组)和显微煤岩类型进行了统计,结果见表4-7和表4-8。具体统计方法如下:

(1)煤岩显微组分定量统计方法

对粉煤光片显微组分的定量统计方法是按照《煤的显微组分组和矿物测定方法》(GB/T 8899—2013)进行的。

① 浸油物镜选择40倍,配有十字丝的目镜10倍,总的放大倍数为400倍。

② 点距和行距均为0.5 mm,每块样品保证有500个以上的有效测点。

③ 统计方法:组分定量采用数点法观测。将粉煤光片固定在载物台上,移动载物台使目镜十字丝置于样品一端,开始观测分析,记录每次十字丝中心交汇点下的煤岩组分,再移动下一个十字丝交汇点。从粉煤光片的左上端按规定点距沿一直线逐点移动至右下端,反复操作直到全片统计完为止。

④ 对各种显微组分(包括矿物)占全部组分的体积含量,以它们的统计点数占总有效点数的百分数来表示,数值取到小数点后两位。计算结果以矿物基和去矿物基报出,即分别考虑:有机显微组分＋无机矿物＝100%;有机显微组分之和为100%。

(2)煤岩显微类型定量统计方法

基于显微煤岩类型和显微组分联合测定方法,在配有油浸物镜和网格片目镜的反光显微镜下观察粉煤光片,根据各显微组分和矿物质在网格片的交点下的数量来鉴定显微煤岩类型,用数点法来统计每种显微类型的体积百分数。测试样品要求同煤岩显微组分一样。

① 浸油物镜选择40倍,配有网格片的目镜10倍,总的放大倍数为400倍。

表 4-7 柴达木盆地北缘侏罗系煤样的煤岩显微组分含量（去矿物质）

样品	镜质组及各亚组组分质量分数/%							惰质组及各亚组组分质量分数/%						E/%
	T	C1	C2	C3	C4	VD	V	SF	F	Mi	Ma	ID	I	
高泉	0.72	43.91	38.42	—	—	—	83.05	7.40	5.97	0.72	0.24	1.91	16.23	0.72
五彩矿业	0.58	11.67	36.58	0.78	1.36	0.78	51.75	33.66	7.20	2.14	1.17	3.11	47.28	0.97
鱼卡	0.82	35.33	43.95	—	—	2.72	82.80	4.22	6.07	—	1.09	2.84	14.21	2.99
YQ-1	0.75	53.37	29.68	—	0.27	0.25	84.04	6.48	2.24	5.15	0.75	2.74	12.22	3.74
大煤沟	0.54	2.98	65.85	—	—	—	69.65	20.87	—	—	—	2.98	29.00	1.36
旺尕秀	—	21.98	37.6	—	—	—	59.58	28.8	7.06	—	1.02	—	36.88	3.54
G1	2.93	49.45	36.08	—	—	0.55	89.01	5.86	2.75	—	0.37	0.73	9.71	1.28
G2	1.21	28.34	33.20	—	—	0.81	63.56	15.59	0.81	—	—	18.83	35.22	1.21
G3	2.30	47.79	30.71	0.19	—	0.38	81.38	4.61	1.92	5.57	0.38	2.88	15.36	3.26
G4	15.26	24.95	44.33	0.41	—	0.41	85.36	4.74	—	—	0.75	9.07	13.81	0.82
G5	8.69	21.81	34.75	0.74	0.18	6.47	72.64	12.75	0.55	0.92	1.48	10.54	26.25	1.10
G6	1.53	31.61	33.72	—	—	—	66.86	15.13	8.05	4.02	0.38	2.49	30.08	3.07
G7	0.74	58.82	22.06	5.70	—	8.82	90.44	2.94	—	2.21	2.21	2.21	9.56	—
G8	8.54	16.75	18.09	—	—	12.56	61.64	8.04	9.38	2.18	2.35	6.87	28.81	8.38
G9	—	39.81	21.54	0.19	—	1.73	85.00	10.00	—	—	—	5.00	15.00	—
G10	20.33	21.26	25.88	—	—	2.22	69.69	16.82	1.29	—	1.66	9.61	29.39	0.92
G11	23.91	44.97	17.65	—	—	1.90	88.43	4.93	—	0.19	—	3.23	8.16	3.42
G12	2.50	11.37	55.30	0.77	—	15.22	85.16	3.47	2.89	1.93	0.58	1.73	8.86	5.97
G13	2.50	42.77	33.53	—	—	0.19	79.00	10.98	4.82	—	—	0.96	18.69	2.31
G14	2.60	21.56	54.65	7.62	—	—	86.43	3.72	1.86	1.93	—	6.69	12.27	1.30
G15	1.07	33.51	38.68	0.18	0.36	1.6	75.4	13.9	3.39	4.1	0.53	1.78	23.71	0.89
G16	8.27	12.03	36.84	0.94	—	6.2	64.29	14.29	—	—	0.75	20.3	35.34	0.38

表 4-7（续）

样品	镜质组及各亚组组分质量分数/%							SF	惰质组及各亚组组分质量分数/%					E/%
	T	C1	C2	C3	C4	VD	V		F	Mi	Ma	ID	I	
G17	12.19	29.96	15.29	4.55	—	8.68	70.66	10.33	5.58	1.24	2.89	4.75	24.79	4.55
G18	9.92	28.6	28.6	5.25	—	12.26	84.63	7.2	0.78	0.58	0.97	4.86	14.4	0.97
G19	3.08	5.59	35.26	—	—	2.31	46.24	23.51	—	—	0.19	28.32	52.02	1.73
G20	17.1	14.87	49.44	0.37	0.19	0.74	82.71	8.74	2.23	1.3	1.67	2.79	16.73	0.56
G21	1.25	68.86	13.62	—	—	0.47	84.19	7.2	5.63	1.41	—	—	14.24	1.56
G22	15.91	21.15	40.78	0.17	—	12.01	90.02	0.85	—	—	—	7.28	8.12	1.86
G23	14.17	20.19	40.58	—	—	10.68	85.63	9.9	—	0.97	0.39	3.11	14.37	—
G24	8.47	19.4	42.37	0.38	—	0.75	71.37	18.46	1.88	2.26	0.56	3.95	27.12	1.51
G25	12.5	12.68	47.46	1.09	—	11.78	85.51	1.63	—	—	—	12.14	13.77	0.72
G26	1.87	21.46	34.89	0.75	0.19	3.92	63.06	26.12	2.24	3.17	1.12	3.92	36.57	0.37
G27	8.46	18.42	43.23	0.94	—	3.38	74.44	16.92	2.07	1.13	0.38	4.89	25.38	0.19
G28	0.94	16.79	53.58	0.38	—	5.28	76.98	6.79	—	0.19	0.19	14.53	21.7	1.32
G29	7.09	15.86	51.49	—	—	8.21	82.65	2.05	—	—	—	14.74	16.79	0.56
G30	0.55	45.42	26.37	0.18	—	2.75	75.27	9.71	6.41	3.85	—	3.66	23.63	1.1
G31	0.38	39.7	27.79	0.19	—	0.57	68.62	5.67	3.59	19.09	0.76	1.51	30.62	0.76
G32	1.92	13.41	53.83	0.19	—	3.26	72.61	17.82	0.38	0.57	0.57	8.05	27.39	0.76
G33	1.34	71.7	19.5	—	—	1.34	93.88	0.76	0.57	0.96	1.15	2.1	5.54	0.57
G34	3.79	27.07	48.28	—	—	1.55	80.69	10.34	0.57	—	—	7.59	17.93	1.38
G35	13.15	17.41	52.78	0.93	—	3.52	87.78	9.81	—	0.19	0.56	1.48	12.04	0.19
G36	4.33	23.35	48.4	—	—	0.56	76.65	16.2	0.94	1.51	1.13	3.58	23.35	—

注：G1~G36 为高泉煤矿采样序列编号，下同；T—结构镜质体，下同；V—镜质组；C1—均质镜质体；C2—基质镜质体；C3—团块镜质体；C4—胶质镜质体；VD—碎屑镜质体；SF—半丝质体；F—丝质体；Mi—微粒体；Ma—粗粒体；ID—碎屑惰质体；I—惰质组；E—壳质组。

表 4-8　柴达木盆地北缘侏罗系煤样显微煤岩类型

编号	样品	煤岩显微类型质量分数/%						
		微镜煤	微惰煤	微镜惰煤	微惰镜煤	微亮煤	微三合煤	微矿化煤
1	高泉	46.87	1.08	33.48	9.07	6.91	1.73	0.86
2	五彩矿业	7.19	8.42	39.82	38.77	1.93	2.81	0.18
3	鱼卡	2.10	27.51	13.52	40.09	0.47	9.32	0.23
4	YQ-1	57.71	—	15.17	3.73	11.44	11.69	—
5	大煤沟	4.71	3.53	58.35	29.18	0.24	4.00	—
6	旺尕秀	77.22	—	1.20	—	14.87	0.48	6.24
7	G1	38.95	0.68	47.28	5.10	6.12	1.70	0.17
8	G2	7.09	4.89	53.55	33.01	0.73	0.73	—
9	G3	36.02	0.32	38.86	9.95	7.90	6.95	—
10	G4	33.89	2.13	51.18	11.61	0.47	0.71	—
11	G5	4.56	1.77	65.57	23.80	0.51	3.29	0.51
12	G6	10.54	6.45	38.49	26.88	3.87	13.76	—
13	G7	53.73	2.99	25.37	14.93	—	—	2.99
14	G8	28.15	11.52	26.33	8.59	12.80	7.50	1.83
15	G9	47.62	1.06	40.74	7.58	1.41	—	1.59
16	G10	9.58	0.98	72.97	13.02	0.49	2.95	—
17	G11	63.22	0.77	13.03	4.79	17.24	—	—
18	G12	60.73	1.56	11.25	4.33	16.78	4.33	0.52
19	G13	35.70	4.14	34.52	15.78	5.52	4.14	0.20
20	G14	12.30	3.66	72.51	7.33	2.88	1.31	—
21	G15	12.22	4.92	52.46	24.28	3.06	3.06	—
22	G16	16.79	1.53	56.03	23.97	0.15	0.46	1.07
23	G17	34.17	2.50	37.75	11.99	4.11	5.72	2.86
24	G18	29.12	3.70	47.31	15.66	0.17	2.36	0.84
25	G19	5.41	10.98	35.34	41.35	1.95	4.21	—
26	G20	6.64	1.33	66.22	23.72	0.38	1.71	—
27	G21	49.08	3.68	30.83	13.65	1.99	0.61	0.15
28	G22	18.50	—	74.89	3.08	1.98	1.32	0.22
29	G23	10.83	2.85	60.97	24.79	0.28	—	0.28
30	G24	8.35	9.88	49.57	27.94	0.85	3.24	0.17

表 4-8(续)

编号	样品	煤岩显微类型质量分数/%						
		微镜煤	微惰煤	微镜惰煤	微惰镜煤	微亮煤	微三合煤	微矿化煤
31	G25	28.60	0.19	61.67	6.61	1.36	0.97	0.58
32	G26	3.13	18.75	47.60	26.92	0.24	2.16	1.20
33	G27	5.46	8.56	53.37	31.69	—	0.55	0.36
34	G28	19.49	0.91	59.37	14.65	3.63	1.81	0.15
35	G29	48.18	0.19	42.42	4.99	1.92	1.54	0.38
36	G30	10.31	2.06	59.79	23.45	0.77	2.84	0.77
37	G31	27.64	20.35	23.87	17.09	1.76	9.30	—
38	G32	1.61	1.84	52.64	43.68	—		0.23
39	G33	67.58	0.21	28.6	1.06	2.12	0.42	—
40	G34	24.95	2.94	52.83	15.3	2.31	1.68	—
41	G35	9.27	4.31	68.32	16.38	—	1.72	—
42	G36	9.7	2.61	62.69	24.07	0.19	0.19	0.56

② 点距和行距均为 0.5 mm,每块样品保证有 500 个以上的有效测点。

③ 具体判别标准如下:所有交点都落在镜质组上为微镜煤;所有交点都落在惰质组上为微惰煤;所有交点都落在壳质组上为微壳煤;所有交点都落在镜质组和壳质组上,且每组至少有一点,则为微亮煤;所有交点都落在惰质组和壳质组上,且每组至少有一点,则为微暗煤;所有交点都落在镜质组和惰质组上,每组至少有一点且落在镜质组的点数多于惰质组,则为微镜惰煤;所有交点都落在镜质组和惰质组上,每组至少有一点且落在惰质组的点数多于镜质组,则为微惰镜煤;所有交点都落在惰质组、壳质组和惰质组上,且每组至少有一点,则为微三合煤;所有交点中有一个及其以上落在矿物上时,则为微矿化煤。

4.4.3.1　微裂隙发育与煤变质程度之间的关系

一般认为,无烟煤的内生裂隙密度低于烟煤,烟煤机械强度低,对外力反应敏感,容易形变;而无烟煤机械强度相对较高,同一适当的应力场中,中变质煤内生裂隙密度高于高变质煤(张新民 等,2002)。对于低煤阶而言,"流体驱动假说"和"综合成因假说"认为褐煤中由于产气率非常低,不易产生较高的流体压力,从长焰煤到焦煤阶段,由于产气量的不断增加,煤储层中孔隙流体不断增大,因而产生了较高的流体压力,此时煤孔隙中微小孔含量不断增加以及孔隙结构不断复杂,较高的流体压力不能够得到及时的释放,而在硬度较差的镜质组中产生了内生裂隙(王生维 等,1996;苏现波 等,2005a;钟玲文,2004b)。本次研究煤储层中的微裂隙随着煤级的增大有所升高,但规律并不十分明显,而对于煤级和裂隙发育关系之间的研究应该跨越不同煤级之间,这样研究才具有现实意义,由于柴北缘煤类多为长焰煤,因此两者关系并不显著。同时,从另一方面来讲,煤级是影响煤储层微裂隙发育的因素之一,但并不是主控因素。

4.4.3.2 微裂隙发育的显微煤岩组分选择

为了研究柴北缘煤储层中微裂隙发育情况与煤的显微组分之间的关系,对各煤样的镜质组、惰质组和壳质组及其各自的亚组分分别进行了定量统计和分析。结果表明:该地区显微煤岩组分以镜质组为主,介于 $46.24\%\sim93.88\%$ 之间,平均 76.88%;惰质组其次,一般介于 $8.12\%\sim47.28\%$ 之间,平均 21.49%;壳质组和矿物质含量比较低(表 4-7)。根据以上组分含量特点,本次研究重点论述了镜质组和惰质组及其各自的亚组分与煤储层微裂隙之间的关系。

对研究区共计 42 个采样点煤储层微裂隙及其显微煤岩组分进行统计,发现煤层微裂隙密度与镜质组含量呈微弱的正相关关系,同时微裂隙密度与惰质组含量呈较明显的负相关关系(图 4-32)。总体来说,煤储层中的微裂隙密度随着镜质组含量的增高而增大,随着惰质组含量的增高而降低,而煤的显微煤岩组分又与其成煤环境关系密切,即强覆水偏还原的环境中镜质组含量普遍较高,干燥偏氧化环境中火焚丝质体等惰质组成分明显增高,因此可以通过含煤岩系沉积环境来定性预测煤储层中微裂隙的发育程度。

根据光学显微镜下对煤岩显微类型的统计,该地区镜质组中以均质镜质体、基质镜质体、结构镜质体和碎屑镜质体为主(图版 7、8-1),其中均质镜质体的平均含量为 4.24%;惰质组中以粗粒体、半丝质体、丝质体和碎屑惰质体为主(图版8-2、8-3、8-4、8-5、8-6),其中,半丝质体平均含量为 10.94%,丝质体平均含量为 3.29%,碎屑惰质体平均含量为 6.09%。因此,以这 6 类亚组类型为主来分析它们与煤储层微裂隙发育之间的关系。

如图 4-33 所示,煤储层的裂隙发育程度随均质镜质体含量增加而增大,随着基质镜质体含量的增加而有所下降,而与碎屑镜质体基本没有特别明显的关系。因此可知,煤中镜质组含量的多少直接影响着煤储层微裂隙的发育程度,而且绝大部分的微裂隙都出现在均质镜质体中,一条微裂隙穿越不同组的亚组分情形虽存在但较少见,基质镜质体和碎屑镜质体对微裂隙的影响相对较弱。同时,镜质组中的团块镜质体和胶质镜质体由于含量十分微弱,因此

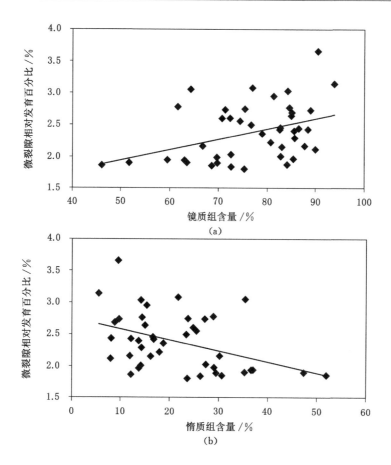

图 4-32　煤储层中镜质组和惰质组含量与微裂隙发育的关系

对裂隙发育的影响可以忽略不计。同时,惰质组中的各亚组分与煤储层微裂隙发育呈较弱的负相关关系,因此总体上柴北缘中惰质组的亚组分发育对于煤储层裂隙发育程度是不利的,其中尤以半丝质体和碎屑惰质体对煤中微裂隙发育的影响较大。

4.4.3.3　微裂隙发育的显微煤岩类型选择

根据光学显微镜下对煤岩显微类型的统计,研究区内显微煤岩类型以微镜煤、微镜惰煤和微惰镜煤为主,其余煤岩显微类型含量较少。具体来说,微镜煤平均含量为 25.83%,微镜惰煤平均含量为 44.71%,微惰镜煤平均含量为 18.14%,微惰煤平均含量为 4.81%,微亮煤平均含量为 3.73%,微三合煤平均含量为 3.33%,微矿化煤平均含量为 0.97%。

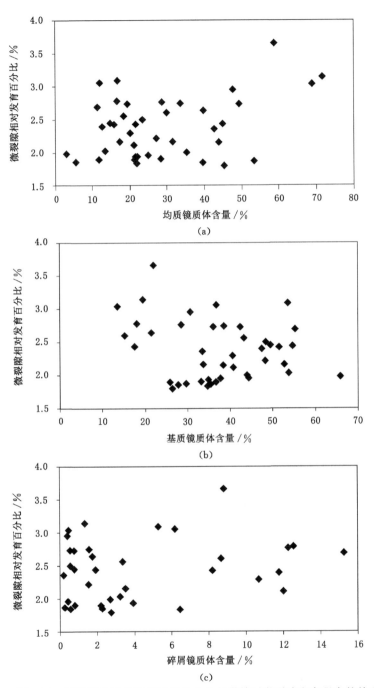

图 4-33　镜质组和惰质组的亚组分含量与煤储层微裂隙发育程度的关系

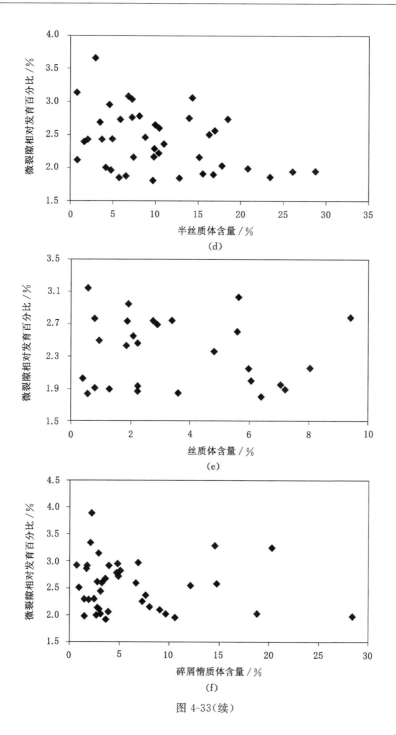

图 4-33(续)

由图 4-34 可知,显微煤岩类型在区域上控制着煤中微裂隙的发育程度。煤中微镜煤含量越高,其相应煤样的微裂隙相对越发育,这种正相关关系在微镜煤＋微镜惰煤总和中体现得更加明显。而微惰镜煤和微惰煤则不然,与煤中微裂隙的发育程度呈负相关关系。

综上可知,煤的显微煤岩类型中微镜煤和微镜惰煤所占比例越高,微惰煤和微惰镜煤所占比例越小,那么煤储层中微裂隙的发育程度则越高。

4.4.3.4 微裂隙发育的煤相指数选择

煤中微裂隙与煤岩显微组分以及煤岩显微类型之间的种种关系,归根结底是与煤形成的环境(即煤相)有关。表征煤相的参数包括凝胶化指数(GI)、植物保存指数(TPI)、氧化指数(OI)和破碎指数(BI),通过以上指数可以很好地表现出成煤期的沼泽类型、成煤植物特征、沉积环境及其伴随的古气候特征。

一般认为,镜质组形成于强覆水的还原条件下,惰质组形成于氧化条件下,壳质组则主要取决于成煤植物特征及沼泽水体的状况(韩德馨,1996)。狄塞尔提出的凝胶化指数和植物结构保存指数在煤相分析中被广泛应用,其中 GI 反映的是成煤沼泽中水位变化情况和植物遗体遭受凝胶化的程度,一般 GI 值越高,表示泥炭沼泽相对较潮湿,值越小则表示相对干燥。由图 4-35(a)可知,凝胶化指数越高,相应的微裂隙越发育,因此成煤期潮湿环境更有利于微裂隙的发育。

TPI 值越高,说明植物结构保存越完好,暗示成煤沼泽一般形成于潮湿弱氧化环境中;而 TPI 值越低,说明植物保存结构越差,也同时暗示着成煤沼泽发生于干燥偏氧化或极端潮湿的环境中。由图 4-35(b)可知,微裂隙发育程度随着TPI 值升高而有着增大的趋势,因此潮湿偏还原条件下形成的煤,成煤植物结构保存良好,有利于微裂隙的发育。

氧化指数(OI)反映了成煤泥炭沼泽的氧化还原程度。柴北缘侏罗系煤样的氧化指数变化范围较大,总体上煤的微裂隙发育程度随着氧化指数的升高而降低,两者呈现微弱的负相关关系[图 4-35(c)],说明弱氧化的成煤环境更有利于煤的微裂隙的发育。

破碎指数(BI)反映了成煤沼泽的水动力条件,其值越高表明成煤期水动力条件越强。破碎指数越高,煤中微裂隙的发育程度越差,两者也呈现微弱的负相关关系[图 4-35(d)]。因此水动力条件越强,对微裂隙的破碎程度越大。

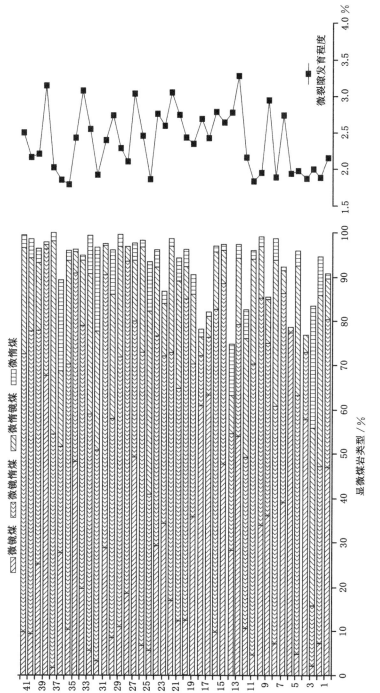

图 4-34　柴北缘中侏罗统大煤沟组煤的显微煤岩类型与煤中微裂隙发育的关系

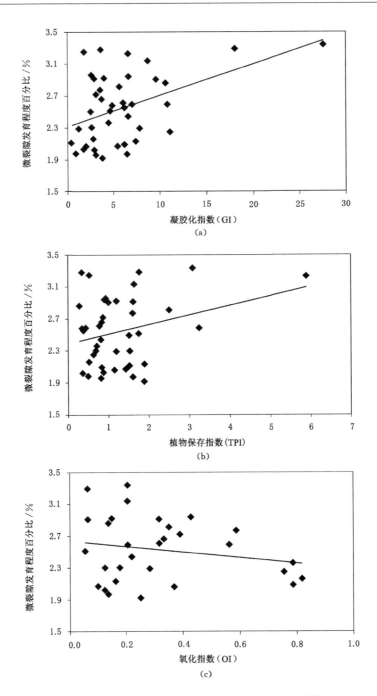

图 4-35　研究区煤样的微裂隙发育程度与煤相的关系

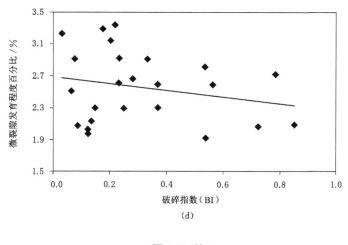

图 4-35(续)

4.5　本章小结

(1) 研究区所测煤样的孔隙度随镜质体反射率的增大而降低,煤的孔隙度与煤中灰分产率呈现负相关关系,即煤中的灰分产率越高,储层越差,煤的孔隙度越小;煤体结构破坏程度越高,煤中孔隙度越高,即构造煤的孔隙度要高于原生结构煤。

(2) 基于液氮吸附测试结果,柴北缘侏罗系各煤样比表面积和总孔体积变化较大,介于 $0.843 \sim 55.12$ m²/g 之间,平均为 23.34 m²/g;总孔体积变化范围在 $2.46 \times 10^{-3} \sim 50.43 \times 10^{-3}$ mL/g 之间,平均为 25.27×10^{-3} mL/g,且比表面积和总孔体积呈很好的正相关线性关系。除大煤沟煤矿外,其余采样点各孔径段体积比为:微孔>小孔>中孔,且微孔比例占绝对优势。

(3) 根据不同的毛细管压力退汞曲线,将研究区内煤储层渗流孔隙结构分为 I₁ 和 I₂ 两种类型,类型 I₁(以 YQ-1 井为代表)的退汞曲线与进汞曲线不平行,且退汞效率相对较低,表明该类型煤样孔隙结构不均匀,孔隙之间的连通性能相对较差;类型 I₂(以五彩矿业为代表)的退汞曲线和进汞曲线几乎平行,退汞效率较高,可达到 80% 以上,表明该类煤样中孔隙结构的连通性能较好,该类孔隙对煤层气的富集和产出较为有利。

(4) 基于低温液氮吸附曲线,将研究区煤储层吸附孔隙结构分为 3 种类型,类型Ⅰ孔隙非常有利于煤层气的吸附和储集,但对于煤层气的开采和解吸而言难度相对较大;类型Ⅱ为典型的透气性好的微孔隙,对煤层气的吸附、解吸和扩散均有利;类型Ⅲ具有典型的双峰孔隙结构,因此这种孔隙结构很可能会影响到气体的有效扩散。

(5) 煤的吸附孔分形维数 D_1 与煤的兰氏体积呈二项式关系,与煤中水分、灰分、挥发分、平均孔径、微孔含量、总孔体积和煤体结构之间关系不明显,与镜质体反射率和比表面积呈正相关关系;分形维数 D_2 与煤的兰氏体积和煤体结构之间关系不明显,与煤中水分、灰分、挥发分、平均孔径呈负相关关系,与镜质体反射率、比表面积、微孔含量和总孔体积呈正相关关系。

(6) 柴北缘侏罗系煤储层微裂隙表现为:所测煤样的微裂隙类型以 C 型和 D 型为主,A 型和 B 型裂隙所占比例明显偏低,对于整个研究区而言,A+B 型所占比例表现为两端高、中间低的趋势。

(7) 柴北缘煤储层微裂隙的发育程度与煤的变质程度和煤中碎屑镜质体关系不明显;与煤的镜质体含量、均质镜质体含量、微镜煤所占比例、微镜惰煤所占比例、凝胶化指数(GI)和植物保存指数(TPI)之间呈正相关关系;与煤的惰质组含量、基质镜质体含量、半丝质体含量、碎屑惰质体含量、微惰煤所占比例、微惰镜煤所占比例、氧化指数(OI)和破碎指数(BI)之间呈负相关关系。

第5章　柴北缘侏罗系煤体变形特征及对储层结构的控制

煤体结构是指煤层在地质历史演化过程中经受各种地质作用后表现出的宏观结构特征。煤体经历变形和变质作用过程后,分为原生结构煤和构造煤。国外研究煤体结构始于20世纪20年代,苏联和波兰对此较为重视,对构造煤的破坏程度、光泽、微裂隙密度、间距等做过详细的研究。20世纪80年代,焦作矿业学院(今河南理工大学)最早强调研究构造煤的重要性,到90年代构造煤研究已逐渐成为瓦斯地质学科的核心内容。

原生结构煤(即原生煤,亦称非构造煤)是指煤层未受构造变动,保留原生沉积结构、构造特征,煤层原生层理完整、清晰,仅发育少量内生裂隙和外生裂隙。显微镜下显微组分分层排列,界线清晰。原生结构煤的煤岩成分、结构、构造、内生裂隙清晰可辨,常具有水平层理和条带状结构。煤岩学中,煤的成分、结构、构造一般是对原生结构煤而言的,且有宏观和显微之分。

构造煤是原生结构煤在构造应力作用下发生明显物理化学变化的产物。原生结构煤在构造应力作用下,发生成分、结构和构造等变化,引起煤层变形(破裂、粉化)、流变(增厚、减薄)、变质(降解、缩聚)。国内外学者对构造煤的称呼不一,主要有软煤变形煤、构造变形煤、破坏煤和突出煤等。琚宜文等(2004)认为构造煤的变形程度有强有弱,弱变形是指煤体原生结构和构造在构造应力作用下产生大量的张裂隙或剪切裂隙,造成煤体切割破坏而形成破碎煤和碎斑煤等,其化学成分和结构也可以发生较小变化;强变形是指在较高构造应力或长期温压作用下煤体发生强烈剪切韧性或流变,从而改变其化学成分和结构而形成糜棱煤和韧性结构煤等。

5.1　煤体结构特征及其分类

5.1.1　原生结构煤特征

(1)原生结构煤的结构

原生结构煤的结构是指煤岩组分的形态和大小所表现的特征,反映了成煤原始物质的性质、成分及其变化。原生结构煤的结构与构造是反映成煤原始物质及其聚积和转变等特征的标志,是煤的重要原生特征。煤化程度增高,煤的各种组分的肉眼鉴定标志逐渐消失,至高变质阶段,煤的成分趋于一致,煤的宏观结构也逐渐趋于均一。最常见的煤的宏观结构有下列几种:

① 条带状结构

宏观煤岩成分(镜煤、亮煤、暗煤和丝炭)多呈各种形状的条带,在煤层中相互交替出现而形成条带状结构。按条带的宽窄又可分为:细条带状结构(宽度为1～3 mm)、中条带状结构(宽度为3～5 mm)和宽条带状结构(宽度>5 mm)。条带状结构在中变质烟煤中表现最为明显,尤其在半光亮型煤和半暗淡型煤中最常见;褐煤和无烟煤中条带状结构不明显。

② 线理状结构

线理状结构是指镜煤、暗煤及黏土矿物等呈厚度小于1 mm的线理断续分布在煤层各部位面形成的结构。根据线理的间距,线理状结构又分为密集线理状和稀疏线理状两种。在半暗淡型煤中常见到线理状结构。

③ 透镜状结构

透镜状结构是条带状结构的一种特殊类型,而且二者常伴生,多是以大小不等的镜煤、丝炭及黏土矿物、黄铁矿等的透镜体连续或不连续地散布在暗煤或亮煤中,称透镜状结构。常见于半暗淡型煤、暗淡型煤中。

④ 均一状结构

煤的成分较为单一,组成均匀的结构。镜煤的均一状结构较典型,某些腐泥煤、腐植腐泥煤和无烟煤有时也有均一状结构。

⑤ 木质结构

木质结构是植物茎部原生的木质结构在煤中的反映。这种结构的煤在外观上清楚地保存了植物木质组织的痕迹,有时还可见到保存完整已经煤化的树干和树桩。木质结构在褐煤中比较常见。如我国山东、山西俗称的柴煤或柴炭,就是以木质结构特别清晰而得名。

⑥ 粒状结构

煤的表面较粗糙,肉眼可清楚地见到颗粒状。这种结构多由煤中散布着的大量稳定组分或矿物质组成,为某些暗煤或暗淡型煤所特有。如淮南某些暗淡型煤含有大量小孢子和木栓体,即呈粒状结构。

⑦ 纤维状结构

纤维状结构是植物茎部组织经过丝炭化作用转变而成的一种结构。其特点是沿着一个方向延伸并呈细长纤维状和疏松孔。丝炭就是典型的纤维状结构。

⑧ 叶片状结构

煤的断面上具纤细的页理及被其分成的极薄的薄片,使其外观呈现纸片状、叶片状。这种结构主要是由于煤中顺层分布有大量的角质体和木栓体所致。如我国云南禄劝角质层残植煤即具有叶片状结构,它可以像纸张一样一张一张地分开。

（2）原生结构煤的构造

原生结构煤的构造是指煤中不同煤岩组分在空间排列上的相互关系。它与植物遗体的聚积条件及其变化过程有关。层理是煤的主要构造,按层理特征可以将煤的构造分为层状构造和块状构造两种。

① 层状构造

层状构造是指在垂直煤层层面方向上的煤层具有明显不均一性特征,反映了成煤物质和成煤条件变化的情况。在复杂结构煤层中层状构造最为明显,煤中最常见的是水平层理,偶见波状层理和斜层理。

② 块状构造

不见层理、外观均一的煤具有块状构造。块状构造表明了成煤物质的相对均匀和聚积条件相对稳定的特征。原生块状构造多见于腐泥煤、腐植腐泥煤及腐植煤中的某些暗淡型煤;次生块状构造多见于某些变质程度很深的无烟煤。

5.1.2　构造煤特征

构造煤的宏观结构与构造煤的显微构造,是煤体结构形成时构造应力作用的记录,是煤体变形、流变和变质作用的证据。

（1）构造煤的宏观结构特征

构造煤的宏观结构是指肉眼观察构造煤颗粒的形态、分布和大小等特征。常见碎裂结构、碎粒结构、鳞片状结构、粉粒结构和糜棱结构等,对应的构造煤命名为碎裂煤、碎粒煤、鳞片状煤、粉粒煤和糜棱煤。

① 碎裂结构

煤被密集的次生裂隙相互交切成碎块,但碎块之间基本没有位移,煤层原生层理基本可见,时断时续。碎裂结构常常位于原生结构与碎粒结构的过渡部位。

② 碎粒结构

煤被破碎成粒,主要粒级大于 1 mm。大部分煤粒由于相互位移摩擦失去棱角,煤层原生层理被破坏,层理不清,裂隙较发育,煤层煤体主要呈粒状。碎粒结构往往紧靠碎裂结构分布,常常与煤层顶板或底板有一定距离,也常常位于断裂带的中心部位。

③ 粉粒结构

光泽暗淡,土状、粉状,无粒感,断面平坦,块状构造。

④ 糜棱结构

煤被破碎成很细的粉末,主要粒级小于 1 mm。有时被重新压紧,煤层原生层理完全被破坏,已看不到煤层原生层理和节理,滑移面、摩擦面很多,煤体呈透镜体状、鳞片状,极易捻成粉末。糜棱结构煤是强挤压、剪切破坏的结果。

(2) 构造煤的显微结构特征

构造煤的显微结构是指在显微镜和扫描电镜下,构造煤颗粒的形态、分布和大小等特征。常见角砾状、粉粒状、鳞片状、糜棱质结构。它是煤体结构变形、流变和变质的重要特征,是认识瓦斯突出机理和瓦斯抽采技术的基础。

① 碎裂-角砾状结构

颗粒的大小分布在微米级到毫米级。被多组构造裂隙切割,煤体破碎,多为大小不等的棱角状块体,块体内可见原生条带。煤层层理仍依稀可见。偏光镜下可见大量张性裂隙将煤分割成大小不一的棱角状块体,各块体相互位移不明显。这种结构中的丝质体已有相当程度的破坏,细胞壁破碎或弯曲,细胞腔只存痕迹,而无完整形态。

② 斑状结构

镜下为大小不同的两个粒级的碎煤粒组成,基质棱角不清,斑粒为棱角状,裂隙发育,有时可见大斑体中的原生条带结构,颗粒定向性不明显,颗粒间缝隙较宽。基质粒径一般大于 0.02 mm。有时具有波状消光,电镜下也由两个粒级的颗粒组成。

③ 等粒结构

肉眼观察煤体呈土状、块状构造,光泽暗淡,裂纹发育,断面粗糙,颗粒感明显,但颗粒上不能分辨煤岩组分。偏光镜下为大小几乎等同的同一粒级的煤粒组成,棱角不清,定向性不显著。颗粒间缝隙较宽,粒径一般大于 0.02 mm。颗粒有时具有波状消光,电镜下呈显微角砾状。

④ 粉状结构

肉眼观察呈土状、块状构造,断面平坦,光泽暗淡,一般粒感不明显。偏光镜下主要由粒径小于 0.02 mm 的微粒组成,可有少量 0.05~0.1 mm 的较大颗粒,颗粒呈浑圆状,定向性较差。有时具有波状消光,电镜下呈显微角砾状结构。

⑤ 叶片状结构

叶片状结构是由一组平行的近于等距的剪裂隙切割而成的具板状、片状结构。板、片同向,大致等厚,厚度从几十微米到毫米级,其长度为几百微米到厘米级。板片的上、下界面是两个构造磨光的镜面,具有清楚的定向显微擦痕。据此,这种片状结构是剪裂而不是张裂的结果。板、片断面具原生结构的特征,断口均匀。尽管一些剪裂隙延伸不远即中止于具原生结构的均质层内,但它们仍具有明显的磨光镜面,显示位移痕迹。

叶片状结构煤在煤层中呈透镜状、似层状沿煤层分布,一般规模较小。宏观上光泽暗淡,叶片、鳞片发育,但叶片和鳞片个体的硬度较大,手试时有强烈的刺疼感,说明叶片个体呈原生结构,没有遭受强烈的揉皱和粉碎过程。叶片状结构煤有时呈斜穿煤层的带状,与产状近似的高一级优势构造节理相伴出现。叶片状煤的形成与简单剪切有关。

⑥ 鳞片状结构

宏观上呈鳞片状,定向排列或构成鳞片揉皱沿剪切面分布,也可构成厚层。断面光泽较暗,但鳞面光泽极强、难以成块。一般情况下鳞片结构是多级的,可逐层剥离。在显微镜下,鳞片为由两组弧形剪切节理所切割的颗粒,颗粒内呈原生结构条带或线理。

⑦ 鳞片粉状结构

肉眼观察呈鳞片状结构,鳞片定向排列,鳞面呈弧形,光滑、明亮,其上擦痕或揉皱发育。偏光镜下可见一组密集平滑的节理,节理在小视域内相互平行,追踪时可发现相互交叉,节理间以小于 0.02 mm 的煤粒为主,分布其中的较大煤粒呈浑圆状,定向排列。

⑧ 鳞片嵌屑结构

肉眼观察有十分发育的光亮镜面,镜面多呈弧形,其上擦痕或揉皱发育,将煤体切割成很薄的鳞片状形态。偏光镜下可见粗大平滑的弧形节理,节理之间的煤体由浑圆状定向排列的煤屑(0.03~0.06 mm)和包裹煤屑的颜色、结构均一的基体组成,破碎的煤屑好像包体一样,被镶嵌在结构均一的基质之中。这种嵌屑结构往往位于粗大平滑的弧形节理旁侧,远离节理面可过渡成鳞片粉状结构。

5.1.3　煤体结构分类

我国研究构造煤是从 20 世纪 70 年代末开始的。在构造煤类型研究方面,有些是从构造研究出发,对构造煤进行分类,主要参照构造岩相关研究;有些是从煤与瓦斯突出规律出发,分类反映了煤层破坏与瓦斯突出的关系。总的来说,一方面从纯地质学角度研究构造煤的类型及形象;另一方面从煤与瓦斯突出灾害防治角度研究构造煤的形象、结构、类型及其与瓦斯参数和突出之间的关系。

在以往的工作中,人们采用宏观和显微方法对构造煤进行观察,宏观方法即肉眼现场观测和手标本观察,显微方法包括光学显微镜观察和扫描电子显微镜下的形象分析。就研究成果而论,构造煤分类问题既是构造煤研究水平的集中反映,也是构造煤研究的重点课题。构造煤的分类主要有两种:一是宏观类型;二是扫描电子显微镜下的显微类型。

肉眼条件下可识别的结构和构造特征是煤的宏观结构、构造类型的划分依据。大多数分类方案及其研究目的是基于煤与瓦斯突出问题。构造煤研究早期,人们根据颗粒特征把煤分为正常结构煤、粒状结构煤、纤维状结构煤和扭曲状结构煤(Cao et al.,2003)。1958 年,苏联矿业研究所依据煤中裂隙的密度、组合方式、裂隙面特征,同时考虑到光泽和手试强度把煤分为 5 种构造类型。由于历史的原因,我国的煤与瓦斯突出技术多源于苏联,所以苏联的分类在我国的影响很大。

我国煤炭科学研究总院抚顺研究所通过对突出煤的长期观察研究,提出了依据煤的破坏类型和力学性质的分类方案。1979 年,四川矿业学院(今中国矿业大学)按煤的突出难易程度和煤结构的破坏程度将煤分为甲、乙、丙三类。

20 世纪 70 年代后期,以焦作矿业学院瓦斯地质研究室为主的一大批地质工作者涉足于瓦斯突出的理论与应用研究中,总结了我国突出煤层的构造特征,以原武汉地质学院煤田地质教研室的构造煤分类为基础,根据煤体结构的宏观特征,以突出难易程度为依据,将煤体结构划分为 4 种类型(表 5-1)。这一方案在煤田地质勘探与矿井瓦斯突出防治中得到了地质人员的广泛应用。

表 5-1　煤体结构类型(据焦作矿业学院瓦斯地质研究室,1990)

类型号	类型	赋存状态和分层特点	光泽和层理	煤体破碎程度	裂隙和揉皱的发育程度	手试强度	坚固性系数(f)	瓦斯放散初速度(Δp)	突出危险程度
I	原生结构煤	层状、似层状,与上、下分层呈整合接触	煤岩类型界线清晰,原生条带状结构明显	呈现较大的保持棱角的块体,块体间无相对位移	内、外生裂隙均可辨认,未见揉皱镜面	捏不动或呈厘米级碎块	>0.8	<10	非突出
II	碎裂煤	层状、似层状、透镜状,与上、下分层呈整合接触	煤岩类型界线清晰,原生条带状结构断续可见	呈现棱角状块体,但块体间已有相对位移	煤体被多组互相交切的裂隙切割,未见揉皱镜面	可捻搓成厘米、毫米级碎粒	0.8~0.3	10~15	过渡

表 5-1(续)

类型号	类型	赋存状态和分层特点	光泽和层理	煤体破碎程度	裂隙和揉皱的发育程度	手试强度	坚固性系数(f)	瓦斯放散初速度(ΔP)	突出危险程度
Ⅲ	碎粒煤	透镜状、团块状,与上、下分层呈不整合接触	光泽暗淡,原生结构遭到破坏	煤被揉搓捣碎,主要粒级在 1 mm 以上	构造镜面发育	易捻搓成毫米级碎粒或煤粉	<0.3	>15	易突出
Ⅳ	糜棱煤	透镜状、团块状,与上、下分层呈不整合接触	光泽暗淡,原生结构遭到破坏	煤被揉搓捣碎得更细小,主要粒级在 1 mm 以下	构造、揉皱镜面发育	极易捻搓成粉末或粉尘	<0.3	>20	易突出

5.2　煤体结构分布及成因机理分析

5.2.1　煤体变形影响因素

煤体在一定的温度、压力条件下,发生脆性破坏、韧性变形和介于两者之间的脆-韧性变形。煤体特性,与煤岩组成、煤化程度不同,煤体赋存瓦斯、水等流体性质且煤体所处环境的温度、压力等条件不同,煤体变形是一个复杂的问题。而煤体变形、煤层流变影响煤层和构造煤的分布。

影响煤体变形特性和机理的因素是煤体的煤岩组成、煤化程度、构造变形发生时的温度、压力及煤体中的流体特性,前两者属于内在因素,后三者属于外部因素。外部因素由于其可变性,对于煤体变形和破坏的影响尤为重要。

(1)围压

围压对煤体破裂的影响表现为:有效围压降低势必导致煤体破裂强度降低,反之亦然。围压效应主要包含三个方面:随围压的增加,发生脆性-韧性转变;煤岩强度增大;剪切破坏面与轴向应力 σ_1 方向的夹角由小变大。围压升高还引起煤岩破裂类型的转变。相对于单向压应力状态,围压的施加减小或完全抵消了由于煤岩非均质性形成的横向张应力,随着围压的增大,煤岩各点横向均处于压应力状态,煤岩形成轴向张裂纹的可能性逐渐减小,取而代之的是煤岩破坏前煤岩中形成两组共轭的剪断性微裂纹,发生脆性-韧性转变。

(2)温度

温度对煤体变形行为和变形强度有较大影响。温度升高可能会降低脆性抗剪强度和韧性屈服强度,并由此降低脆-韧性过渡所要求的压力,缩小脆性行为域,煤样的韧性行为增加。同时,温度也影响摩擦行为。

(3)流体

煤体中的流体主要包括两种介质:水和瓦斯。流体在煤体中主要是以物理吸附和自由态赋存:水主要包含结合水和自由水;瓦斯主要包含孔壁吸附瓦斯和孔隙游离瓦斯。水的两种赋存形态都可能造成煤体的软化,相关实验表明100%湿度的煤岩的单轴抗压强度为干燥条件下的 25%~65%,弹性模量为干燥条件下的 43%。水对煤岩力学性质的影响主要体现在 4 个方面:润滑作用、水楔作用、孔隙压力作用和溶蚀-潜蚀作用。前两种作用是由结合水造成的,后两种作用是自由水造成的。

5.2.2 岩石力学特征

根据岩石力学理论可知,从一种应力状态到另一种应力状态必然要引起固体物质的压缩或拉伸而产生变形,我们称这类固体物质为变形介质。煤层及其顶底板岩石在载荷作用下,首先发生的物理现象是变形,由于岩石成分、结构及受力不同,其变形特征各异,按应力-应变-时间的关系可将岩石的变形划分为弹性、塑形和黏性变形。通过对 YQ-1 参数井 M7 煤层下段顶底板和煤层的岩心进行三轴实验,得到了各样品的应力应变图及实验结果,见表 5-2 和图 5-1。

表 5-2 柴北缘鱼卡煤田 YQ-1 井岩心三轴实验结果

井号	岩心号	岩性	密度 /(g/cm³)	实验条件 围压/MPa	实验结果			
					杨氏模量 /MPa	泊松比	抗压强度 /MPa	体积压缩系数/MPa⁻¹
YQ-1 井	YQ-1-16	煤	1.81	10	4 390	/	88.7	岩心黏接过
YQ-1 井	M7 煤层下段顶板	泥岩	2.47	10	14 250	0.14	88.2	2×10^{-4}
YQ-1 井	M7 煤层下段底板	泥岩	2.49	10	23 570	0.2	105	1×10^{-4}
YQ-1 井	YQ-1-18	煤	1.59	10	4 360	0.27	51.4	5×10^{-4}

在实践中,真正的弹性岩石很少遇到,只是当岩石埋深不深、天然应力不大的情况下,岩石处于弹性状态。大多数情况下,我们只是把它当作近似的弹性介质,因此经常将其界定为理性弹性体。煤和岩石的弹性特征经常用单项应力状态下弹性模量(杨氏模量)和泊松比来表示。

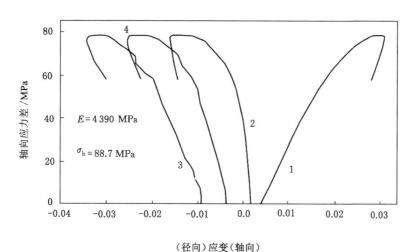

（a）

1—轴向应变；2—径向应变 1；3—径向应变 2；4—平均径向应变。

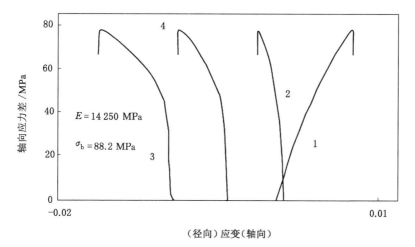

（b）

1—轴向应变；2—径向应变 1；3—径向应变 2；4—平均径向应变。

图 5-1　柴北缘鱼卡煤田 YQ-1 井所测样品应力-应变曲线

（a）YQ-1-16 号样品应力-应变图；（b）M7 煤层下段顶板样品应力-应变图；

（c）M7 煤层下段底板样品应力-应变图；（d）YQ-1-18 号样品应力-应变图

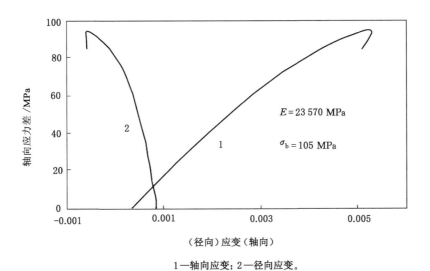

1—轴向应变；2—径向应变。

(c)

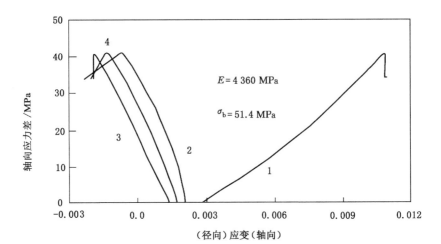

1—轴向应变；2—径向应变1；3—径向应变2；4—平均径向应变。

(d)

图 5-1(续)

煤和岩石的弹性模量一般规定取相当于抗压强度 50％的轴向应变点与坐标原点连线的斜率表示;泊松比一般规定取相当于抗压强度 50％处对应的径向应变与轴向应变之比值。煤、岩石的力学强度包括抗压强度、抗拉强度和抗剪强度。其中,煤或岩样在单向受压条件下所能承受的最大应力称为单轴抗压强度,它是岩石力学实验中最基本的指标之一,在一定程度上间接地反映出煤、岩石的破裂强度。

煤储层是自然界中由植物遗体转变而成的层状可燃沉积矿产,由有机质和混入的矿物质所组成,其力学性质明显不同于常规砂岩储层。应力应变实验分析表明,柴北缘中侏罗统大煤沟组煤的岩石力学性质具有如下特征:

(1)煤的力学强度相对于煤层顶底板岩石具有低强度、低弹性模量和高泊松比的特征

煤岩力学实验分析表明,柴北缘鱼卡煤田 YQ-1 井煤岩的抗拉强度和弹性模量均低于煤层顶底板岩石,而泊松比则高于煤层顶底板岩石。煤岩的这些力学特征对裂缝的发育和集合形态产生了重要的影响。由于煤的强度低,特别是抗拉强度低,使得煤样容易开裂;同时由于高泊松比而使得地层水平应力增大导致地层难以开裂。所以在煤层气压裂施工所需要的排量要高于常规砂岩气井,常常要达到 8 m³/min 以上排量。

(2)随着围压的增加,煤的抗压强度和弹性模量增大

煤岩承载压力后发生的变形及破坏与其承受的有效围压的大小有关,通过该地区煤样的应力-应变曲线可知,煤岩应力差-应变曲线斜率随着围压的增加而变陡,煤的抗压强度和弹性模量均随着围压的增大而增大,说明煤岩原来具有较多的孔隙-裂隙,在围压作用下,孔隙-裂隙被压密闭合,从而使煤岩强度和弹性模量增大。

5.2.3　煤体结构分布特征

基于煤的宏观辨识和扫描电镜等研究方法,在研究区内识别出的煤结构类型包括揉皱结构(图版 3-3)、揉流结构(图版 5-1、6-3)、透镜状结构(图版 5-2)和片状结构煤(图版 5-4)等;宏观煤体结构有原生结构煤(图版 5-3、5-5),其特点是层理均匀发育,条带状内生裂隙垂直于层理发育,裂隙较为密集;碎裂煤(图版5-6、6-1、6-2、6-6),其特点是煤岩类型界线清晰,原生条带状结构断续可见,部分煤样见层滑构造;碎粒煤(图版 6-4、6-5),其特点是光泽暗淡,原生结构遭到破坏且发育揉皱镜面(图版 5-1)。

(1)赛什腾煤田

柴北缘高泉露天矿位于赛什腾山南麓,中侏罗统为其主要含煤地层,呈近南北向分布。煤矿内主要可采煤层为 M7 煤层,煤质较好,岩心揭露垂直厚度为40～80 m,浅部倾角 60°～70°,煤层顶板砂岩倾角较小。对高泉露天矿 M7 煤层

共计 10.8 m 进行采样,采样间距约为 25 cm,共采集 36 件。柴北缘赛什腾煤田高泉煤矿 M7 煤分层描述详见图 5-2 和表 5-3。

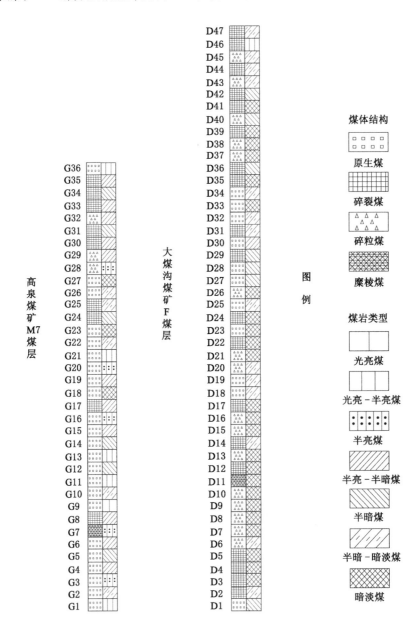

图 5-2 赛什腾煤田高泉煤矿和全吉煤田大煤沟煤矿煤体结构和宏观煤岩类型分层描述

表 5-3　柴北缘赛什腾煤田高泉煤矿 M7 煤层分层描述

分层号（高泉）	煤体结构（宏观判识）	宏观煤岩类型	结构特征	构造特征	煤的物理性质 颜色、光泽、硬度、脆性和韧性、断口性质等	裂隙描述	裂隙形态、密度、连通性及发育程度
G1	原生	光亮-半光亮	条带状	层状	黑色，光泽较强，参差状	裂隙发育级别较密，连通性一般	
G2	原生	半暗-暗	均一状	块状	黑色，光泽暗淡，参差状断口	未发现裂隙	
G3	原生	半亮	均一状	块状	黑色	未发现裂隙	
G4	原生	半暗-半亮	条带状	层状	黑色，光泽强，参差状断口	发育垂直裂隙，裂隙发育级别为"密"，连通性较强	
G5	原生	半亮	均一状	块状	黑色，光泽暗淡，参差状	未见裂隙明显发育	
G6	原生	半亮-半暗	均一状	块状	光泽较强，参差状	未见裂隙发育	
G7	糜棱	半光亮	均一状	块状	光泽较强，参差状	未见裂隙发育	
G8	碎裂	半亮-半暗型	条带状	层状	黑色，光泽较强，参差状断口	发育垂直裂隙和斜交裂隙，裂隙较为发育，连通性较好（以构造裂隙为主）	
G9	原生	光亮型	条带状	层状	黑色，光泽强，参差状断口	发育垂直裂隙，裂隙发育级别为"密"，连通性中等	
G10	原生	光亮-半亮	条带状	层状	光泽较强，参差状断口	发育斜交裂隙，裂隙发育级别为"较密"，连通性较好	
G11	原生	半暗-暗	条带状	层状	黑色，光泽暗淡，参差状断口	未见裂隙	
G12	原生	光亮-半亮	条带状	层状	玻璃光泽，参差状	发育剪节理，有滑动层面	
G13	原生	半暗	均一状	块状	光泽暗淡，参差状	未见裂隙发育	
G14	原生	半暗	条带状	层状	光泽暗淡，参差状	未发育裂隙	
G15	原生	半亮-半暗	条带状	层状	光泽较强，参差状	发育垂直裂隙，部分裂隙被方解石充填，裂隙发育级别"稀疏"，连通性较差	
G16	原生	半光亮	条带状	层状	光泽强，参差状	发育垂直裂隙，斜交裂隙，裂隙发育级别为"密"，连通性好	

表 5-3（续）

分层号（高泉）	煤体结构（宏观判识）	宏观煤岩类型	结构特征	构造特征	煤的物理性质 颜色、光泽、硬度、脆度和韧性、断口性质等	裂隙描述 裂隙形态、密度、连通性及发育程度
G17	碎裂	半亮-半暗	叶片状-粉状	块状	光泽暗淡	未发育裂隙
G18	原生	暗	均一状	块状	光泽暗淡	未发育裂隙
G19	原生	半亮-半暗	条带状	层状构造	光泽强度中等、参差状	未见裂隙发育
G20	原生	半光亮	条带状-均一状	层状-块状	光泽强度一般、参差状	主要发育垂直裂隙、裂隙发育程度级别为"密"、连通性好
G21	原生	光亮-半光亮	条带状-透镜状	层状	光泽较强、参差状断口	有顺层滑动构造、发育部分构造裂隙
G22	原生	半亮-暗	均一状	块状	光泽暗淡	未见裂隙发育
G23	原生	暗淡型	均一状	块状	光泽暗淡	未见裂隙发育
G24	碎裂	半暗	均一状	块状	光泽一般	发育层滑构造、引起部分构造裂隙
G25	碎裂	半亮-半暗	均一状	块状	光泽一般	未见裂隙发育、有揉皱镜面发育
G26	原生	半亮-半暗	均一状	块状	光泽暗淡	未见裂隙发育
G27	原生	暗淡型	均一状	块状	光泽暗淡	未见裂隙发育
G28	碎粒	半亮	均一状	块状	光泽较强	未见裂隙发育
G29	碎粒	半亮-半暗	均一状	块状	光泽较强	未见裂隙发育
G30	碎裂	半亮-半暗	均一状	块状	光泽较强	未见裂隙发育

表 5-3（续）

分层号（简泉）	煤体结构（宏观判识）	宏观煤岩类型	结构特征	构造特征	煤的物理性质 颜色、光泽、硬度、脆度和韧性、断口性质等	裂隙描述 裂隙形态、密度、连通性及发育程度
G31	碎裂	半暗	均一状	块状	光泽一般	未见裂隙发育，有揉皱镜面
G32	碎粒	半亮-半暗	均一状	块状	光泽一般，手试强度较强，参差状断口	未见裂隙发育，有揉皱镜面
G33	碎裂	半亮-半暗	均一状	块状	光泽较强，手试强度一般，贝壳状断口	未见裂隙发育，有揉皱镜面
G34	碎裂	半暗	均一状	块状	光泽暗淡	未见裂隙发育，有揉皱镜面
G35	碎裂	半亮-半暗	均一状	块状	光泽较强，参差状断口	未见裂隙发育，有揉皱镜面
G36	原生	半亮-半暗	条带状	层状	光泽强度中等，参差状	有垂直裂隙发育，裂隙发育级别为"密"，连通性一般

对高泉煤矿垂向分层样品分布进行了煤体结构宏观辨识以及宏观煤岩类型、煤的结构特征和构造特征、煤的物理性质及煤的宏观裂隙的描述。结果表明,高泉煤矿煤体结构以原生和碎裂煤为主,碎粒煤和糜棱煤较为少见;宏观煤岩类型以半光亮型和半暗淡型为主,光亮煤和暗淡煤其次;原生结构煤以条带状和层状-似层状为特征,而碎裂煤则以均一状和块状结构为特征(图 5-2);在对煤的裂隙描述中,原生结构煤和碎裂煤的宏观裂隙均发育,不同的是碎裂煤中的裂隙则主要以构造裂隙(外生裂隙)为主。

由于受到东北方向的挤压,下分层较上分层受到的挤压力更强,因此,下分层的煤体结构以碎裂-碎粒结构煤为主,上分层的煤体结构则以原生结构煤为主,在采样中下分层揉皱明显,煤体结构破坏更加清晰。需要指出的是,高泉煤矿同一种煤体结构可以对应不同的宏观煤岩类型,而不同的煤体结构可以对应相同的煤岩类型,这是由于煤体结构的分类主要是考虑到煤的构造变形特征,而煤的宏观煤岩类型分类主要依据煤的物理性质。

(2)鱼卡煤田

对鱼卡煤田内鱼卡煤矿和五彩矿业的原生结构煤进行了综合描述,见表 5-4 和表 5-5。可知该地区宏观煤岩类型以半光亮型煤为主,半暗淡型煤次之;煤岩成分以亮煤和暗煤为主;煤岩条带分层较好,一般为层状-似层状;光泽强度中等至较强,煤岩类型界线较为清晰;由于受到构造应力的作用,一些煤样中发现了揉皱镜面,手试强度一般,构造裂隙较为发育。

表 5-4 柴北缘鱼卡煤田鱼卡煤矿 M7 煤层综合描述

分层号	煤体结构	宏观煤岩类型与煤岩成分	赋存状态和分层特点	光泽和层理	煤体破碎程度	裂隙和揉皱发育程度	手试强度	断口性质
I	原生结构煤	半光亮型(亮煤为主,镜煤次之,暗煤最少)	层状,与上、下分层呈整合接触	光泽较强,原生条带状结构明显,煤岩类型界线清晰可见	呈现较大的保持棱角的块体,块体间位移不太明显	内生裂隙、构造裂隙较为发育未见揉皱镜面	捏不动或成厘米级碎块	参差状断口
II	碎裂煤	半光亮型(亮煤为主,暗煤次之)	似层状,与上、下分层呈整合接触	半亮,煤岩类型界线清晰但不连续	呈现较大的保持棱角的块体,块体间位移不太明显	内生裂隙不甚发育,有揉皱镜面	捏不动或成厘米级碎块	参差状断口

表 5-5　柴北缘鱼卡煤田五彩矿业 M7 煤层综合描述

分层号	煤体结构	宏观煤岩类型与煤岩成分	赋存状态和分层特点	光泽和层理	煤体破碎程度	裂隙和揉皱发育程度	手试强度	断口性质
I	原生结构煤	半暗淡-半光亮型（暗煤为主,亮煤次之）	层状-似层状,上、下分层不明显	光泽强度中等,可见原生条带状结构和煤岩类型界线	呈现较大的保持棱角的块体,块体间位移不太明显	揉皱镜面局部发育	捏不动或成厘米级碎块	参差状断口

从 YQ-1 井获得的煤心样品来看,鱼卡煤田 M7 煤层煤体结构不均一,部分为原生结构煤,保留了原生沉积结构、构造特征,煤岩成分、结构、构造、内生裂隙清晰可辨。同时在部分层段也存在构造煤,有明显的划痕、滑面等构造现象,煤心较破碎,以碎裂煤居多,少量为碎粒煤(图 5-3)。

图 5-3　鱼卡煤田 YQ-1 井 M7 煤层岩心

（3）全吉煤田

对鱼卡煤田内大头羊、大煤沟和绿草沟煤矿等地进行了煤的综合描述,见表 5-6、表 5-7 和表 5-8。可知该地区煤体结构以碎裂煤-碎粒煤为主,原生结构煤所占比例相对较少,宏观煤岩类型以半光亮-半暗淡型为主;煤岩成分则以亮煤和暗煤为主,镜煤和丝炭较为少见;煤岩条带分层性较差,一般表现为似层状,部分煤样为块状;内生裂隙一般不发育,构造裂隙则较为发育,部分煤样见构造揉皱镜面;不同煤体结构的煤样手试强度表现也不尽相同。

表 5-6　柴北缘全吉煤田大头羊煤矿 M7 煤层分层描述

分层号	煤体结构	宏观煤岩类型与煤岩成分	赋存状态和分层特点	光泽和层理	煤体破碎程度	裂隙和揉皱发育程度	手试强度	断口性质
I	原生结构煤	半光亮型（亮煤为主，镜煤次之，暗煤最少）	似层状、块状，与上、下分层呈整合接触	光泽强度中等，可见原生条带状结构和煤岩类型界线	呈现较大的保持棱角的块体，块体间位移不太明显	具有一定的揉皱镜面	捏不动或成厘米级碎块	贝壳状断口

表 5-7　柴北缘全吉煤田大煤沟煤矿 F 煤层分层描述

分层号	煤体结构	宏观煤岩类型与煤岩成分	赋存状态和分层特点	光泽和层理	煤体破碎程度	裂隙和揉皱发育程度	手试强度	断口性质
I	碎粒煤	半光亮-半暗淡型（暗煤为主，亮煤次之，未见丝炭）	似层状，与上、下分层呈整合接触	半亮-半暗，煤岩类型界线断续可见	呈现棱角状块体，块体间位移不太明显	X 节理发育，未见揉皱镜面	捏不动或成厘米级碎块	参差状断口

表 5-8　柴北缘全吉煤田绿草沟煤矿 G 煤层分层描述

分层号	煤体结构	宏观煤岩类型与煤岩成分	赋存状态和分层特点	光泽和层理	煤体破碎程度	裂隙和揉皱发育程度	手试强度	断口性质
上分层	碎裂煤	半光亮型（亮煤为主，暗煤次之）	似层状，与上、下分层呈整合接触	半亮，煤岩类型界线清晰但不连续	呈现较大的保持棱角的块体，块体间位移不太明显	内生裂隙不甚发育，有揉皱镜面	捏不动或成厘米级碎块	参差状断口
下分层	碎粒煤	暗淡型（暗煤为主，亮煤次之，未见丝炭）	团块状，与上、下分层不整合接触	光泽暗淡，原生结构遭到破坏	煤被揉搓捻碎，主要粒级在毫米以上	内生裂隙不发育，有构造镜面	易捻搓成毫米级碎粒或煤粉	参差状断口

（4）德令哈煤田

对德令哈煤田内旺尕秀煤矿进行了采样，并对其煤样进行了综合描述，见表 5-9。可知煤体结构以原生-碎裂煤为主；宏观煤岩类型以光亮-半光亮型为主；煤岩成分则以镜煤为主，亮煤次之，暗煤最少；煤样条带分层较好，并与上、下分层呈整合接触；部分煤样呈玻璃光泽，煤岩类型界线清晰；有一定的构造裂隙，所观察煤样并未见揉皱镜面。

表 5-9　柴北缘德令哈旺尕秀煤矿 F 煤层分层描述

表 5-9　柴北缘德令哈旺尕秀煤矿 F 煤层分层描述

分层号	煤体结构	宏观煤岩类型与煤岩成分	赋存状态和分层特点	光泽和层理	煤体破碎程度	裂隙和揉皱发育程度	手试强度	断口性质
I	原生结构煤	光亮-半光亮型(镜煤为主,亮煤次之,暗煤最少)	层状,与上、下分层整合接触	玻璃光泽,原生条带状结构明显,煤岩类型界线清晰可见	呈现棱角状块体,块体间无相对位移	有一定的构造裂隙,未见揉皱镜面	捏不动或成厘米级碎块	参差状断口

5.2.4　煤体变形的岩石力学机理

柴北缘侏罗系含煤地层形成之后,聚煤盆地经过复杂的构造演化,煤层受断裂、褶皱、层滑等构造的影响,发生强烈变形,煤体结构也随之发生强烈变化,从而形成了不同类型的煤体结构。

对于煤体结构变形的成因,以往国内外学者主要在地学和岩石力学这两大领域上对煤体变形进行研究(Dow,1972;Meissner et al.,1984;白矛 等,1999;倪小明 等,2010),积累了大量的资料,也取得了一系列的成果,特别是从地质学角度系统性地探讨了煤体宏观和微观脆-韧性变形的识别标志和机理,从岩石力学实验角度再现了煤体脆-韧性变形。

本书将岩体力学和分形几何学的理论和方法引入煤岩体变形研究中,根据煤体受力与其围岩的力学参数关系,分别建立了判识煤体结构的岩体强度因子和分形维数数学模型,对鱼卡煤田 M7 煤层上、下各 100 m 范围之内的岩层段进行了统计和分析。

(1)强度因子

鉴于沉积环境的变化,沉积岩层在横向上发生相变,在纵向上呈现薄厚不均,致使层状沉积岩体结构在空间上呈现强烈的非均质性。因而在构造应力作用之下的变形,不仅与各单层岩石自身力学性质有关,还与含煤岩系综合岩体结构力学性质有关。然而,以往的研究多从单层杨氏模量和泊松比关系研究入手,考虑岩体综合强度的研究较少。为此,本书引入岩体强度因子,表达统计层段内的所有岩层的综合强度,探讨其对煤体变形的控制作用。

岩体强度因子,是定量研究各层岩体对煤体变形的影响,是指统计层段内各岩层"强度"之和。由下式计算:

$$S = \sum h_i \times k / m_i \tag{5-1}$$

式中,S 为统计层段内岩体强度因子;h_i 为统计层段内岩层单层厚度,m,统计层段一般选取煤层上、下一段地层,目的是研究煤层及其上、下一段地层的变形行为和强度。因此,原则上统计层段应以断层切穿煤层和含煤岩系的厚度为统计层段,一般取切穿煤层小断层落差的 5～10 倍;k 为某一岩层岩体强度调整系数,其取值是根据不同岩石的泊松比和杨氏模量给定一个相对值,低杨氏模量、高泊松比则调整系数较小,反之越大,不同岩性强度调整系数不同,同一岩性不同成岩程度调整系数也不同,对于一个井田或勘探区而言,同类岩石的力学性质差异不大,研究涉及的三个地区,同类岩性的成分和结构特征接近,力学性质接近,因此采用相同的强度调整系数(表 5-10);m_i 为岩层中点距煤层中点的距离,m。

表 5-10 常见岩体强度调整系数

脆性岩石		韧性岩石		过渡岩石	
灰岩	1.5	泥岩	0.5	粉砂岩	0.8
砾岩	1.2	碳质泥岩	0.5	硅质泥岩	0.8
粗粒砂岩	1.1	煤层	0.3	泥灰岩	0.7
中粒砂岩	1	砂质泥岩	0.6	铝土岩	0.7
细砂岩	0.9			泥质砂岩	0.7

(2)分形维数

因为常呈现出复杂性和不规则性,导致了无法用常规的研究方法来定量地描述含煤岩系岩层厚度的分布,分形维数这一参数的引入使得较简单地解决这一问题成为可能,分形维数可以定量地评价统计层段内岩层厚度的分布规律。分形维数的公式如下:

$$N = \frac{C}{r^D}$$

即:

$$D = \frac{\ln C - \ln N}{\ln r} \tag{5-2}$$

式中,r 为分形尺度,m,取决于单层岩层厚度,一般取统计层段内所有岩层厚度的平均值;N 为大于或等于 r 的岩层数目;D 为分形维数;C 是为了保证分形维数数值在一个合适区间的常数(>1),一般情况下取 r 的 5～10 倍。

(3)强度因子与分形维数的比较

随着统计段各岩层距离煤层间距的增大,各岩层强度对煤体变形的影响逐渐在减弱,当超过一定距离后,将对计算出来的强度因子影响非常有限。一般而言,统计层厚度超过 100 m 之后,强度因子虽然随厚度的增大而增加,但是增幅比较小,因此本次研究综合考虑,选择目的煤层上、下段共计 200 m 的范围进行统计,即煤层上、下各 100 m。

岩体强度因子反映的是统计层段内层状复合岩体的综合强度,是定量评价煤体抗变形能力的一个定量指标,也可以视同为岩体的综合杨氏模量。当 S 值较大时,煤的抗变形能力较强,以脆性变形为主,形成的煤体结构破坏程度较低;当 S 值较小时,表明煤的抗变形能力较弱,以韧性变形为主,形成的煤体结构破坏程度相对较高。而分形维数则反映了岩层的复杂程度。强度因子 S 和分形维数 D 在具体分析时可以分为以下 4 种情况:

① 强度因子和分形维数若都为低值区:在这种情况下煤岩体强度较小,"软岩"在含煤岩系统计层段内所占比例较大,在褶皱构造行迹中沿轴部一线,为变形强烈地区。说明强度因子较小和分形维数较小的区段,煤体则易发生韧性变形,以顺煤层剪切使煤体发生韧性变形,形成构造煤来消减构造应力。

② 强度因子和分形维数若都为高值区:在这种情况下煤岩体强度较大,统计层段内岩层厚度较大,岩层结构较复杂时,含煤岩系中以刚性岩层为主,有较强的抗变形能力。当构造应力超过了含煤岩系所能承受的限度时,含煤岩系就会产生脆性变形,从而来吸收构造应力,在断层构造附近构造煤较发育。

③ 强度因子为低值区,而分形维数为高值区:当煤岩体强度较小,而统计层段内岩层厚度较大、岩层结构较复杂时,由于岩层结构比较复杂,构造应力作用下各个岩层之间产生了相互作用的变形,也使构造应力对煤层的破坏作用得到缓冲,煤层结构在一定程度上得到了保护,在这种情况下构造煤不发育。

④ 强度因子为高值区,而分形维数为低值区:当煤岩体强度较大,统计层段内岩层厚度较小、岩层结构较简单时,岩层中以大于分形尺度的韧性岩层为主,对强度因子起控制作用的刚性岩层较少,对煤层变形程度起控制作用的是韧性煤层,构造煤较发育。

5.3　柴北缘鱼卡煤田煤体结构分布区域预测

柴北缘侏罗系鱼卡煤田 M7 煤层的强度因子一般介于 $2.2 \sim 4.6$ 之间,具体来说,羊水河北部和鱼东勘探区的强度因子分布范围在 $2.6 \sim 3.8$ 之间,两端高、中间低;羊水河南部和孕秀勘探区则在 $2.2 \sim 4.2$ 之间,西部高、东部低;二井田勘探区在 $2.2 \sim 3.2$ 之间,南部低、北部高;北山勘探区在 $3.7 \sim 3.9$ 之间,呈现北部高、南部低的趋势(图 5-4)。

相应地,M7 煤层的分形维数一般介于 $1.05 \sim 1.65$ 之间。具体来说,羊水河北部和鱼东勘探区的分形维数分布范围在 $1.05 \sim 1.25$ 之间,由西南向东北方向依次增大;羊水河南部和孕秀勘探区则在 $1.05 \sim 1.4$ 之间,由东南向西北方向依次降低;二井田的分形维数介于 $1.48 \sim 1.68$ 之间,南部低、北部高;北山勘探区的分形维数则在 $1.25 \sim 1.65$ 之间,且由东南向西北方向依次增高(图 5-5)。

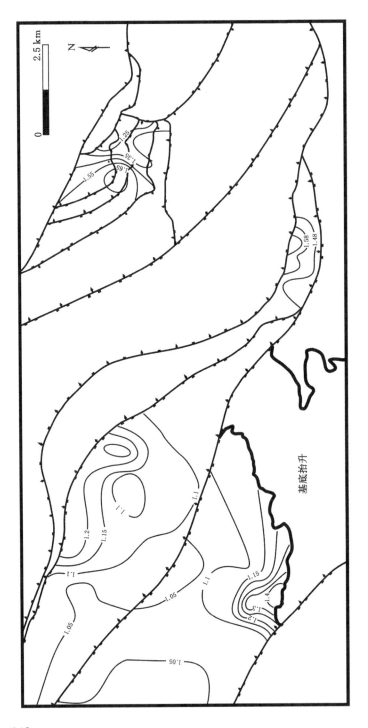

图 5-4 柴北缘鱼卡煤田侏罗系 M7 煤层强度因子分布

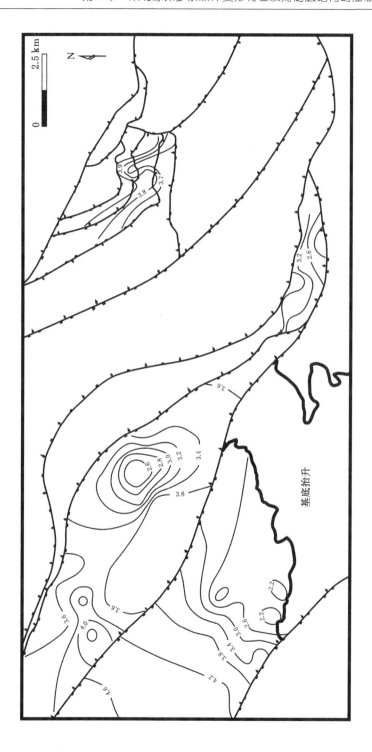

图 5-5　柴北缘鱼卡煤田侏罗系 M7 煤层分形维数分布

结合以上对强度因子和分形维数的4种结合情形的分析,本次研究以强度因子值3.2为低值和高值的分界,大于3.2为高值区,小于3.2为低值区;以分形维数值1.25为低值和高值的分界,大于1.25为高值区,小于1.25为低值区。因此,鱼卡煤田构造煤较发育区位于羊水河勘探区全部、鱼东勘探区的南部及北部断层发育带、尕秀勘探区的北部、二井田勘探区的北部断裂带附近以及北山勘探区东南部及西北部断裂带。构造煤欠发育区则主要分布在鱼东勘探区的中部、尕秀勘探区中南部以及二井田勘探区的中南部区域。

5.4 不同煤体结构下的孔-裂隙结构特征

煤体结构是决定煤层气高渗高产的重要因素之一,同时也是煤层气储层评价及有利区优选的重要条件(白鸽 等,2012)。在我国煤层气勘探开发的进程中,特别是受地质历史时期复杂应力场的影响而导致构造煤比较发育的地区,煤层气的开采常出现失败案例,其原因之一就是对煤体结构在选区评价中的作用关注度不够,另外不同的煤体结构对于后期排采也应采取不同的排采措施。在第4章对煤储层孔-裂隙发育的影响中,煤体结构作为影响因素之一也进行了初步的研究,本节是基于以上内容,从实验煤样的煤体结构出发,对其所具有的孔隙特征和裂隙特征进行了更深入的解剖。

5.4.1 孔隙结构特征

不同煤体结构下的孔隙结构特征是煤层气储集层评价的主要方面之一,因为不同的孔隙结构影响着煤层气在储层中的流动能力(降文萍 等,2011),这也就直接或间接地控制着煤储层的渗流能力。一般而言,构造煤微孔隙更加发育,有时甚至影响到了纳米级的孔隙结构(钱凯 等,1997)。

降文萍等(2011)通过对淮南煤田和焦作煤田中高煤阶不同煤体结构的比表面积和孔径分布关系进行了研究,结果表明:碎裂煤的孔径分布比较均匀,并且微孔较小孔欠发育;碎粒煤孔径分布规律不明显;糜棱煤的孔径分布呈现单峰形状。

对于研究区内的煤样,煤体结构大多属于碎裂煤和碎粒煤,根据煤体结构综合指标的划分,以分值1作为划分碎裂煤和碎粒煤的界线。对于煤体结构综合指标值小于1的五彩矿业、旺尕秀和绿草沟下分层等煤样,煤储层孔隙结构相对于碎裂结构煤样更复杂,相邻孔隙对应的比表面积相差较大(图5-6)。总之,煤的破碎程度越高,煤的孔隙结构越复杂,对应于甲烷的解吸和煤层气的开发难度越大。

煤的低温液氮吸附实验结果表明,随着煤构造变形程度的增大,煤储层的孔

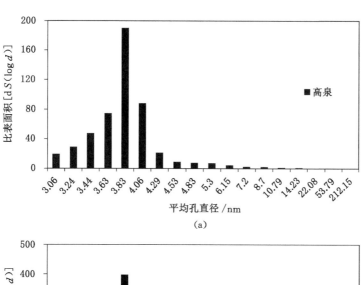

(a)

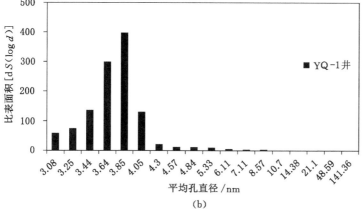

(b)

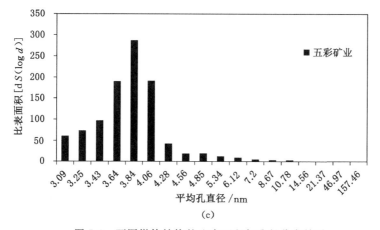

(c)

图 5-6　不同煤体结构的比表面积与孔径分布关系

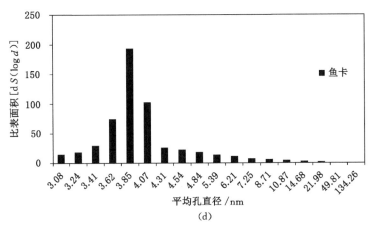

(d)

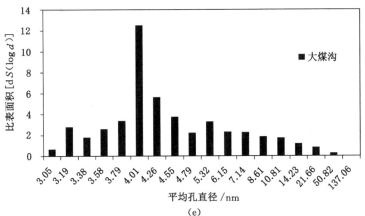

(e)

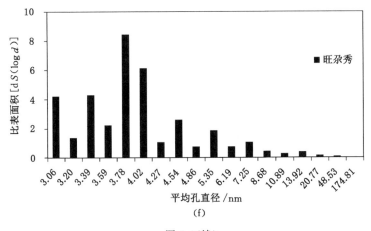

(f)

图 5-6(续)

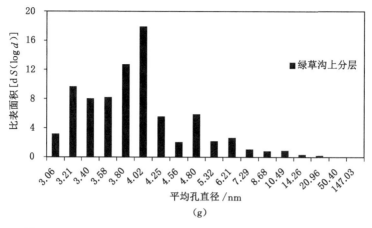

(g)

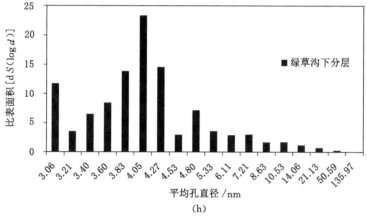

(h)

图 5-6(续)

隙结构发生了明显的变化,对于煤的比表面积和孔容而言,两者随着煤体结构的综合指标值降低而升高,最终会导致煤吸附甲烷能力的增强(图 5-7)。

5.4.2　裂隙结构特征

煤储层的裂隙包括大裂隙系统和微观裂隙系统两大类。其中,大裂隙是在自然条件下肉眼可以识别的裂隙系统(汤达祯 等,2010),本次研究主要对微裂隙与煤体结构之间的关系进行了相关性分析。

总体上,随着煤体结构破坏程度的增加,煤储层微裂隙的密度明显增大,也就是说,构造煤中的裂隙密度明显要高于原生结构煤,而在构造煤中裂隙的密度表现为:糜棱煤>碎粒煤>碎裂煤(图 5-8)。同时也应注意到,由于受到不同垂向压力和横向应力的影响,在同一煤体结构中微裂隙的密度发育也不尽相同。

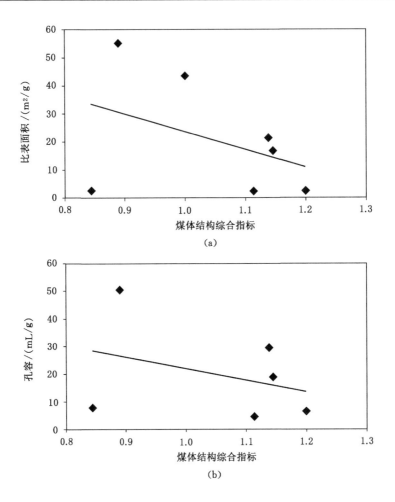

图 5-7　不同煤体结构孔的孔容和比表面积相关图

煤的微裂隙从成因上分类包括内生裂隙和外生构造裂隙,在原生结构煤中内生裂隙较为发育,而构造裂隙在构造煤中较为常见,因此在柴北缘煤储层微裂隙系统中,构造裂隙在裂隙的发育中起着主导地位。

张春雷等(2000)通过对河东煤田太原组 19 个煤样进行了煤岩结构和裂隙密度统计,结果表明镜煤条带是裂隙发育的主要部位。对于柴北缘侏罗系高泉煤矿的煤样而言,煤储层微裂隙密度较高的部位多集中在光亮、光亮-半光亮以及半光亮煤等宏观煤岩类型中,相应地,在半暗淡、半暗淡-暗淡和暗淡煤中的微裂隙则相对不发育(图 5-8)。

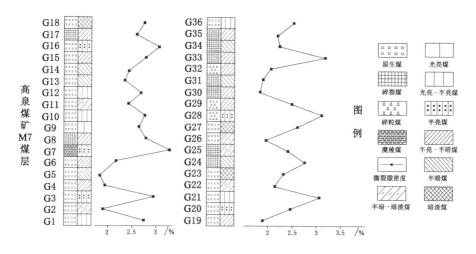

图 5-8　柴北缘高泉煤矿煤体结构、煤岩类型与微裂隙的关系

5.5　不同煤体结构下煤的 XRD 结构对比

X 射线衍射是研究固态物质最重要和最有效的方法之一,尤其是分析晶体结构的一种重要手段,也是研究煤大分子结构的有力工具(陈昌国 等,1997;姜波 等,1998;蒋建平 等,2001;曹代勇 等,2002,2003)。在粉末晶体的衍射图上,可获得清晰的三维晶面衍射峰。衍射峰的横坐标用衍射角 2θ 表示,纵坐标用相对强度 CPS(计数率)表示。根据衍射角的峰位及其相对强度进行结构分析,可以求得一系列晶体结构参数。

煤主要由碳元素组成。按碳的结构位置,常被分为芳香碳和脂肪碳两种。脂肪碳之间以链状为主的形式连接,d 为由脂链(或环)形成的不规则层的层间距离,它在煤中所占比例较小。芳香碳是煤的主要组成部分。在芳香碳中,碳与碳之间以六环的形式连成网状,构成平整但不太大的层片,称为芳香层片。一定数量的层片可以堆垛成类似石墨那样的层状结构。这种层状结构的最小集合体近似锥晶,称为煤的基本结构单元或晶核。层片间距用 d 表示,晶核的大小用 L_a 和 L_c 表示。L_a 为晶核的平均直径,也称为延展度;L_c 为层片堆垛的平均高度,也称为堆砌度(图 5-9)。

5.5.1　样品的制备和测试方法

选出样品中的镜煤或亮煤条带,碾碎后过 200 目筛,然后进行脱矿处理,将样品粉末置于聚四氟乙烯烧杯中,倒入浓 HF 和 HCl 的混合液浸泡 24 h,并不

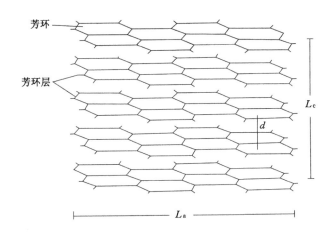

图 5-9　煤晶核结构示意图

断用聚四氟乙烯棒搅拌,水浴蒸干后,用热蒸馏水冲洗 8～10 次。然后将样品放入干燥箱中,在 50 ℃恒温下干燥 48 h。测试仪器选用日本理学公司的 Rigaku D/max 2500 PC 型 X 射线衍射分析仪,Cu 靶,扫描步宽为 0.02°,管电流为 100 mA,管电压为 40 kV,扫描速率为 2°/min,狭缝系统:发散狭缝＝防散射狭缝＝1/6°,接收狭缝为 0.05 mm。

5.5.2　煤晶核的大小及面网间距的算法

（1）面网间距（d）

面网间距是根据 X 射线衍射曲线中衍射峰的位置,用布拉格方程求得:

$$d_{hkl} = \frac{\lambda}{2\sin\theta_{hkl}} \tag{5-3}$$

式中,λ 为入射 X 射线的波长;θ_{hkl} 为面网指数为 hkl 的衍射峰所对应的衍射角。

（2）堆砌度 L_c 和延展度 L_a

煤晶核的大小通过 L_c 和 L_a 来表征,这两个参数可以通过衍射线的半高宽的经验公式计算求得:

$$L_c = \frac{K_c\lambda}{\beta_{002} \times \cos\theta_{002}}; \quad L_a = \frac{K_a\lambda}{\beta_{101} \times \cos\theta_{101}} \tag{5-4}$$

式中,K_c 和 K_a 为形状因子常数,分别取值 0.9 和 1.84;λ 为入射 X 射线的波长;β_{002} 和 β_{101} 分别为相应面网指数的衍射峰半高宽值;θ_{002} 和 θ_{101} 分别为相应面网指数衍射峰的最大值所对应的衍射角。

5.5.3　煤体结构与煤晶核的关系

煤中大分子结构主要受控于煤的变形变质作用,且两方面因素对其影响程度并不完全一致,因此当煤的变质程度相同而煤的变形程度不同时,其煤的大分子结构特征也就不同(白何领 等,2013)。

此时表征煤晶核参数的变化与煤的变形程度(即煤体结构)之间关系较为密切,同时随着煤变质程度的增加,煤的基本结构单元具有阶段性的演化,这种结果已经达成共识(翁成敏 等,1981;秦勇,1994;郭盛强 等,2010)。因此,在同一变质程度的前提下,研究不同煤体结构和煤晶核之间的关系,对深入研究煤的孔隙、吸附、电学、力学和其他物理化学特征具有现实意义。

通过对柴北缘旺尕秀等 8 个煤样进行 XRD 实验,结果表明:面网间距介于 0.347 3～0.443 1 nm 之间,平均为 0.408 8 nm;单位堆砌度 L_c 介于 6.604 2～9.783 4 nm 之间,平均为 8.024 1 nm;单位延展度 L_a 介于 11.692 3～26.019 6 nm 之间,平均为 18.849 7 nm(表 5-11)。

表 5-11　研究煤样 X 射线衍射解析数据

样品号	$R_o/\%$	d_{002}/nm	L_c/nm	L_a/nm	N/层	L_a/L_c	煤体结构综合指标
旺尕秀	0.34	0.443 1	7.876 7	13.156 5	17.776 4	1.670 3	1.199 5
大煤沟	0.44	0.434 9	9.215 7	16.205 9	21.192 0	1.758 5	1.138 3
鱼卡	0.44	0.428 1	9.783 4	20.399 7	22.853 1	2.085 1	0.917 8
YQ-1	0.51	0.434 1	7.085 0	11.692 3	16.319 8	1.650 3	1.152 8
绿草沟上分层	0.52	0.412 8	7.913 9	26.0196	19.1713	3.2878	1.1134
高泉	0.58	0.407 4	6.604 2	23.379 9	16.210 6	3.540 2	1.145 2
五彩矿业	0.62	0.362 6	8.453 1	18.420 1	23.312 4	2.179 1	0.890 6
绿草沟下分层	0.66	0.347 3	7.260 8	21.523 5	20.907 6	2.964 4	0.845 2

注:R_o 为所测点数的平均值。

由于煤的镜质体反射率对表征煤晶核的各参数影响较大,因此在讨论煤体结构与煤晶核各参数之间的关系时,需尽量排除煤变质程度的影响,所以图 5-10 中横坐标为煤的平均镜质体反射率,纵坐标(左)为煤晶核参数,纵坐标(右)为表征煤体结构的综合指标,其指标值越大越趋向于原生结构煤。

由图 5-10 可知,随着煤的镜质体反射率的增大,煤的面网间距 d_{002} 值不断减小,单位延展度不断增加,而单位堆砌度和煤晶核芳香层数变化规律不明显,

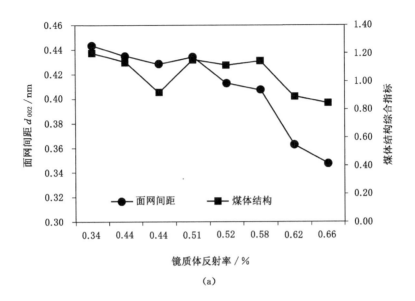

(a)

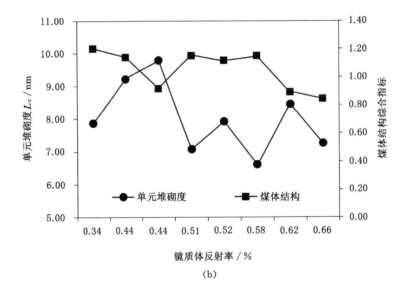

(b)

图 5-10　煤体结构与煤晶核参数的关系

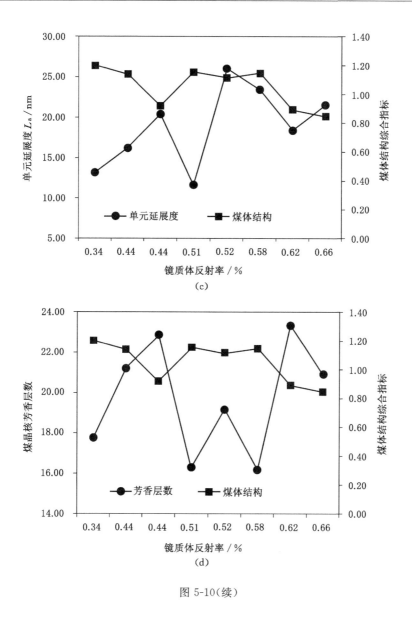

图 5-10(续)

这应该与研究区内煤变质程度变化范围较小有关,而煤晶核各参数随着镜质体反射率的增大表现出来的应该是阶段性变化,最终趋于石墨化结构。

对于不同的煤体结构而言,面网间距 d_{002} 变化与煤体结构综合指标成正比,而单位堆砌度 L_c 和单位延展度 L_a 与煤体结构综合指标成反比,即煤体结构破坏程度越大,煤晶核的面网间距越小,对应的单位堆砌度和单位延展度则越大。

究其原因,由于受到构造应力的作用,煤体结构遭到破坏,而在此过程中,由于受到动力变质作用的影响,同一地区同一煤层的构造煤的变质程度要稍大于相应原生结构煤,因此煤的变形作用对于表征煤晶核各参数的影响作用的根本是通过煤变质作用进行的。

5.6 本章小结

(1)高泉煤矿煤体结构以原生和碎裂煤为主,碎粒煤和糜棱煤较为少见,宏观煤岩类型以半光亮型和半暗淡型为主,光亮煤和暗淡煤其次;鱼卡煤田宏观煤岩类型以半光亮型煤为主,半暗淡型煤次之,煤岩成分以亮煤和暗煤为主;全吉煤田煤体结构以碎裂煤-碎粒煤为主,原生结构煤所占比例相对较少,宏观煤岩类型以半光亮-半暗淡型为主,煤岩成分则以亮煤和暗煤为主,镜煤和丝炭较为少见;德令哈煤田煤体结构以原生-碎裂煤为主;宏观煤岩类型以光亮-半光亮型为主,煤岩成分则以镜煤为主,亮煤次之,暗煤最少。

(2)基于煤体变形的岩石力学机理,认为柴北缘鱼卡煤田构造煤较发育区位于羊水河勘探区全部、鱼东勘探区的南部及北部断层发育带、尕秀勘探区的北部、二井田勘探区的北部断裂带附近和北山勘探区东南部及西北部断裂带。构造煤欠发育区则主要分布在鱼东勘探区的中部、尕秀勘探区中南部以及二井田勘探区的中南部区域。

(3)五彩矿业、旺尕秀和绿草沟下分层等煤样较其他煤样而言,煤的破碎程度相对较高,煤的孔隙结构较复杂,对应于甲烷的解吸和煤层气的开发难度则越大;煤的比表面积和孔容随着煤体结构的综合指标值降低而升高,最终导致煤吸附甲烷能力的增强。

(4)研究区煤样的面网间距平均为 0.408 8 nm,单位堆砌度 L_c 平均为8.024 1 nm,单位延展度 L_a 平均为 18.849 7 nm;同时,面网间距 d_{002} 变化与煤体结构综合指标成正比,而单位堆砌度 L_c 和单位延展度 L_a 与煤体结构综合指标成反比,即煤体结构破坏程度越大,煤晶核的面网间距越小,对应的单位堆砌度和单位延展度则越大。

第6章 柴北缘侏罗系煤储层综合评价模型及有利区优选

6.1 中国典型区域煤层气有利区评价指标体系概述

我国煤层气资源量巨大,根据最新的煤层气资源调查结果,埋深 2 000 m 以浅的煤层气资源量达 36.81×10^{12} m³。作为煤炭资源和能源消费大国,我国高度重视煤层气的开发利用,历经 20 余年的不断探索,中国煤层气产业已初步进入规模化生产阶段。据统计,2018 年全国煤层气产量为 184.47×10^8 m³,其中地面煤层产气量 54.63×10^8 m³,煤矿井下抽采量 129.84×10^8 m³,已基本形成了沁水盆地和鄂尔多斯盆地两个煤层气产业基地。煤层气地面井产量主要依靠沁水盆地和鄂尔多斯盆地,这两个地区分别占地面井产量的 71% 和 24%,新疆和四川地面井煤层气产量分别占比 1.2% 和 2.3%。整体上,从中高煤阶煤层气成功开发到低煤阶煤层气勘探开发均取得了重大进展,特别是近几年在西南(川南和六盘水)、西北(准南)和东北(依兰和鸡西)等地区取得了明显突破,但由于中国成煤时代的多期性、构造运动的多幕性和煤系沉积环境的多样性,导致煤层气有利区的评价体系不尽相同。从地质角度来看,煤层气选区评价指标体系的地位日益突出,能否准确地运用合理的评价方法是煤层气商业开发者最为关心的问题之一。煤层气的选区评价指标经过多年的探讨,大部分重要指标已形成了共识,如资源条件、储层条件、保存条件等。多种评价方法不断被提出,如"五指标"法、地层能量评价法、层次分析法、灰色聚类分析法、突变评价法、主成分分析法等。整体上,选区评价方法从定性评价逐渐发展为定量评价,如在中国煤田地质局(1998)提出的选区评价体系中,根据煤层气地质条件的模糊性和确定性两条主线,采用地质研究(定性)→定量排序(定量)→地质分析(再定性)的辩证思路进行煤层气选区评价及有利区优选。

事实上,影响煤层气有利区优选的指标众多,前人总结认为煤层气含气区带综合评价是一个多因素、多层次、多目标的决策过程,其评价过程受到诸多因素的影响,需要选择科学、简洁、实用的数学模型来分析处理这些繁杂因素。概括起来,煤层气选区评价地质要素主要包括煤储层因素、资源因素和保存因素,具体来说,它们又包含众多次一级影响要素,这些要素之间相互影响,同时也存在着相互联系,因此应分别从成煤环境、煤化程度、构造断裂作用和水文地质条件出发,探讨次一级地质要素之间的关系。对于某一个具体调查区块而言,并非所有要素在选区评价中均具有同等作用,在忽略煤层气后期开采工艺条件的基础上,建议从以下三方面关键要素来提取某一调查区影响选区评价的关键因素,即资源丰度及其分布特征、地质构造及对煤层渗透性的影响和沉积环境及对煤层气赋存的影响(图 6-1)。

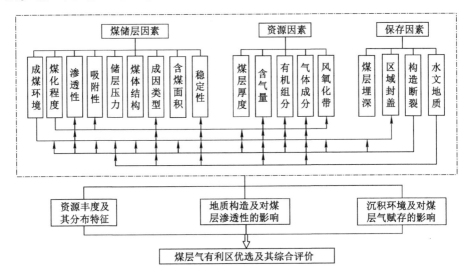

图 6-1 煤层气选区评价地质要素层次分析及相互关系

中国含煤盆地形成时期与全球具有同时性,主要发生在晚古生代石炭纪以后,并以石炭纪、二叠纪、三叠纪(晚三叠世)、侏罗纪(早、中侏罗世)、白垩纪(早白垩世)、古近纪和新近纪为主要成煤期。中国含煤盆地大多经历了复杂的构造运动和破坏,现今多已支离破碎。在前期研究的基础上,针对目前煤层气勘探开发战略接替区,即我国西北低煤阶煤分布区、东北煤炭枯竭矿区及西南中高煤阶构造煤发育区,三个重点区内含煤盆地具有不同的形成条件以及煤层气成藏富集规律特点,需对三个区域煤层气选区评价指标体系进行有区别的论述,具体如下。

6.1.1 西北低煤阶煤层气选区评价指标

我国低煤阶煤层气选区标准及资源评价目前尚无成型的体系,而西北地区作为我国煤层气勘探开发的热点和难点地区之一,选区评价研究历来受到重视,因为它不仅是低煤阶煤层气勘探的基础,而且也是煤层气成功开发的关键。同时,西北地区低煤阶含煤盆地煤层厚度大(吐哈盆地沙尔湖单层厚度超过 100 m),储层物性好,煤层气资源丰富,但低煤阶煤层气有利区优选评价目前还没有成型的模型。针对西北地区低煤阶煤层气的选区而言,更应该着眼于宏观选区,根据该区域煤层气成藏主控因素,分阶段制定适合该地区的煤层气选区评价标准。

在大量调研前人相关研究的基础上,本研究针对西北低煤阶煤层气成藏地质条件和主控因素,主要从资源因素、煤储层因素和保存因素对该地区进行了综合研究,在该区域上建立了我国低煤阶煤层气选区评价标准,具体选区评价参数及取值见表 6-1。

表 6-1 西北低煤阶煤层气选区评价指标

参数名称		参数含义	评价标准	赋值
资源条件	资源丰度	单位面积的煤层气资源量/(10^8 m^3/km^2)	≥ 1	10~7
			1~0.5	7~3
			≤ 0.5	3~0
	风氧化带深度	与气体成分和煤变质程度有关	≤ 150 m	10~7
			150~300 m	7~3
			≥ 300 m	3~0
储层因素	成因类型	是否有次生生物气补给	有	10
			无	5
	原始渗透率	渗透率大小;煤层裂隙;煤层透气性	≥ 1.5 mD	10~7
			1.5~0.5 mD	7~3
			≤ 0.5 mD	3~0
	稳定性	煤层的连续性以及煤层倾角大小	$\leq 35°$	10~7
			35°~45°	7~3
			$\geq 45°$	3~0
保存因素	水文地质条件	水动力强弱和排水量大小	水动力弱径流,排水量较小	10~7
			中低矿化度,水动力弱径流-径流,排水量较大	7~3
			高矿化度,水动力径流,排水量大	3~0
	煤层埋深	埋深太浅甲烷逸散严重,太深则渗透率低	$\leq 1\ 000$ m	7~3
			1 000~1 500 m	10~7
			$\geq 1\ 500$ m	3~0
其他因素	地形交通条件	井网建设条件	煤层气用户市场条件	

由表 6-1 可以看出,资源丰度可以代表着煤炭储量、煤层气含气量、资源面积等条件,与华北和西南地区煤层气资源丰度相比,西北地区的资源丰度相对较低,因此以 1 和 $0.5 \times 10^8 \, m^3 / km^2$ 为赋值界线,风氧化带深度则直接影响到地区的煤层气储量以及开采的初始埋深,本次选区评价指标以 150 m 和 300 m 作为赋值界线;储层条件考虑到西北地区特有的情况,即次生生物气作为低煤阶煤层气源重要的补给通道,一直是低煤阶煤层气富集的重要控制因素,高渗富集区不仅有足够高的含气量,也要有较好的渗透性,低煤阶煤层气渗透性较高,因此以 1.5 mD 和 0.5 mD 作为赋值界线,同时西北地区逆冲推覆构造和走滑断层较为发育,因此煤层的倾角较大,稳定性较差,所以这三个条件应作为煤层气评价选区的必要条件;对于保存条件而言,煤层埋深具有普遍意义,埋深适中既能够保证较好的煤储层,同时也能够拥有适中的煤层气含气量,同时考虑到现有煤层气的开采条件,因此埋深以 1 000 m 和 1 500 m 作为其赋值界线,而在有大气降水补给的地区,水文地质条件则控制着煤层气富集区的分区分带。除了以上的煤层气选区地质条件外,还应当考虑到地形交通、井网建设以及用户市场等其他因素。

针对西北低煤阶煤层气选区评价指标而言,煤层气的成因类型和煤层的稳定性类型作为该地区的特有条件需要引起足够的重视,而这个地方的煤层气资源丰度、风氧化带深度、水文地质条件、渗透率、煤层埋深以及其他因素等一般条件,与其他重点区域一样,具有普遍影响。

6.1.2 云贵川地区构造复杂区煤层气选区评价指标

云贵川地区位于我国西南地区,龙门山断裂和金沙江-红河断裂带以东,包括我国的云南、贵州、四川和重庆等地区,煤层气含气盆地群主要包括川渝含气盆地群、黔北含气盆地群、滇东黔西含气盆地群以及渡口楚雄含气盆地群等,是我国南方煤层气勘探开发的重点地区。该区含煤地层为晚二叠世龙潭组(宣威组)和长兴组,具有丰富的煤炭和煤层气资源,煤层气矿业权设置较少(主要在恩洪、老厂、盘县等地),勘探开发程度总体较低,由于含煤岩系煤层层数多且大多为薄煤层、构造煤较为发育、渗透性变化大以及开发工艺等方面的原因,近些年国内外多家企业和科研院所对该工作区进行了勘探开发和研究工作,取得了小范围内高产气量的单井(如川南和六盘水等地),但截至目前该地区有关煤层气的勘探开发还没有取得大面积突破。

云贵川地区含煤岩系构造复杂且含气量较高,煤矿瓦斯突出事故时常发生,瓦斯治理难度大,同时有些地区环境破坏严重,因此加强该工作区煤层气资源潜力调查评价,可以有效地遏制煤矿瓦斯事故的发生和实现传统能源向洁净能源的过渡,同时该工作区以下三个方面工作也亟需展开:

（1）构造复杂区煤层气选区评价指标体系有待于进一步研究

煤层气的成功开发与前期的选区密不可分，该区域虽已进行了煤层气选区评价研究，但是与该地区的实际地质条件和后期开发条件的联系不是十分紧密，该区域的煤层气选区绝不能单单考虑其资源条件。

（2）多（薄）煤层叠置下的煤层气赋存规律及资源量评价方法需进一步提高

煤层作为含煤地层的烃源岩，对于煤系气中的煤层气、页岩气和致密砂岩气等非常规天然气非常重要，尤其该地区晚二叠世含煤岩系具有多煤层叠置的特点，因此，需要通过沉积环境的分析对煤层的空间展布特征进一步研究，这样煤层气资源量的评价方法和评价结果才更加可靠。

（3）煤层气开发工艺有待于进一步提高

基于对多煤层-构造煤发育规律及分布特征对煤层气勘探开发影响的研究，有针对性地提出该区域煤层气开发和排采建议，以及多煤层联合排采和多气共采技术。

因此，云贵川地区煤层气选区评价关系到勘探的成功与否，是煤层气勘探研究最为基础的工作。本研究针对云贵川中高煤阶构造复杂区煤层气成藏地质条件和主控因素，从资源因素、煤储层因素、保存因素并结合其他影响因素对地区进行了综合研究，并建立了该区域煤层气选区评价标准，具体选区评价参数及取值见表 6-2。

表 6-2　云贵川构造复杂区煤层气选区评价指标

参数名称		参数含义	评价标准	赋值
资源因素	资源丰度	单位面积的煤层气资源量/(10^8 m³/km²)	≥2	10～7
			1～2	7～3
			≤1	3～0
	煤层厚度	煤层总厚度/m	≥20	10～7
			10～20	7～3
			≤10	3～0
储层因素	原始渗透率	渗透率大小；煤层裂隙；煤层透气性	≥0.5 mD	10～7
			0.5～0.1 mD	7～3
			≤0.1 mD	3～0
	煤体结构	后期构造运动对煤体产生的塑、韧性变化	原生结构煤	10～7
			碎裂、碎粒煤	7～3
			糜棱煤	3～0

表 6-2(续)

参数名称		参数含义	评价标准	赋值
保存因素	构造复杂程度	断层及褶皱的发育程度和规模大小	断层和褶皱稀少	10～7
			断层和褶皱稀少-较多	7～3
			断层和褶皱比较发育	3～0
	水文地质条件	水动力强弱和排水量大小	水动力弱径流,排水量较小	10～7
			中低矿化度,水动力弱径流-径流,排水量较大	7～3
			高矿化度,水动力径流,排水量大	3～0
	煤层埋深	埋深太浅甲烷逸散严重,太深则渗透率低	≤1 000 m	7～3
			1 000～1 500 m	10～7
			≥1 500 m	3～0
其他因素	地形交通条件	井网建设条件	煤层气用户市场条件	

由表 6-2 可以看出,资源丰度可以代表着煤炭储量、煤层气含气量、资源面积等条件,与西北地区煤层气资源丰度相比,云贵川地区的资源丰度相对较高,因此以 2×10^8 m³/km² 和 1×10^8 m³/km² 为赋值界线,煤层厚度同时比西北地区薄了许多,本次选区评价指标以 20 m 和 10 m 作为赋值界线。

储层条件考虑到的是云贵川地区特有的情况,该地区含煤区煤层煤体破坏程度由较严重至严重,川南重庆地区北部天府、中梁山矿区煤体破坏严重,主要是碎粒煤和糜棱煤,有少量碎裂煤,南部南桐、松藻矿区煤体破坏较严重,各种煤体结构类型均有,具体所占比例与观察点所处构造部位有关。因此,在这种环境下,煤层气的选区评价更应该考虑到煤体结构以及煤储层的渗透率,其中渗透率以 0.5 mD 和 0.1 mD 作为赋值界线。

对于保存条件而言,煤层埋深具有普遍意义,埋深适中既能够保证较好的煤储层,同时也能够拥有适中的煤层气含气量,同时考虑到现有煤层气的开采条件,因此埋深以 1 000 m 和 1 500 m 作为其赋值界线,而在有大气降水补给的地区,水文地质条件则控制着煤层气富集区的分区分带,构造复杂程度在该区域对于煤层气的保存条件也具有重要的影响作用。除了以上的煤层气选区地质条件,还应当考虑到地形交通、井网建设以及用户市场等其他因素。

针对云贵川煤层气选区评价指标而言,煤储层的渗透率、煤体结构以及构造复杂程度等因素作为该地区的特有条件需要引起足够的重视,而这个地方的煤层气资源丰度、煤层厚度、水文地质条件、煤层埋深以及其他因素等一般条件,与其他重点区域一样,是具有普遍影响的。

6.1.3　东北煤炭枯竭区煤层气选区评价指标

东北煤炭枯竭区是指大兴安岭以东地区,具体包括黑龙江、吉林和辽宁三省,含煤地层以上侏罗统、下白垩统和古近系为主,煤阶以中低煤阶为主。该地区煤炭开采历史悠久,现供需关系日益紧张,大部分煤矿区已处于中老年发展阶段,因此,亟需对这些煤矿区所在的城市进行资源和产业转型,而大力开发煤层气资源不失为一个良好的策略。

煤层气资源主要赋存在三江地区鸡西、勃利、双鸭山、绥滨、鹤岗和依兰等 6个盆地,总面积约 1.9 万 km^2,预测煤层气资源总量大于 5 000 亿 m^3。1999—2001 年,三江地区煤层气资源量为 1 870 亿 m^3,煤层气评价总面积 4 350 km^2,参与评价的煤炭资源量 206 亿 t。同时,由于近些年来东北老工业区煤炭开采情况较为严重,煤层气的勘探开发工作还存在以下问题:

(1) 煤矿区内煤炭和煤层气资源难以协调开发

在我国,煤炭和煤层气资源作为两种独立的矿种,有着相对独立的探矿权和采矿权,因此,两者的和谐开采一直难以实现,具体表现在两种矿权不是属于同一个单位。另外,两者的开采进度往往表现的不一致。据了解,在黑龙江省鹤岗地区煤炭开采权隶属于龙煤集团,而煤层气勘探权却属于大庆油田。

(2) 区域内采空区位置及煤炭(煤层气)剩余资源量需进一步摸清

东北煤炭枯竭区是名副其实的,要对该地区进行煤层气开发,首先就要弄清楚煤层气剩余资源量及采空区分布情况,这样才能有针对性地对未采区和采空区进行不同的煤层气开发部署。

(3) 煤层气基础参数匮乏以及测试方法有待于改进

除了在煤层气勘探开发已见成效的辽宁铁法矿区、抚顺矿区等地区拥有比较翔实的煤层气基础参数外,其他煤矿区的煤层气数据(如含气量、含气饱和度、渗透率等基本参数)较少。此外,该区域内以中低煤阶煤层气为主,游离气占较大的比重,依靠传统的绳索取心煤层气含气量测试方法准确率甚低,测试方法有待于进一步改进。

(4) 井下瓦斯抽采和利用关键技术还需突破

传统的井下瓦斯抽采一般有本煤层抽采、邻近煤层抽采和采空区抽采等,而针对东北煤炭枯竭区的井下瓦斯抽采还未见系统研究,需借鉴淮南矿业集团煤矿瓦斯治理国家工程研究中心相关技术,有针对性地进行煤与瓦斯共采;煤矿区内每年有大量低浓度瓦斯(6%～25%)和超低浓度瓦斯(<6%)排向了大气,因此,急需对低浓度瓦斯的提纯和利用技术进行研究。

(5) 煤层气成藏模式和选区评价还需进一步加强

煤层气选区研究是建立在对其成因类型和成藏模式认识的基础上的,通过对辽宁铁法矿区和抚顺矿区煤层气地质模型的研究,可知影响该区域煤层气富集条件不仅包括盆地基底岩浆岩的活动,水动力条件对次生生物气的影响也不容忽视。

总结以上所存在的问题,煤层气的选区评价指标在该区域还应该进一步加强研究,因此针对东北煤炭枯竭区煤层气成藏地质条件和主控因素,从资源条件、煤储层条件、保存条件和其他影响因素等方面分别进行了综合研究,从区域上建立了东北地区煤层气选区评价标准,具体选区评价参数及取值见表6-3。

表 6-3   东北煤炭枯竭区煤层气选区评价指标

参数名称		参数含义	评价标准	赋值
资源条件	资源丰度	单位面积的煤层气资源量/(10^8 m³/km²)	≥1	10~7
			1~0.5	7~3
			≤0.5	3~0
	煤层厚度	煤层总厚度/m	≥15	10~7
			5~15	7~3
			≤5	3~0
储层因素	成因类型	是否有次生生物气补给和油型气混入	有	10
			无	5
	原始渗透率	渗透率大小;煤层裂隙;煤层透气性	≥1.5 mD	10~7
			1.5~0.5 mD	7~3
			≤0.5 mD	3~0
	后期改造	是否有岩床和岩墙对含煤地层的侵入	有	10
			无	5
保存因素	水文地质条件	水动力强弱和排水量大小	水动力弱径流,排水量较小	10~7
			中低矿化度,水动力弱径流-径流,排水量较大	7~3
			高矿化度,水动力径流,排水量大	3~0
	煤层埋深	埋深太浅甲烷逸散严重,太深则渗透率低	≤1 000 m	7~3
			1 000~1 500 m	10
			≥1 500 m	3~0
其他因素	地形交通条件	井网建设条件	煤层气用户市场条件	

由表 6-3 可以看出,资源丰度可以代表着煤炭储量、煤层气含气量、资源面积等条件,与云贵川地区煤层气资源丰度相比,东北老工业区的资源丰度相对较低,因此以 1×10^8 m³/km² 和 0.5×10^8 m³/km² 为赋值界线,煤层厚度同时比西北地区薄了许多,本次选区评价指标以 15 m 和 5 m 作为赋值界线。

储层条件考虑到东北煤炭枯竭区特有的情况,次生生物气作为低煤阶煤层气源重要的补给通道,一直是低煤阶煤层气富集的重要控制因素,高渗富集区不仅要有足够高的含气量,也要有较好的渗透性,该地区煤层气渗透性与西北地区相比普遍较差,因此以 1.5 mD 和 0.5 mD 作为赋值界线,同时东北地区含煤地层基底岩浆岩较为发育,因此很多地区侵入了含煤地层,以岩墙和岩床两种形式进行侵入,不仅可以提高煤层气的含气量,而且可以很好地改善煤储层特征,这个因素也要作为该区煤层气选区评价的重要指标之一。

针对东北煤炭枯竭区煤层气选区评价指标而言,煤层气的成因类型和岩浆岩的储层改造等因素作为该地区的特有条件需要引起足够的重视,而这个地区的煤层气资源丰度、煤层厚度、水文地质条件、渗透性、煤层埋深以及其他因素等一般条件,与其他重点区域一样,是具有普遍影响的。

6.2　中国煤层气战略选区评价指标体系

根据上述对我国西北低煤阶、云贵川中高煤阶构造复杂区和东北煤炭枯竭区煤层气选区评价指标体系的分述,分别从评价参数的确定、评价参数级别与赋值对三个典型地区的煤层气选区指标体系进行了总结,提出了中国煤层气战略选区评价指标体系,具体分述如下。

6.2.1　评价参数的确定

对于煤层气的选区评价指标,资源丰度、煤层厚度、含气量、渗透率、埋藏深度、水动力条件和地形地貌等条件作为普遍影响因素是被认可的。含煤岩系沉积环境不仅控制着煤层的聚集条件和分布特征,而且决定着成煤后围岩岩相组成,因而也就影响到煤层气形成的物质基础及其聚集和保存条件,因此将各典型区成煤环境也作为普遍影响因素之一。

根据三个重点区煤层气赋存主控因素和成藏特征,认为影响西北低煤阶煤层气成藏富集的关键因素是次生生物气和煤储层的稳定性,东北中低煤阶老工业区关键要素不仅包括次生生物气,同时燕山期岩浆活动对煤储层的改造同样具有关键作用,西南地区多为中高阶煤储层,生气量大,吸附性强,所以寻求其高渗富集区是关键,更应该注重煤储层稳定性以及煤体结构的破坏程度。需要指出的是,普遍因素和关键因素是基于区域煤层气成藏富集特点而提出的,而关键因素作为普遍因素的补充,可能在某些评价接替区并不完全适用,因此两者在评价参数的赋值上并无区别,只是在指标权重处理方面有所体现。

6.2.2　评价参数级别的划分与赋值

针对上述三个重点区煤层气地质条件和主控因素,从资源条件、储层条件、保存条件和开发基础条件等方面出发,总结了影响各个地区煤层气成藏赋存的普遍因素和关键因素。结合文献调研,对其进行综合研究,建立了中国煤层气战略选区评价指标体系(表6-4)。

表 6-4　中国煤层气战略选区评价指标体系

参数名称		地区	参数含义	有利	较有利	不利
普遍因素	资源丰度/(10^8 m³/km²)	A、B	煤层气资源丰度	≥1	1～0.5	≤0.5
		C		≥2	2～1	≤1
	煤层厚度/m	A、B	煤层单层厚度	≥15	15～5	≤5
		C		≥3	3～1.5	≤1.5
	含气量/(m³/t)	A、B	原地吨煤含气量	≥4	4～2	≤2
		C		≥8	8～5	≤5
	原始渗透率/mD	A、B	表征煤层孔-裂隙、煤储层渗透性	≥1.5	1.5～0.5	≤0.5
		C		≥0.5	0.5～0.1	≤0.1
	埋藏深度/m	A、B、C	埋深太浅甲烷逸散严重,太深则渗透性和吸附性差	≤1 000	1 000～1 500	≥1 500
	水文地质条件/(mg/L)	A、B	水动力强弱和矿化度高低;高矿化度>10 000,低矿化度<2 000	低矿化度、弱径流	中低矿化度、弱径流-径流	高矿化度、水动力径流
		C		高矿化度、弱径流-滞留、简单易降压	中高矿化度、弱径流-径流、排水量较大	低矿化度、水动力径流、排水量大
	煤系沉积环境	A、B、C	含煤建造沉积体系,煤层围岩岩性及组合类型	障壁海岸体系、滨海三角洲、湖泊体系	无障壁海岸体系、河流沉积体系	浅海、冲积扇体系
	地形地貌	A、B、C	表征煤层气开发的基础条件	平原、黄土源	丘陵、戈壁	山地、沙漠

表 6-4(续)

参数名称	地区	参数含义	有利	较有利	不利
成因类型	A、B	是否有次生生物气补给和油型气混入	有	暂未发现	无
煤层稳定性	A、C	煤层可采指数 K_m，煤厚变异系数 ζ	$\zeta \leqslant 30\%$，$K_m \geqslant 0.9$ 稳定-较稳定煤层	$30\% < \zeta < 70\%$，$0.7 < K_m < 0.9$ 较稳定-不稳定煤层	$\zeta \geqslant 70\%$，$K_m \leqslant 0.7$ 不稳定-极不稳定煤层
岩浆热变质	B	是否有岩床和岩墙对含煤地层的侵入和改造	有	暂未发现	无
煤体结构破坏程度	C	表征地应力、渗透性和构造复杂程度等参数	构造简单，煤体结构保持完整或轻度破坏	少量断层，煤体结构中等破坏	断层发育，煤体结构严重破坏

注：A—西北低煤阶区；B—东北老工业区；C—西南构造复杂区。

（1）评价指标级别的划分

西北地区煤层气地质特征包括含煤面积大、厚煤层、低含气量、高渗透率和煤层稳定性较差等，东北地区以剩余煤层气资源量少、中厚煤层、中低含气量和中高渗透率为特征，同时西南地区则以高丰度、多煤层、薄煤厚、低渗透性和煤体结构破坏程度高为特征，因此西北（东北）和西南地区资源丰度分别以 0.5×10^8 m³/km²、1×10^8 m³/km² 和 1×10^8 m³/km²、2×10^8 m³/km² 作为不利、较有利和有利区的界线；煤层厚度分别以 15 m、5 m 和 3 m、1.5 m 作为有利、较有利和不利区的界线；含气量分别以 4 m³/t、2 m³/t 和 8 m³/t、5 m³/t 作为不利、较有利和有利区的界线；原始渗透率分别以 1.5 mD、0.5 mD 和 0.5 mD、0.1 mD 作为有利、较有利和不利区的界线（表 6-4）。

煤层稳定性以煤层可采系数 K_m 和煤厚变异系数 ζ 来综合定量表征，三个重点区分别以 $\zeta \leqslant 30\%$、$K_m \geqslant 0.9$ 为有利区，以 $30\% < \zeta < 70\%$、$0.7 < K_m < 0.9$ 为较有利区，以 $\zeta \geqslant 70\%$、$K_m \leqslant 0.7$ 为不利区。需要说明的是，薄煤层以煤层可采系数为主要指标，煤厚变异系数为辅助指标，中厚煤层以煤层厚度变异系数为主要指标，煤层可采系数为辅助指标。

煤层埋深作为影响煤层气保存和开发的基本条件，现阶段一般以小于 1 000 m 作为有利区域；中低煤阶煤层气的富集区一般位于水文地质条件在低矿化度（<2 000 mg/L）和弱径流的区域，中高煤阶煤层气的富集区则位于高矿化度（>10 000 mg/L）和弱径流-滞留的区域；煤体结构的破坏程度作为影响煤储层渗透性和后期开采的重要因素，构造简单、煤体结构保持完整或轻度破坏作为有利区的首选。

含煤岩系沉积环境通过聚煤特征、含煤岩系的岩性、岩相组成及其空间组合在一定程度上控制着煤层气的保存条件，对于障壁海岸体系、滨海三角洲和湖泊体系的煤层气封盖能力较强，而无障壁海岸体系和河流沉积体系的煤层气封盖能力一般，冲积扇沉积体系的封盖能力最差。

对于表征煤层气开发基础条件的地形地貌而言，从地面投资成本以及勘探开发难易程度出发，将平原和黄土塬地区作为有利地区，丘陵和戈壁作为较有利区，山地和沙漠作为不利区；对于是否有次生生物气补给、油型气混入和岩浆岩对煤储层的改造，以"有"为有利、"暂未发现"为较有利、"无"为不利来区分。

（2）评价指标处理方法和赋值

本次研究将定量化指标分为了两类：一类是正相关指标，即指标值越大，对评价目标层的贡献越大，包括资源丰度、煤层厚度、含气量和原始渗透率等；另一类是中性指标，即中间指标值对于评价目标层的贡献最大，如埋藏深度。分别对这两类指标进行了归一化处理。

① 正相关指标处理函数

$$u_{ij} = \frac{x_{ij}}{\max\limits_{i}\{x_{ij}\}} \tag{6-1}$$

式中，u_{ij} 为标准化后的值；x_{ij} 为原指标值，$i=1,2,\cdots,n$，$j=1,2,\cdots,m$（下同）。

② 中性指标处理函数

$$u_{ij} = \begin{cases} \dfrac{\max\limits_{i}\{x_{ij}\} - x_{ij}}{\max\limits_{i}\{x_{ij}\} - v_j} & x_{ij} > v_j \\[3mm] \dfrac{x_{ij} - \min\limits_{i}\{x_{ij}\}}{v_j - \min\limits_{i}\{x_{ij}\}} & x_{ij} < v_j \\[3mm] 1 & x_{ij} = v_j \end{cases} \tag{6-2}$$

式中，v_j 为中性指标的理想值，本次埋藏深度的理想值取 500~800 m。

而对于难以定量的指标，如水文地质条件、煤系沉积环境、地形地貌等，进行定性评判赋值，即对"有利"参数赋值 0.7~1 分，"较有利"赋值 0.3~0.7 分，"不利"赋值 0~0.3 分，同时对于少数暂无数据的参数赋值 0.3~0.4 分。

6.3 柴北缘煤储层评价的要求和方法

6.3.1 煤储层评价的基本要求

煤储层和常规天然气储层相比有许多不同的特征,现在一般将煤储层评价系统定义为不仅包括煤层气含气量和煤储层压力等参数的煤层气储集性能,而且还包括渗透率、孔隙度和孔-裂隙结构等参数的煤层气产出能力,同时还包括影响以上煤层气储集和产出的煤地质学参数(包括煤岩煤质和煤的变形变质特征等)的综合评价系统(汤达祯 等,2010)。

基于煤储层综合评价系统对储层的优劣进行评价,在对煤层气有利区进行优选时,要尽可能多地选出能够反映煤层气储层特征的评价因素,然后基于各种评价方法进行综合分析和研究,才能最终得出反映客观事实的结论,从而有的放矢地进一步指导煤层气的勘探开发工作。然而,客观情况却是随着煤层气勘探开发程度的深入,反映煤储层的各类参数的获取才能够更加全面和真实。对于柴达木盆地北缘而言,煤层气的勘探处于起步阶段,由于受现场技术和工程手段的影响,很多参数的获取目前还主要依靠实验室的测试结果。对于所建立的综合评价模型,随着研究和勘探开发程度的进行,需要不断地修正和完善。

6.3.2 多层次模糊评判模型及评价

层次分析法(Analytic Hierarchy Process,简称 AHP),是当前应用最广泛的多属性评价方法之一,具有系统性、综合性与简便性的特点,由美国运筹学家萨蒂于 20 世纪 70 年代初期提出,其特点在于评价者可以将复杂问题分解为若干层次和若干要素,并在同一层次要素之间进行计算、比较和判断,可以得出不同方案的重要性程度,从而为选择最优方案提供决策依据。该评价方法于 20 世纪 80 年代初期引入我国并进行了全面推广,在能源发展及其对策、战略规划、经济分析和预测、装备系统评价、人才规划和评价、产业结构的调整等方面得到了广泛的应用。

该方法基本思想为:首先,根据需解决问题将系统分解为若干组成要素,将这些要素按支配关系分组,建立模拟系统功能或特征的递阶层次结构模型;其次,按一定的比例标度,对同一层次各要素关于上一层次中某一准则的重要性进行两两比较,构造两两比较判断矩阵,由判断矩阵计算被比较要素对于其准则的相对权重;最后,计算各层次元素对于目标系统的综合权重并得出排序结果。层次分析法关键在于通过两两比较来构造判断矩阵,其中可用多种方法求出排序权值,如几何平均法、特征向量法和最小二乘法等。在对比例标度进行赋值时,有 1-9 标度、9/9-9/1 标度、10/10-18/2 标度和 0-4 标度等,最后采用特征向量法对判断矩阵求得排序权值。

6.4 柴北缘煤储层综合评价模型的建立

煤储层的综合评价及定量预测是一项复杂的系统工程,它不仅涉及煤层气的吸附、解吸、扩散和渗流整个过程,而且各个评价参数之间又存在着互相叠置交错的关系。研究区柴北缘煤层气处于刚刚起步阶段,通过资料调研和实验测试数据分析,获得了控制侏罗系煤储层优劣的各项评价指标,然后根据多层次模糊数学的理念,根据获取的各评价因素建立了该地区煤储层综合评价指标体系(表 6-5)。其中,储层物性参数包括渗透率、孔隙度、微裂隙连通性和微裂隙密度,煤地质特征参数包括煤体结构、显微煤岩组分、煤级和显微煤岩类型,资源及保存因素包括埋藏深度、水文地质条件、吸附性能和煤层厚度。

表 6-5　柴北缘煤储层综合评价模型

评价指标	评价体系 A		
	储层物性 B_1	煤地质特征 B_2	资源及保存因素 B_3
评价参数	渗透率 C_{11}	煤体结构 C_{21}	埋藏深度 C_{31}
	孔隙度 C_{12}	显微煤岩组分 C_{22}	水文地质条件 C_{32}
	微裂隙连通性 C_{13}	煤级 C_{23}	吸附性能 C_{33}
	微裂隙密度 C_{14}	显微煤岩类型 C_{24}	煤层厚度 C_{34}

在进行煤层气选区评价时,往往存在着评价参数交叉重叠的情况,如渗透率、孔隙度和微裂隙等指标相互交叉,水文地质条件又会影响到吸附性能和成因类型等参数,因此需对各评价指标的权重进行量化处理,本书采用层次分析法对各指标进行定量排序。

根据多层次模糊数学的原理和算法(唐书恒 等,2000;韩俊 等,2008),首先建立了评价问题的递阶层次结构。考虑到煤层气在生成、运移、富集等成藏过程中的诸多影响因素以及各因素间的相互关系,总结归类并划分出储层物性条件、煤地质特征条件和资源及保存条件 3 个二级评价指标。每个评价指标对于煤层气开发的影响又由多个次级的参数决定,将 12 个四级参数依据各自特征将其归入以上 3 个二级评价指标内。

其次,在遵循客观性和评价主体的特殊性两大原则的基础上,邀请有关专家对指标进行两两比较打分,建立同指标参数间的判别矩阵。然后,利用

MATLAB 软件计算判别矩阵的最大特征根 λ_{max} 及其对应的特征向量,得到各指标的权重(表 6-6)。为保证计算结果的可信度和相对准确性,避免一些不合理的判别矩阵可能引起的失误,故对判别矩阵进行一致性检验。本次采用随机一致性比率 CR 来判别矩阵的一致性,其为一致性指标 CI 与同阶平均随机一致性指标 RI 的比值。$CI = \dfrac{(\lambda_{max} - n)}{n-1}$,$CR = \dfrac{CI}{RI}$,$n$ 为矩阵的阶数,RI 的值为 0.52(3 阶矩阵)和 0.89(4 阶矩阵)。如果 CR<10%,则认为判别矩阵具有可接受的不一致性;如果 CR>10%,则需要重新赋值和修正计算,直至一致性通过为止。

表 6-6　各指标层相对于目标层的重要性系数

评价指标及矩阵						特征向量	最大特征根 λ_{max}	随机一致性比率 CR/%
A-B	A	B_1	B_2	B_3		$\boldsymbol{W}_B$	2.994 9	0.49
	B_1	1.00	1.80	1.50		0.450 8		
	B_2	0.55	1.00	0.85		0.251 2		
	B_3	0.65	1.2	1.00		0.298 0		
B_1-C_1	B_1	C_{11}	C_{12}	C_{13}	C_{14}	$\boldsymbol{W}_B$	3.973 6	0.98
	C_{11}	1.00	1.60	2.00	1.50	0.360 4		
	C_{12}	0.625	1.00	1.25	0.90	0.223 0		
	C_{13}	0.50	0.80	1.00	0.75	0.180 2		
	C_{14}	0.65	1.05	1.30	1.00	0.236 3		
B_2-C_2	B_2	C_{21}	C_{22}	C_{23}	C_{24}	$\boldsymbol{W}_B$	3.970 4	1.0
	C_{21}	1.00	1.50	1.20	1.80	0.329 7		
	C_{22}	0.66	1.00	0.80	1.20	0.219 3		
	C_{23}	0.83	1.15	1.00	1.50	0.269 0		
	C_{24}	0.55	0.83	0.66	1.00	0.182 1		
B_3-C_3	B_3	C_{31}	C_{32}	C_{33}	C_{34}	$\boldsymbol{W}_B$	3.998 3	0.06
	C_{31}	1.00	1.43	0.71	1.21	0.254 4		
	C_{32}	0.70	1.00	0.50	0.85	0.178 5		
	C_{33}	1.40	2.00	1.00	1.70	0.357 0		
	C_{33}	0.82	1.18	0.59	1.00	0.210 1		

6.5 评价指标的隶属度

（1）渗透率

煤储层的渗透率是决定煤层气产出和运移的重要参数之一,它是煤储层物性评价中所占权重最大的指标。煤层气勘探开发中,对于煤储层渗透率的获取一般有现场试井和实验室测定两种方式,由于没有现场试井的渗透率数据,本次研究所采用的数据均为实验室所测岩心渗透率数据。

结合目前国内煤层气勘探开发实践(Lin et al.,2000；Tang et al.,2004)及研究区内渗透率实际数据,本次评价中将煤储层渗透率(u,$\times 10^{-3}$ μm^2)的评价隶属度划分为：

$$C_{11} = \begin{cases} 1 & u > 50 \\ 0.01u + 0.5 & 10 < u \leqslant 50 \\ 0.044\,44u + 0.155\,6 & 1 < u \leqslant 10 \\ 0.222u - 0.022\,2 & 0.1 \leqslant u \leqslant 1 \\ 0 & u < 0.1 \end{cases} \tag{6-3}$$

（2）孔隙度

相对于常规油气储层而言,煤储层的孔隙对渗透率的贡献较小。而实际上煤储层的孔隙是煤层气渗流的必经通道,仍是影响煤层气渗流能力的重要参数(Palmer et al.,1998)。表 6-7 中是对研究区内各采样点的煤孔隙度统计数据,孔隙度数值介于 2.03%～12.14% 之间,根据柴北缘煤的孔隙大小及分布特点,对该地区孔隙(φ,%)评价的下限定为 2%,C_{12} 的隶属度定义为下式：

$$C_{12} = \begin{cases} 0.2 & \varphi < 2 \\ 0.1\varphi & 2 \leqslant \varphi < 10 \\ 1 & \varphi \geqslant 10 \end{cases} \tag{6-4}$$

表 6-7　柴北缘各采样点煤的孔隙度统计

煤样	孔隙度/%	煤样	孔隙度/%	煤样	孔隙度/%	煤样	孔隙度/%
高泉	3.71	五彩矿业	4.68	绿草沟上分层	3.42	大煤沟	8.07
鱼卡	12.14	YQ-1井	7.3	绿草沟下分层	9.49	旺尕秀	2.03

（3）微裂隙的连通性

微裂隙对渗透性能的贡献不仅包括微裂隙的密度,而且还包括微裂隙的连通性能,两者缺一不可,因此,应该将微裂隙的形态及其连通性作为一项评价参数单独列出进行研究,微裂隙的评价隶属度见表 6-8。

表 6-8　煤储层评价中微裂隙连通性能隶属度

裂隙类型	A、B 或 C 型较多			B 或 C 型较多			C 或 D 型为主			D 型为主		
裂隙形态	网状	孤立-网状	孤立状	网状	孤立-网状	孤立状	网状	孤立-网状	孤立状	网状	孤立-网状	孤立状
矿物充填率/%	<10	10~60		<20	20~70		<30	30~80	<40	40~90		>90
C_{13}	1	0.8	0.6	0.8	0.6	0.4	0.6	0.4	0.2	0.3	0.1	0

（4）微裂隙密度

按照微裂隙宽度、长度和连通性特征,对微裂隙类型进行了划分,包括 A、B、C 和 D 型。由于受挤压应力的控制,研究区内构造裂隙较为发育,同时据第 4 章的研究结果,C 和 D 型裂隙较为发育的地方一般构造煤也较为发育。为了尽量减小因为构造导致微裂隙密度增加最终影响到对渗透率贡献的可能性,综合分析后将微裂隙 A＋B 型总和所占比例（M,%）的评价隶属度定义为下式:

$$C_{14}=\begin{cases}0 & M<2 \\ 0.02M & 2\leqslant M<50 \\ 1 & M\geqslant 50\end{cases} \tag{6-5}$$

（5）煤体结构

煤体结构是经过地质构造运动的煤层所形成的构造特征,适度的构造运动所产生的裂隙可以有效提高煤的渗流能力,但是过度的构造应力会将煤层破碎为非常小的颗粒,此时煤中的裂隙会遭到破坏甚至充填,煤层的渗流能力将明显变差。通过综合分析,认为煤体结构 C_{21} 的评价隶属度如表 6-9 所列。

表 6-9　煤体结构隶属度评价模型

煤体结构	原生结构煤为主	碎裂和碎粒煤为主		糜棱煤为主
原生结构煤所占比例/%	≥0.9	≥0.75	≥0.5	≥0.3	—
C_{21}	0.8~1	0.6~0.8	0.4~0.6	0.2~0.4	0.1~0.2

（6）显微煤岩组分

煤中显微煤岩组分中镜质组含量的体积分数占比越高,不仅能够提高煤的生气能力基础,而且有助于渗透率的增大。将煤中镜质组含量体积分数(V,%)作为显微组分评价的主要指标,将显微煤岩组分 C_{22} 的评价隶属度函数定义为下式:

$$C_{22} = \begin{cases} 1 & V > 90 \\ 0.015V - 0.35 & 30 \leqslant V \leqslant 90 \\ 0.1 & V < 30 \end{cases} \tag{6-6}$$

（7）煤级

随着煤级的增大,煤中基质孔隙度呈先降、后升的 U 形的变化关系,而煤的割理发育却呈现倒 U 形的变化(Laubach et al.,1998),综合前人研究成果,认为煤级 C_{23}(R_o,%)的评价隶属度函数为(秦勇,1994):

$$C_{23} = \begin{cases} R_o - 0.3 & 0.35 \leqslant R_o < 1.3 \\ 1.325 - 0.25R_o & 1.3 \leqslant R_o < 5 \\ 0.1 & R_o \geqslant 5 \end{cases} \tag{6-7}$$

（8）显微煤岩类型

显微煤岩类型在区域上控制着煤中微裂隙的发育程度。煤中微镜煤含量越高,其相应煤样的微裂隙相对越发育,这种正相关关系在微镜煤与微镜惰煤总和中体现得更加明显。因此,以显微煤岩类型 C_{24} 微镜煤与微镜惰煤总和的百分数(v,%)为主要评价指标,认为煤的显微煤岩类型 C_{24} 的评价隶属度函数为:

$$C_{24} = \begin{cases} 1 & v > 90 \\ 0.015v - 0.35 & 30 \leqslant v \leqslant 90 \\ 0.1 & v < 30 \end{cases} \tag{6-8}$$

（9）埋藏深度

煤的埋藏深度是影响煤层气开发的重要因素之一,煤层埋深过浅或者过深都不适宜煤层气的开发。过浅煤层甲烷含气量较低,甚至处于风氧化带,而过深则开发成本过高,加大开发的难度。综合考虑上述因素,确定煤储层埋深(H,m)评价的隶属度函数为:

$$C_{31} = \begin{cases} 0 & H < 200 \\ \dfrac{H - 200}{800} & 200 \leqslant H < 1\,000 \\ \dfrac{1\,300 - 0.8H}{500} & 1\,000 \leqslant H < 1\,500 \\ 0.2 & H \geqslant 1\,500 \end{cases} \tag{6-9}$$

（10）水文地质条件

水文地质条件是煤层气聚集和扩散的重要影响因素(孙平 等,2009;王勃等,2011),中低煤阶煤层气的富集区一般位于水文地质条件在低矿化度(<2 000 mg/L)和弱径流的区域,中高煤阶煤层气的富集区则位于高矿化度(>10 000 mg/L)和弱径流-滞留的区域。综上所述,水文地质条件 C_{32} 隶属度评价模型为:处于弱径流且低矿化度地区,C_{32} 取值 0.7～1;处于弱径流-径流且中低矿化度地区,C_{32} 取值 0.4～0.7;处于水动力径流且高矿化度地区,C_{32} 取值 0.4以下。

(11) 吸附性能

煤层气赋存状态主要以吸附态为主,为了表征煤储层的吸附性能,用实验室获取煤样的兰氏体积(V_L)来评价煤储层的含气量,这里以煤样的干燥基兰氏体积 15 m³/t 和 40 m³/t 分别作为其吸附性能(C_{33})的下限和上限,综合确定吸附性能的隶属函数为:

$$C_{33}=\begin{cases}1 & V_L>40\\0.032V_L-0.28 & 15\leqslant V_L\leqslant 40\\0.2 & V_L<15\end{cases} \qquad (6\text{-}10)$$

(12) 煤层厚度

煤层厚度是影响着煤层气资源量,同时也是评价煤层气勘探开发有利区的重要参数。煤层厚度越大,煤层气资源量也就越高,煤层气井稳定生气周期越长,对煤层气的开采越有利。结合柴北缘煤层厚度分布特征,认为煤厚 C_{34} 的评价隶属度函数为:

$$C_{34}=\begin{cases}1 & m>30\\0.032m+0.04 & 5\leqslant m\leqslant 30\\0.2 & m<5\end{cases} \qquad (6\text{-}11)$$

6.6　煤层气勘探开发有利区优选

基于柴北缘侏罗系煤层气综合评价模型,对柴北缘赛什腾煤田、鱼卡煤田、全吉煤田和德令哈煤田进行煤层气勘探开发有利区优选,其中:

(1) 赛什腾煤田孔隙度为 3.71%,微裂隙 A+B 型密度所占总微裂隙的比例为 10%,且微裂隙以孤立状-网状为主,煤体结构以原生结构和碎裂煤为主,显微煤岩组分镜质组含量较高,占总量的 77.86%,镜质组最大反射率平均为 0.68%,微镜煤和微镜惰煤总和占 72.58%,煤层埋深一般介于 100～2 000 m 之间,水文地质条件为弱径流-径流且中低矿化度地区,煤的兰氏体积为 33.56 m³/t,煤层厚度介于 2～43.6 m 之间。

(2) 鱼卡煤田平均渗透率为 10.93 mD,孔隙度平均值为 8.04%,微裂隙 A+B

型密度所占总裂隙的比例为 1.33%,且微裂隙以孤立状-网状为主,煤体结构以原生结构和碎裂煤为主,显微煤岩组分镜质组平均含量为 72.86%,镜质组最大反射率平均为 0.60%,微镜煤和微镜惰煤总和占 45.17%,煤层埋深一般介于 200～1 500 m 之间,水文地质条件为弱径流且中低矿化度地区,煤的兰氏体积为37.44 m³/t,煤层厚度介于 4～36.8 m 之间。

（3）全吉煤田平均孔隙度为 6.99%,微裂隙 A＋B 型密度所占总裂隙的比例为 14.29%,且微裂隙以孤立状-网状为主,煤体结构以碎裂和碎粒结构煤为主,显微煤岩组分镜质组平均含量为 69.65%,镜质组最大反射率平均为0.57%,微镜煤和微镜惰煤总和占 63.06%,煤层埋深一般介于 100～1 200 m 之间,水文地质条件为弱径流-径流且中低矿化度地区,煤的兰氏体积平均为 30.98 m³/t,煤层厚度介于 2.2～33.4 m 之间。

（4）德令哈煤田渗透率平均值为 4.78 mD,平均孔隙度为 2.03%,微裂隙 A＋B 型密度所占总裂隙的比例为 7.55%,且微裂隙以孤立状-网状为主,煤体结构以原生结构和碎裂结构煤为主,显微煤岩组分镜质组平均含量为 59.58%,镜质组最大反射率平均为 0.38%,微镜煤和微镜惰煤总和占 78.42%,煤层埋深一般介于200～1 000 m 之间,水文地质条件为弱径流且中低矿化度地区,煤的兰氏体积平均为 30.93 m³/t,煤层厚度介于 0.5～13 m 之间（表 6-10）。

表 6-10 柴北缘各评价区煤层气评价参数

序号	煤田名称	渗透率/mD	孔隙度/%	微裂隙密度/%	煤体结构	显微煤岩组分/%	煤级 R_o/%	显微煤岩类型/%	埋藏深度/m	吸附性能/m³/t	煤层厚度/m
1	赛什腾	—	3.71	10	0.7	77.86	0.68	72.58	100～2 000	33.56	2～43.6
2	鱼卡	10.93	8.04	1.33	0.55	72.86	0.60	45.17	200～1 500	37.44	4～36.8
3	全吉	—	6.99	14.29	0.5	69.65	0.57	63.06	100～1 200	30.98	2.2～33.4
4	德令哈	4.78	2.03	7.55	0.65	59.58	0.38	78.42	200～1 000	30.93	0.5～13

注:"—"表示暂无资料。

根据多层次模糊数学的算法和选优模型,从煤储层物性、煤地质特征、资源及保存条件等方面对柴北缘内 4 个煤田煤层气勘探开发进行了优选,结果如图 6-2 所示。

以第二层次"煤地质特征"及其包括的次一级指标为例,来说明多层次模糊数学的计算过程。其中,煤地质特征包括煤体结构、显微煤岩组分、煤级和

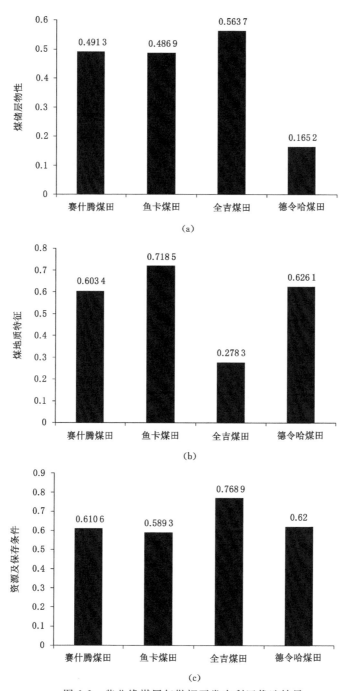

图 6-2　柴北缘煤层气勘探开发有利区优选结果

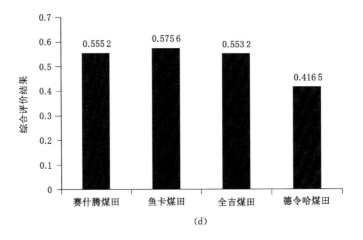

图 6-2(续)

显微煤岩类型等 4 个次一级指标,该指标矩阵的权重(即矩阵特征向量)$W_2 =$(0.329 7,0.219 3,0.269 0,0.182 1)(表 6-6),同时结合表 6-10 中各指标参数值及以上各参数的隶属度函数,得到了相应的判别矩阵:

$$B_2 = \begin{bmatrix} 0.7 & 0.817\ 9 & 0.38 & 0.738\ 7 \\ 0.55 & 0.742\ 9 & 0.3 & 0.327\ 55 \\ 0.5 & 0.694\ 8 & 0.27 & 0.595\ 9 \\ 0.65 & 0.543\ 7 & 0.08 & 0.826\ 3 \end{bmatrix} \qquad (6\text{-}12)$$

根据层次计算方法,得到了柴北缘 4 个煤田在"煤地质特征"这一层次的评价结果,具体如下所示:

$$M_2 = W_2 \times B_2 = (0.329\ 7, 0.219\ 3, 0.269\ 0, 0.182\ 1)$$

$$\begin{bmatrix} 0.7 & 0.817\ 9 & 0.38 & 0.738\ 7 \\ 0.55 & 0.742\ 9 & 0.3 & 0.327\ 55 \\ 0.5 & 0.694\ 8 & 0.27 & 0.595\ 9 \\ 0.65 & 0.543\ 7 & 0.08 & 0.826\ 3 \end{bmatrix}$$

$$= (0.604\ 3, 0.718\ 5, 0.278\ 3, 0.626\ 1) \qquad (6\text{-}13)$$

max(0.60 43,0.718 5,0.278 3,0.626 1)=0.718 5,对应于鱼卡煤田,因此对于"煤地质特征"这一影响因素而言,鱼卡煤田的优先级别最高[图 6-2(b)]。用同样的方法得到"煤储层物性"和"资源及保存因素"的评价排序结果,最终得到了柴北缘侏罗系 4 个煤田的综合评价排序结果[图 6-2(d)]。

结果显示,柴北缘 4 个煤田的综合评价结果介于 0.416 5～0.575 6 之间。

其中,鱼卡煤田为 0.575 6,赛什腾煤田为 0.555 2,全吉煤田为 0.553 2,德令哈煤田为 0.416 5。因此,鱼卡煤田是最宜进行煤层气勘探开发的地区,赛什腾和全吉煤田次之,德令哈煤田的优先级别最低。

6.7 本章小结

(1) 在收集西北低煤阶区、东北中低煤阶老工业区和西南中高煤阶构造复杂区煤层气地质资料基础上,总结了影响煤层气成藏的资源条件、储层条件、保存条件以及开发基础条件等 4 个方面共计 8 个普遍因素和 4 个关键因素,其中 8 个普遍因素分别为资源丰度、煤层厚度、含气量、原始渗透率、埋藏深度、水文地质条件、煤系沉积环境和地形地貌,4 个关键因素包括成因类型(西北和东北)、稳定性(西北和西南)、后期储层改造(东北)和煤体结构破坏程度(西南),由此建立了中国煤层气战略接替区评价指标体系。

(2) 根据柴北缘侏罗系煤层气勘探现状,并结合煤储层物性、煤地质特征和资源及保存因素 3 个一级影响因素,包括渗透率等共计 12 个次一级影响因素,建立了以煤储层物性为主导的煤层气勘探开发评价指标体系。

(3) 通过运用多层次模糊数学的思想,对柴北缘评价指标体系内各影响因素进行了定量排序,并结合根据实际情况所建立的各参数隶属度函数,对研究区进行了煤层气有利区优选,结果表明:鱼卡煤田是最宜进行煤层气勘探开发的地区,赛什腾和全吉煤田次之,德令哈煤田的优先级别最低。

第7章　柴北缘侏罗系低成熟度页岩孔隙结构和分形表征

　　柴北缘中侏罗统石门沟组页岩具有良好的页岩生气潜力,本次研究针对鱼卡煤田 YQ-1 井中侏罗统页岩段,从下至上共采集 22 个页岩样品。通过 TOC 测试、低温氮气吸附实验和孔隙分形表征分析,研究了陆相低成熟度页岩的总有机碳(TOC)含量变化控制因素以及不同沉积环境下页岩的孔隙结构参数响应和分形特征。

　　众所周知,页岩气是一种清洁高效的非常规天然气。自美国页岩气取得突破性发展以来,许多页岩气资源丰富的国家和地区都开展了自己的页岩气勘探开发工作(张金川 等,2004;Fildani et al.,2005;Montgomery et al.,2005;Bowker,2007;Wang et al.,2014)。2011 年,"中国页岩气资源评估和有利区优选"项目研究由自然资源部牵头,对中国各地质历史时期主要页岩气资源进行了全面评价,结果表明全国总页岩气地质资源和可采资源分别是 134.42×10^{12} m^3 和 25.08×10^{12} m^3(张大伟 等,2012)。同时,该项研究也对柴达木盆地页岩气潜力进行了研究,确定柴达木盆地页岩气地质资源为 2.72×10^{12} m^3,可采储量为 0.56×10^{12} m^3,具有较好的勘探开发前景。柴达木盆地北部发育上石炭统克鲁克组、中侏罗统石门沟组、大门沟组等多套页岩。多个学者对该地区页岩资源和孔隙结构等方面进行了研究(邵龙义 等,2016;Li et al.,2015;刘圣鑫 等,2015)。

　　同煤储层一样,页岩储层具有非常复杂且较强的非均质性,因此其孔隙结构通过常规方法很难进行较为准确的描述。孔隙结构分形理论作为一种有效的工具,可以很好地对页岩孔隙结构进行定量表征(Pfeifer et al.,1983;Pyun et al.,2004)。根据前人研究结果表明,页岩的分形维数一般集中在 2~3 之间,其中 2 代表着非常光滑的孔表面积和非常均一的孔结构,而 3 则表示具有非常粗糙的孔表面积和非常复杂的孔结构(谢和平,1996;Pyun et al.,2004)。

　　基于低温氮气吸附实验的研究,不同学者提出了多个计算分形维数的方法,主要包括 Frenkel-Halsey-Hill(FHH)模型、Brunauer-Emmtt-Teller(BET)模型和热力学模型等(Nakagawa et al.,2000;Gauden et al.,2001;Li et al.,2016)。在这些模型中,对于多孔材料而言,FHH 模型被证实为较为有效的分形表征方法(肖正辉 等,2013;Yang et al.,2014;Liu et al.,2015b;Tang et al.,2015;Liang et al.,2015)。结合中国页岩气目前勘探开发进展情况,前人已经对上奥陶统五峰组和下寒武统牛蹄塘组、筇竹寺组等高成熟度海相页岩的孔隙分形特征进行了较为详细的研究,并针对分形维数与页岩的孔隙度、渗透率和吸附能力之间的相互关系进行了讨论(Yang et al.,2014;Liang et al.,2015;Li et al.,2016)。陆相盆地页岩孔隙结构特征的研究进程相对缓慢,Liu 等(2015b)对鄂尔多斯盆地上三叠统中-高成熟度湖相页岩的孔隙结构参数和分形维数的相关关系进行了研究。Wang 等(2015)则分析了松辽盆地上白垩统青山口组湖相页岩的孔隙结构和对应的孔隙分形维数相关性。尽管上述文献已经对中国典型区域页岩孔隙结构分形维数进行了研究,但针对西北地区陆相低成熟度富有机质页岩的分形特征以及对其他相关性参数的响应还缺乏系统的研究。

在本次研究中,基于低温液氮吸附数据和 FHH 分形模型,对柴北缘鱼卡煤田侏罗系页岩样品的孔隙分形维数进行了计算,然后对总有机质含量(TOC)、孔隙结构参数和分形维数之间的相互关系进行了详细分析。通过上述研究有助于我们更加深入理解陆相低成熟度页岩的孔隙结构系统,同时对于柴北缘侏罗系页岩气的勘探开发也有一定的指导作用。

7.1　页岩储层物性表征方法

从鱼卡煤田 YQ-1 井钻孔岩心中共计取样 22 个页岩,包括来自上组段的 13 个样品和来自下组段的 9 个样品。所有的样品均进行了 TOC 含量、镜质体反射率和低温液氮吸附的测试分析工作。

本次研究页岩 TOC 含量通过 LECO CS230 碳/硫分析仪进行测试。样品在进行 TOC 测试之前均需要进行预处理,这些预处理流程包括首先通过 HCl 进行酸化,然后粉碎至小于 100 目的粒度,选取 0.1~1 g 左右加热至 540 ℃且至少保持约 2 h。以上操作均符合 GB/T 19145—2003 和 GB/T 18602—2012。根据 GB/T 6948—2008,通过使用 Leitz MPV-3 显微光度计对油浸光下镜质体反射率进行了测定。对于每一个样品而言,需要测定至少 40 个点位,然后取其平均值。

目前低温液氮吸附实验常常被用作测定和表征页岩比表面积、孔体积和孔结构分布特征,本次研究使用 Micromeritic TriStar Ⅱ 3020 表面积和孔径分析仪进行测定,该实验过程均按照 SY/T 6154—2019 进行。所有样品均粉碎至粒度范围在 0.28~0.42 mm 之间,然后取大约 10 g 样品进行测试,最终可以获取相对压力在 0.01~0.99 和温度在 77 K 下的氮气吸附-脱附等温线。基于页岩样品在相对压力 0.05~0.35 之间的氮气吸附数据,通过使用 BET 方程对总比表面积进行计算(Brunauer et al.,1938),根据 BJH 模型对页岩孔隙分布进行表征(Barrett et al.,1951)。基于总比表面积和总孔体积的内在关系,并结合圆柱形孔隙模型对平均孔隙大小进行了计算。根据 BJH 孔隙体积,并结合以下方程对孔隙体积增量和比表面积增量进行了计算。

$$V_{PI} = 10^{-16} \delta(L_{PI}) \left[\frac{D_{avgI} P}{2} \right]^2 \tag{7-1}$$

$$SA_{PI} = 10^{-12} \delta(L_{PI})(D_{avgI}) \tag{7-2}$$

式中,V_{PI} 是孔隙体积增量,cm^3/g;SA_{PI} 是比表面积增量,m^2/g;L_{PI} 是单位质量下孔隙长度的增量,cm/g;D_{avgI} 是平均孔径的增量,$Å$。

据此,可以计算出在具体孔径段内的孔体积和孔比表面积。对于本次研究而言,孔径分类标准采用<5 nm 的微孔、5~50 nm 的中孔以及>50 nm 的大孔(Luo et al.,2014;邵龙义 等,2016)。因此,<5 nm 的累计孔体积和累积表面积分别代表着页岩微孔孔体积和微孔比表面积。

7.2 低成熟度页岩孔隙结构及分形表征

7.2.1 页岩成熟度和 TOC 含量

如表 7-1 所列,所有页岩样品的镜质体反射率(R_o)介于 0.36%~0.66%之间,平均为 0.47%,因此研究区侏罗系页岩处于低热演化程度阶段。页岩 TOC含量则介于 0.27%~9.35%之间,平均为 3.36%,这说明石门沟组页岩整体上有机质较为富集。另外,页岩 TOC 含量随着镜质体反射率的增加而降低,这表示该地区具高镜质体反射率且低 TOC 含量的页岩往往对应较低的吸附气含量(Chalmers et al.,2008)。

表 7-1 柴北缘中侏罗统石门沟组页岩 TOC 含量、镜质体反射率及孔隙结构参数

样品编号	埋深 /m	TOC /%	R_o /%	A_s /(m²/g)	V_t /(10⁻³cm³/g)	S_a /nm	A_{mic} /(m²/g)	V_{mic} /(10⁻³cm³/g)
YQ-1-1	475.5~476.5	8.43	—	3.009 4	17.756	20.635	1.217	0.883
YQ-1-3	479.5~480.5	6.88	—	4.342 6	21.978	17.559	2.167	1.526
YQ-1-5	483.5~484.5	2.98	0.64	2.266 2	12.469	18.738	1.209	0.842
YQ-1-9	491.5~492.5	9.35	—	12.375 1	31.527	11.284	6.337	4.840
YQ-1-11	495.5~496.5	5.92	0.44	12.545 6	31.327	11.238	6.433	4.895
YQ-1-13	499.5~500.5	6.12	—	9.160 2	25.06	11.09	5.145	4.046
YQ-1-15	503.5~504.5	3.75	0.39	17.759 3	34.247	8.611	10.145	7.669

表 7-1(续)

样品 编号	埋深 /m	TOC /%	R_o /%	A_s /(m²/g)	V_t /(10⁻³ cm³/g)	S_a /nm	A_{mic} /(m²/g)	V_{mic} /(10⁻³ cm³/g)
YQ-1-17	507.5～508.5	8.11	—	5.882 8	19.086	11.66	3.301	2.521
YQ-1-18	511.5～512.5	3.23	0.37	12.710 4	32.48	10.235	7.476	5.875
YQ-1-20	515.5～516.5	2.83	—	14.314 9	35.006	9.901	8.493	6.700
YQ-1-22	519.5～520.5	1.81	0.40	18.328 5	38.307	8.483	11.419	9.051
YQ-1-24	523.5～524.5	4.76	—	12.919 4	30.924	8.946	7.824	6.058
YQ-1-26	527.5～528.5	3.83	0.36	14.081 3	32.749	8.662	8.842	6.833
YQ-1-28	584.5～585.5	0.32	—	8.313 6	18.621	8.993	5.255	4.140
YQ-1-30	588.5～589.5	0.64	0.66	12.959 5	25.971	8.61	7.597	5.760
YQ-1-32	592.5～593.5	0.55	—	13.994 9	29.267	8.59	8.628	6.848
YQ-1-37	615.5～616.5	0.41	—	12.788 4	25.421	8.149	7.954	6.341
YQ-1-39	620.5～621.5	1.24	0.65	20.271 1	36.244	7.794	12.138	9.136
YQ-1-40	624.5～625.5	0.27	—	11.714 7	27.412	9.197	7.211	5.630
YQ-1-42	628.5～629.5	0.44	—	12.326 1	27.758	9.029	7.405	5.854
YQ-1-45	635.5～636.5	1.12	0.48	13.003 2	30.258	9.078	7.969	6.216
YQ-1-48	641.5～642.5	0.86	—	9.114 4	22.727	9.705	5.483	4.260

注:"—"表示无数据;R_o—镜质体反射率;A_s—总孔比表面积;V_t—总孔体积;S_a—平均孔径;A_{mic}—微孔比表面积;V_{mic}—微孔体积。

7.2.2　基于低温氮气吸附的页岩孔隙结构特征

本次页岩样品中典型氮气吸附-脱附曲线如图 7-1 所示。根据国际纯粹与应用化学联合会(IUPAC)对于孔隙结构的分类,石门沟组中页岩的氮气吸附-脱附类型属于第Ⅳ类(Sing,1982)。根据吸附-脱附和滞后环的具体形态(图 7-1),主要识别出了两类滞后环类型:类型 A(如 YQ-1-17 样品)和类型 B(如 YQ-1-40 样品)。对于类型 A 的页岩样品而言,当相对压力升高时,吸附分支和脱附分支逐渐分离,这样会导致出现一个非常明显的滞后环。对于类型 B 滞后环而言,它的确没有表现出如类型 A 一样的平台段。因此,具有类型 A 的页岩常常会出现墨水瓶状孔,而具有类型 B 的页岩则可能包括较多的平行板状孔。

7.2.3　页岩比表面积、孔体积和平均孔径

根据测试结果,所有石门沟组页岩样品的比表面积、孔体积和平均孔径见表7-1。其中,所有页岩的比表面积变化范围介于 2.266 2～20.271 2 m²/g 之间,平均值为 11.55 m²/g,其平均值约为常规砂岩储层的 12 倍(Donaldson et al.,

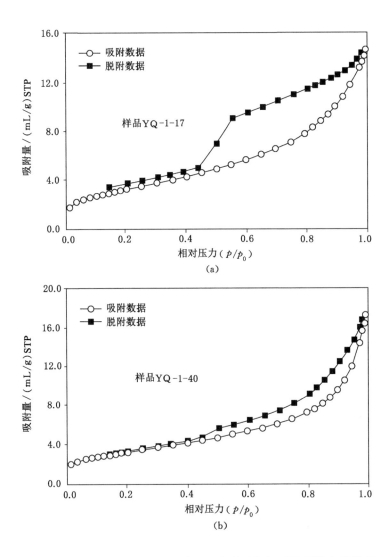

图 7-1 柴北缘中侏罗统石门沟组页岩典型氮气吸附-脱附曲线类型

1975)。页岩总孔体积介于 $12.469 \times 10^{-3} \sim 38.307 \times 10^{-3}$ cm³/g 之间,平均值为 27.57×10^{-3} cm³/g。页岩平均孔径值介于 $8.149 \sim 20.635$ nm 之间,平均值为 10.74 nm,因此整体上处于中孔范围之内。另外,页岩微孔的比表面积和微孔的孔体积则在 $1.209 \sim 12.138$ m²/g 和 $0.842 \times 10^{-3} \sim 9.136 \times 10^{-3}$ cm³/g 之间变化,其平均值分别为 6.802 m²/g 和 5.269×10^{-3} cm³/g。

7.2.4　基于氮气吸附的孔隙分形表征

根据 FHH 分形模型,页岩孔隙分形维数计算方程如下(Pyun et al.,2004;Yao et al.,2008):

$$\ln\left(\frac{V}{V_0}\right) = \text{constant} + A\left[\ln(\ln(\frac{p_0}{p}))\right] \tag{7-3}$$

式中,V 是平衡压力为 p 时对应的吸附气体积;V_0 是气体的单层吸附体积;p_0 是饱和气体压力;A 则是 $\ln(\ln(\frac{p_0}{p}))$ 和 $\ln\frac{V}{V_0}$ 的斜率。

根据氮气吸附数据,结合上述方程,典型页岩孔隙分形维数的计算过程如图 7-2 所示。因此,各页岩线性方程的斜率和拟合度均可以计算出来(表 7-2),其中所有样品的拟合度(R^2)均超过了 0.96,这进一步证明了这些页岩样品的确具有孔隙分形特征。另外,根据方程斜率结果,前人研究得出了两种计算分形维数的方法,分别是 $D=3+A$ 和 $D=3+3A$(Qi et al.,2002;Pyun et al.,2004;Rigby,2005)。通过方程 $D=3+A$ 计算出的孔隙分形维数都集中在 2~3 之间,而通过方程 $D=3+3A$ 计算出的孔隙分形维数绝大多数则小于 2,超出了分

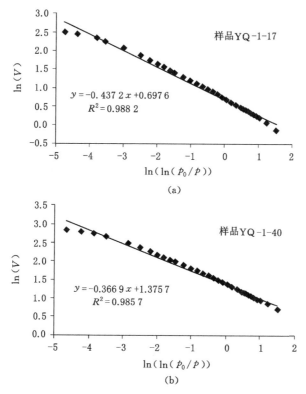

图 7-2　柴北缘侏罗系典型页岩样品液氮吸附体积和相对压力的双对数曲线

形维数定义的范畴（Pfeifer et al.，1983；谢和平，1996）。因此，本次研究采用方程 $D=3+A$ 来计算页岩孔隙分形维数。一般来说，高分形维数表征着较为复杂的孔隙结构和较为粗糙的孔表面。根据计算结果（表 7-2），各页岩孔隙分形维数介于 2.463 9～2.685 7 之间，平均值为 2.612 2，整体上明显高于中国西南地区上奥陶统的五峰组页岩（Liang et al.，2015），这进一步指明了石门沟组陆相页岩相比较于海相页岩而言具有更复杂的孔隙结构和更粗糙的孔隙表面。

表 7-2　基于 FHH 模型的柴北缘鱼卡煤田页岩孔隙分型维数计算结果

样品编号	A	$D=3+A$	$D=3+3A$	R^2
YQ-1-1	−0.536 1	2.463 9	1.391 7	0.996 8
YQ-1-3	−0.512 6	2.487 4	1.462 2	0.997 5
YQ-1-5	−0.529 1	2.470 9	1.412 7	0.994 6
YQ-1-9	−0.376 3	2.623 7	1.871 1	0.997 1
YQ-1-11	−0.368 5	2.631 5	1.894 5	0.996 4
YQ-1-13	−0.392 5	2.607 5	1.822 5	0.996 0
YQ-1-15	−0.336 1	2.663 9	1.991 7	0.987 5
YQ-1-17	−0.437 2	2.562 8	1.688 4	0.988 0
YQ-1-18	−0.380 2	2.619 8	1.859 4	0.992 0
YQ-1-20	−0.371 8	2.628 2	1.884 6	0.991 5
YQ-1-22	−0.344 4	2.655 6	1.966 8	0.980 9
YQ-1-24	−0.395 3	2.604 7	1.814 1	0.978 4
YQ-1-26	−0.375 8	2.624 2	1.872 6	0.969 7
YQ-1-28	−0.353 3	2.646 7	1.940 1	0.984 2
YQ-1-30	−0.340 1	2.659 9	1.979 7	0.983 1
YQ-1-32	−0.347 5	2.652 5	1.957 5	0.985 9
YQ-1-37	−0.338 7	2.661 3	1.983 9	0.978 5
YQ-1-39	−0.314 3	2.685 7	2.057 1	0.968 0
YQ-1-40	−0.366 9	2.633 1	1.899 3	0.985 7
YQ-1-42	−0.360 1	2.639 9	1.919 7	0.983 1
YQ-1-45	−0.368 3	2.631 7	1.895 1	0.980 5
YQ-1-48	−0.384 8	2.615 2	1.845 6	0.990 3

注：A—直线方程斜率；R^2—方程拟合度。

7.3　沉积环境对 TOC 含量和孔隙分形维数的影响

如图 7-3 所示,鱼卡煤田 YQ-1 井石门沟组页岩的 TOC 含量与其埋藏深度呈明显的负相关关系。导致这种关系的出现应该与页岩本身的沉积环境关系密切,而与页岩的演化程度关系不大。具体而言,石门沟上段页岩沉积于半深湖-深湖沉积环境中,而下段页岩的沉积环境则是滨浅湖。由于半深湖-深湖相比较于滨浅湖相中具有更加稳定的水体条件和更加细粒的沉积物(朱筱敏,2008;Li et al.,2014a),另外在半深湖-深湖中沉积的页岩具有更好的还原条件和缺氧条件,因此石门沟上段页岩的 TOC 含量整体上明显高于下段页岩。对于页岩孔隙分形维数而言,上段页岩的分形维数平均值为 2.59,而下段页岩分形维数的平均值则为 2.65(表 7-2),沉积于滨浅湖的页岩受到滨岸沉积作用更加明显,因此其孔隙结构相对来说更加复杂,孔表面更加粗糙,孔隙分形维数值更高。

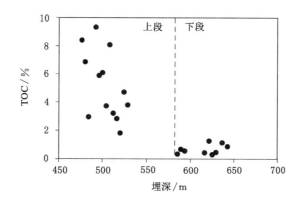

图 7-3　柴北缘鱼卡煤田中侏罗统石门沟组页岩沉积环境与 TOC 含量之间的关系

7.4　页岩孔隙比表面积、孔隙体积和平均孔径之间的相互关系

页岩孔隙比表面积、孔隙体积和孔隙平均直径之间的相互关系如图 7-4 所示。孔隙总孔体积与总比表面积呈很好的正相关关系,其相关拟合度(R^2)达0.849 7[图 7-4(a)]。这种正相关关系在微孔比表面积和微孔孔体积之间体现得更加明显($R^2=0.997$ 2),如图 7-4(b)所示。这意味着孔隙微孔表面积越高,

微孔体积越大。对于孔隙平均孔隙直径与总孔表面积、总孔体积之间的关系而言,两者均呈负相关关系,其相关拟合度(R^2)分别为 0.671 9 和 0.435 6[图 7-4 (c)、(d)],所得出的变化趋势与前人在页岩储层(Chalmers et al.,2012;Yang et al.,2014;Liu et al.,2015b;Li et al.,2016)和煤储层(Yao et al.,2008)的研究结果相一致。另外,本次页岩样品的平均孔径与微孔比表面积和微孔孔体积也呈负相关关系[图 7-4(e)、(f)],其线性拟合度(R^2)分别为 0.718 2 和 0.732 7。这进一步说明具有较小孔径的页岩对应于较高的微孔体积和较高微孔比表面积,结合前人研究成果(Yang et al.,2014),这样的页岩往往具有较高的甲烷吸附能力。

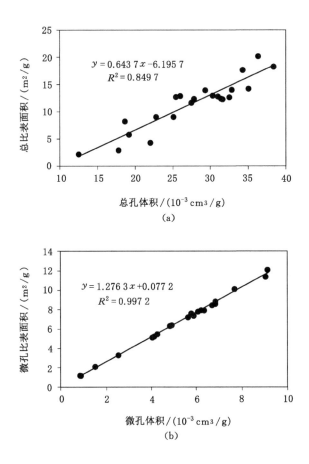

图 7-4　柴北缘鱼卡煤田页岩比表面积和孔体积参数与平均孔径之间的相关性

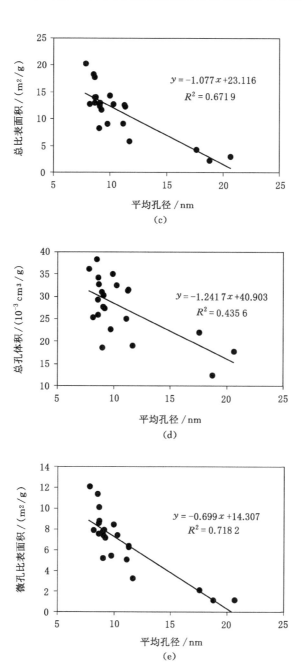

图 7-4(续)

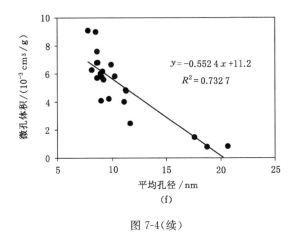

(f)

图 7-4(续)

7.5 页岩比表面积、孔体积和平均孔径与分形维数之间的 关系

如图 7-5(a)和图 7-5(b)所示,柴北缘中侏罗统页岩石门沟组页岩孔隙分形 维数与总孔比表面积和总孔体积呈正相关关系,其线性拟合度(R^2)分别为 0.764 1 和 0.495 2。这说明高分形维数的页岩往往具有更高的孔隙表面积和更 大的孔隙体积。另外,页岩孔隙分形维数与平均孔径呈负相关关系[图 7-5(c)], 这证实了具有复杂孔隙结构和粗糙表面(高分形维数)页岩的平均孔径较小。对 于微孔而言,微孔的比表面积、微孔体积与孔隙分形维数则呈明显的正相关关系 [图 7-5(d)、(e)],其线性拟合度(R^2)分别为 0.772 8 和 0.780 6。因此,石门沟组 页岩的微孔比例对于孔隙分形维数的影响具有更加明显的作用。

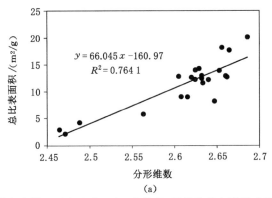

(a)

图 7-5 柴北缘鱼卡煤田页岩比表面积、孔体积、平均孔径与孔隙分形维数之间的关系

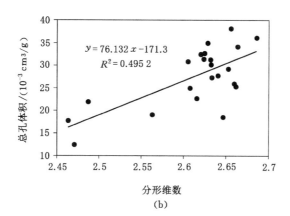

(b)

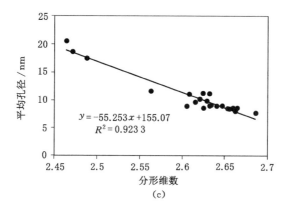

(c)

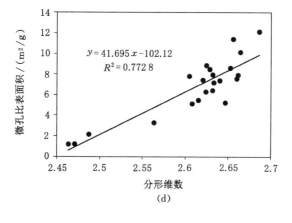

(d)

图 7-5(续)

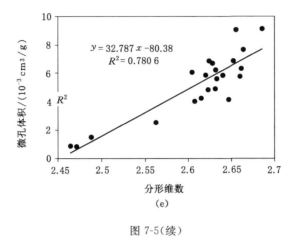

图 7-5(续)

7.6 页岩孔隙分形维数与 TOC 含量之间的关系

前人研究结果表明,页岩孔隙分形维数与 TOC 含量之间的关系一般有两种,即页岩孔隙分形维数随着 TOC 含量的增加而增大(Yang et al.,2014;Liu et al.,2015b;Li et al.,2016),或者两者呈正 U 形变化趋势(Wang et al.,2015)。然而,对于柴北缘鱼卡煤田石门沟组页岩而言,分形维数随着 TOC 含量增加呈现先增大、后降低的趋势,在 TOC 含量 2% 处孔隙分形维数达到最大值(图 7-6)。在湖相页岩的低演化程度阶段,有机质中的纳米级孔隙(特别是微孔隙)较少发育,它们在体积占比上明显要低于矿物基质孔隙(Dow,1977;Loucks et al.,2012;曹涛涛 等,2015)。因此,有机质中微孔含量的变化对页岩孔隙结构和分形特征起着很重要的决定作用[图 7-5(d)、(e)]。同时,发育在滨浅湖中页岩(较粗粒沉积物)中无机矿物的支撑作用要高于发育在深湖-半深湖中页岩(较细粒沉积物)。因此,当 TOC 含量低于 2% 时(即滨浅湖环境中),微孔含量随着 TOC 含量的增加而增大(吴建国 等,2014),有机质在较强的支撑作用下可以很好地保存下来,所以在这种条件下随着 TOC 含量的增加,孔隙总孔比表面积和总孔体积均呈增高的趋势[图 7-7(a)、(b)]。

当页岩中 TOC 含量超过 2% 时(半深湖-深湖环境),在该环境沉积下页岩矿物质含量相对较低,从而导致较弱的孔隙支撑作用,一些已经存在的纳米级孔隙在较小的空间下可能会被充填过量的有机质,因此在半深湖-深湖环境下页岩随着 TOC 含量的增加,页岩的孔隙比表面积和孔体积反而会降低(Milliken et al.,2013)。结合孔隙分形维数与总孔比表面积和总孔体积的正

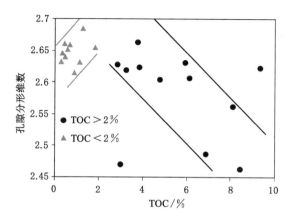

图 7-6　柴北缘鱼卡煤田中侏罗统石门沟组页岩 TOC 含量与孔隙分形维数的关系

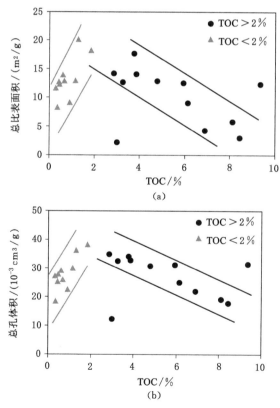

图 7-7　柴北缘鱼卡煤田中侏罗统石门沟组页岩 TOC 含量与总孔比表面积和
总孔体积之间的关系

相关关系[图 7-5(a)、(b)],湖相页岩随着 TOC 含量的增加,孔隙结构分形维数呈现倒 U 形变化,即呈现先增加、后降低的趋势,其拐点位置对应 TOC 含量大概为 2%(图 7-6)。对于该地区而言,具有较高比表面积和较高孔体积的页岩对应 TOC 含量应该在 2%左右。综上所述,低成熟度页岩的沉积环境和有机质含量高低共同控制着孔隙结构的复杂程度和孔隙比表面积的粗糙程度。基于上述所得出的各类相关性结果,可以得出以下结论:沉积于滨浅湖的页岩随着 TOC 含量的增大、孔隙结构变得越来越复杂,而沉积于半深湖-深湖中的页岩则随着 TOC 含量的增大,孔隙结构变得越来越均一化。

7.7　本章小结

(1) 柴达木盆地鱼卡煤田中侏罗统石门沟组页岩的平均孔径介于 8.149～20.635 nm 之间,中值为 10.74 nm,整体上处于中孔孔径范围,页岩孔隙结构类型以墨水瓶状和平行板状孔为主。

(2) 柴北缘鱼卡煤田中侏罗统石门沟组页岩 TOC 含量介于 0.27%～9.35%之间,平均值为 3.36%,这说明鱼卡煤田石门沟组页岩具有较为丰富的有机质。页岩的沉积环境是控制 TOC 含量变化的关键因素之一,整体上深湖-半深湖中页岩的 TOC 含量要明显高于滨浅湖中的页岩。

(3) 柴北缘鱼卡煤田石门沟组低成熟度页岩的孔隙结构分形维数介于 2.463 9～2.685 7 之间,平均值为 2.612 2,整体上高于中国南方典型海相页岩,这说明陆相页岩具有相对较高的孔隙复杂度和较粗糙的孔表面。

(4) 页岩孔隙分形维数随着总孔体积和总孔比表面积的增加而增大,随着平均孔径的增大而降低,随着 TOC 含量的增大先增大、后降低(即倒 U 形),其拐点位置对应 TOC 含量大概为 2%。总体而言,低成熟度页岩的沉积环境和有机质含量高低共同控制着孔隙结构的复杂程度和孔隙比表面积的粗糙程度。

第 8 章　柴北缘低成熟度页岩的地球化学、储层特征和生烃潜力

页岩气,作为一种非常重要的非常规天然气资源,由于全球能源需求的快速增加而日益备受关注(Pérez-Lombard et al.,2008;张大伟 等,2012)。目前,全球页岩气成功勘探开发主要集中在海相页岩(Montgomery et al.,2005;Guo et al.,2014)和海陆过渡相页岩(Varma et al.,2015;李中明等,2016),但陆相页岩气的勘探开发还处在初始阶段,究其原因可能与陆相页岩沉积相带的快速变化和储层的复杂孔隙结构关系密切(Varma et al.,2015;李中明 等,2016)。

页岩的地球化学参数包括总有机碳含量(TOC)、镜质体反射率(R_o)、岩石热解特征、页岩干酪根类型以及稳定碳同位素等,这些参数不仅影响着页岩的孔-裂隙系统和含气量大小,而且在一定程度上决定着页岩的生气潜力(Adegoke et al.,2015;Jiang et al.,2016)。因此,对于这些地化指标的调查是研究页岩气勘探开发的先决条件。近年来,一些定量确定页岩干酪根类型和表征生烃潜力的实验方法不断出现,这些方法包括岩石热解、类型指数(TI)和碳同位素分析等(Montgomery et al.,2005;Kotarba et al.,2008;Gentzis,2013;Adegoke et al.,2015;Liu et al.,2016)。总体而言,大多数海相和过渡相页岩的干酪根类型被认为是生气型的,而湖相页岩则是生油型的(Adegoke et al.,2015;Jiang et al.,2016)。孔隙度/渗透率、孔隙结构和岩石组成是分析页岩储层的三个重要参数(Ross et al.,2009;Pan et al.,2015),而且这些参数与页岩的原地含气量和甲烷吸附能力关系密切(Josh et al.,2012)。在本次研究中,基于孔隙度测定、页岩矿物组成分析和低温氮气吸附实验,对湖相页岩孔隙特征及其控制因素进行了分析。

自从位于我国南方四川盆地涪陵区块海相页岩气的成功勘探开发,陆相页岩气逐渐受到了广大学者和大型油气公司的关注(Zou et al.,2013;Wang et al.,2015)。柴达木盆地中页岩气的地质资源量为 2.72×10^{12} m³,其资源丰度较高,是具有页岩气勘探开发潜力的陆相盆地之一(张大伟 等,2012)。2015 年,中国地质调查局在柴达木盆地北缘鱼卡煤田实施了 YQ-1 井,基于目标层位中侏罗

统页岩岩心垂向采样和一系列实验分析,对湖相页岩的地球化学、储层特征和页岩气生烃潜力进行了较为系统的研究。

8.1 页岩有机地化和甲烷等温吸附实验方法

本次研究共计采样 42 块页岩样品,这些样品均来自位于柴北缘鱼卡煤田 YQ-1 井的中侏罗统石门沟组,包括石门沟组下段的 16 个样品和上段的 26 个样品。所有页岩样品在送实验室之前均进行了小心包装,并且按深度由浅至深依次编号(第 7、8、9 章所有样品进行了统一编号)。对于实验方法而言,页岩镜质体反射率、显微组分鉴定和低温氮气吸附实验方法前文已介绍,此处不再赘述。

(1) 矿物组成

利用 Rigaku D/max-2500PC 衍射仪在 40 kV 和 30 mA 条件下对页岩粉末样品(<100 目)进行了 XRD 实验,逐步扫描频率和采样间隔分别是 4°/min 和 0.04°(2θ)。对每个样品而言,根据半峰宽和峰面积进行矿物组成的半定量分析。

(2) 页岩有机地化参数测试

利用 LECO CS230 碳/硫分析仪测定页岩的 TOC 含量。页岩样品经盐酸溶液处理后,粉碎至粒度小于 100 目,取 0.1~1 g 样品经 540 ℃ 热解 2 h,其操作过程按照 GB/T 19145—2003 和 GB/T 18602—2012 进行。页岩热解参数包括自由烃量(S_1)、剩余烃量(S_2)以及生成最大剩余烃量对应的热解温度(T_{max})均能探测出。按照 SY/T 5238—2019,利用 Finnigan MAT-252 仪器进行稳定碳同位素探测。用氧化炉从页岩有机物中分离出气态二氧化碳进行检测,测量精度为±0.5‰。此外,采用 V-PDB 标准单位用来描述稳定碳同位素数据。

(3) 总孔隙度测定

页岩总孔隙度(ϕ)测量计算的方程 $\phi = (\rho_s - \rho_a)/\rho_s \times 100\%$,其中 ρ_s 和 ρ_a 分别为页岩真密度和视密度。页岩视密度的测定采用蜡封法(Tian et al., 2013),将石蜡除去后用氦比重计测定其页岩真密度。

(4) 甲烷吸附实验

根据 GB/T 19560—2008,每个页岩样品(<100 g)经平衡水处理后,利用 IS-100 高压等温吸附装置在 30 ℃ 下测定朗缪尔体积和朗缪尔压力,每个页岩样品甲烷吸附实验共测试 8 个均衡点,每个均衡点持续 12 h。

8.2　陆相页岩有机地化和显微组分特征

8.2.1　页岩成熟度、TOC 含量和岩石热解参数

柴北缘鱼卡煤田中侏罗统石门沟组页岩的镜质体反射率（R_o）平均值为 0.49％，整体上属于低热成熟度阶段，其最低值为 0.36％，最高值为 0.66％（表 8-1）。通常情况下，有机质镜质体反射率介于 0.4％～0.6％之间的页岩多产生生物成因气（Jarvie et al.，2007），而在有机质镜质体反射率大于 0.5％时则开始产生热成因气，并随着热演化程度的增大逐渐以热成因气为主（Hunt，1997）。因此，根据柴北缘鱼卡煤田页岩有机质镜质体反射率的分布范围，可以推测出研究层位的页岩气以生物成因气为主且伴随着少量的热成因气。另外，YQ-1 井页岩样品的 TOC 含量介于 0.27％～17.40％之间，平均值为 3.83％，说明柴北缘石门沟组陆相页岩有机质普遍丰富。但 TOC 含量垂向变化较为明显［图 8-1（a）］，具体而言，沉积于石门沟组上段深湖-半深湖环境下的页岩 TOC 含量（平均值为 5.69％）明显高于石门沟组下段滨浅湖环境下的页岩（平均值为 0.82％）。与滨浅湖沉积环境相比较，深湖-半深湖环境往往具有稳定的水动力条件（朱筱敏，2008），另外较低 TOC 含量的页岩对应的埋深反而越大，这进一步表明研究区页岩的沉积环境对 TOC 含量的控制应该起着至关重要的作用。

石门沟组上段页岩的 T_{max} 值介于 421～445 ℃之间，平均值为 433.7 ℃，而石门沟组下段页岩的 T_{max} 值则介于 423～445 ℃之间，平均值为 431.3 ℃，见表 8-1 和图 8-1（b）。由于岩石热解参数 T_{max} 值与页岩的成熟度关系密切，总体上石门沟组上段的页岩成熟度要高于其下段。页岩残留生烃潜力（S_2）变化范围在 0.25～138.06 mg/g 之间，平均值为 26.38 mg/g，该平均值整体上要高于海相页岩和海陆交互相页岩（Jiang et al.，2016；Mendhe et al.，2017）。同时，石门沟组上段页岩的 S_2 值要高于下段页岩［图 8-1（c）］，但下段页岩的 HI 指数值要高于上段页岩［图 8-1（d）］。另外，我们发现页岩热解生烃潜力（S_1+S_2）与 TOC 含量呈较好的正相关关系（图 8-2），这说明具有高 TOC 含量的上段页岩生烃潜力要高于具有较低 TOC 含量的下段页岩。

8.2.2　页岩有机显微组分鉴定

通过页岩干酪根显微镜下观察，对各样品有机显微组分进行了分析，其中无定形组分的颜色多呈棕色和黄色，占整个显微组分的 45％～83％，镜质组、惰质组和稳定组组分分别占有机组分含量的 2％～38％、11％～26％和 1％～2％，见表 8-1 和图 8-3。因此，页岩显微组分中以无定形为主，其平均值为 65.86％，其次是镜质组，平均值为 17.45％（表 8-1）。页岩有机组分鉴定可以有效地分析鱼

表 8-1　柴北缘鱼卡煤田中侏罗统石门沟组页岩埋深、TOC 含量、镜质体反射率、岩石热解参数、气含量和有机显微组分

地层单元	样品编号	埋深/m	TOC/wt%	R_o/%	T_{max}/℃	S_1/(mg/g)	S_2/(mg/g)	S_1+S_2/(mg/g)	PI	HI/(mg/g)	气含量/(m³/t)	显微组分/% V	I	A	L
石门沟组上段（$J_{2}s$）	YQ-1-1	475.5~476.5	8.43	/	432	2.01	65.16	67.18	0.030	772.95	/	2	16	82	—
	YQ-1-2	477.5~478.5	17.40	/	431	5.57	138.06	143.63	0.039	793.44	/	/	/	/	/
	YQ-1-3	479.5~480.5	6.88	/	434	0.67	49.04	49.71	0.014	712.73	/	4	13	83	—
	YQ-1-4	481.5~482.5	9.42	/	434	1.51	77.05	78.56	0.019	817.94	/	/	/	/	/
	YQ-1-5	483.5~484.5	2.98	0.64	432	0.36	17.49	17.84	0.020	586.83	/	8	13	78	1
	YQ-1-6	485.5~486.5	5.65	/	434	0.70	42.27	42.97	0.016	748.09	/	/	/	/	/
	YQ-1-8	489.5~490.5	12.80	/	440	0.75	93.00	93.75	0.008	726.56	/	12	11	76	1
	YQ-1-9	491.5~492.5	9.35	/	435	0.45	61.69	62.14	0.007	659.81	/	/	/	/	/
	YQ-1-10	493.5~494.5	5.96	/	436	0.08	33.16	33.25	0.003	556.42	/	/	/	/	/
	YQ-1-11	495.5~496.5	5.92	0.44	432	0.14	34.69	34.83	0.004	586.01	/	14	15	70	1
	YQ-1-12	497.5~498.5	5.21	/	435	0.34	27.94	28.28	0.012	536.28	/	/	/	/	/
	YQ-1-13	499.5~500.5	6.12	/	435	0.19	35.49	35.68	0.005	579.87	/	16	15	68	1
	YQ-1-14	501.5~502.5	3.17	/	431	0.05	12.66	12.71	0.004	399.24	/	/	/	/	/
	YQ-1-15	503.5~504.5	3.75	0.39	429	0.06	14.56	14.62	0.004	388.30	/	14	17	68	1
	YQ-1-16	505.5~506.5	4.29	/	434	0.09	17.07	17.17	0.005	398.00	/	/	/	/	/
	YQ-1-17	507.5~508.5	8.11	/	421	0.33	35.88	36.22	0.009	442.48	/	8	17	75	—
	YQ-1-18	511.5~512.5	3.23	0.37	436	0.47	34.75	35.22	0.013	1 075.91	/	18	15	67	/
	YQ-1-19	513.5~514.5	3.23	/	440	0.54	33.27	33.81	0.016	1 030.07	/	/	/	/	/
	YQ-1-20	515.5~516.5	2.83	/	432	0.26	25.09	25.35	0.010	886.47	/	15	18	66	1

表 8-1(续)

地层单元	样品编号	埋深/m	TOC/wt%	R_o/%	T_{max}/℃	S_1/(mg/g)	S_2/(mg/g)	S_1+S_2/(mg/g)	PI	HI/(mg/g)	气含量/(m³/t)	显微组分/%			
												V	I	A	L
石门沟组上段（J_2s）	YQ-1-21	517.5~518.5	3.50	/	437	0.49	37.43	37.91	0.013	1 069.31	/	/	/	/	/
	YQ-1-22	519.5~520.5	1.81	0.40	442	0.27	13.53	13.80	0.020	747.58	0.68	12	16	70	2
	YQ-1-23	521.5~522.5	2.79	/	445	0.55	20.24	20.79	0.027	725.29	0.68	/	/	/	/
	YQ-1-24	523.5~524.5	4.76	/	429	0.76	53.85	54.61	0.014	1 131.29	0.91	15	12	73	—
	YQ-1-25	525.5~526.5	4.13	/	426	1.30	47.66	48.96	0.027	1 153.89	0.96	/	/	/	/
	YQ-1-26	527.5~528.5	3.83	0.36	432	0.41	44.73	45.14	0.009	1 167.88	1.03	16	13	70	1
	YQ-1-27	529.5~530.5	2.40	/	432	0.35	22.77	23.12	0.015	948.73	1.00	/	/	/	/
	YQ-1-28	584.5~585.5	0.32	/	437	0.11	0.91	1.03	0.111	281.39		38	17	45	—
	YQ-1-29	586.5~587.5	1.39	/	436	0.09	5.56	5.65	0.016	399.94		/	/	/	/
	YQ-1-30	588.5~589.5	0.64	0.66	430	0.09	0.76	0.85	0.105	118.91		22	20	58	—
	YQ-1-31	590.5~591.5	0.88	/	434	0.02	0.39	0.41	0.044	44.02		/	/	/	/
石门沟组下段（J_2s）	YQ-1-32	592.5~593.5	0.55	/	445	0.13	0.65	0.78	0.163	118.42	0.98	14	26	60	1
	YQ-1-37	615.5~616.5	0.41	/	428	0.13	0.42	0.54	0.232	101.72	0.95	22	16	61	—
	YQ-1-38	617.5~618.5	0.88	/	438	0.09	0.43	0.52	0.170	49.20		/	/	/	/
	YQ-1-39	620.5~621.5	1.24	0.65	429	0.08	0.52	0.60	0.133	42.17		24	14	60	2
	YQ-1-40	624.5~625.5	0.27	/	429	0.16	0.34	0.50	0.322	127.90	0.73	25	20	55	—
	YQ-1-41	626.5~627.5	1.12	/	434	0.16	4.11	4.27	0.037	366.81		17	20	63	—
	YQ-1-42	628.5~629.5	0.44	/	426	0.09	0.33	0.42	0.215	75.89	0.80	/	/	/	/

表8-1(续)

地层单元	样品编号	埋深/m	TOC/wt%	R_o/%	T_{max}/℃	S_1/(mg/g)	S_2/(mg/g)	S_1+S_2/(mg/g)	PI	HI/(mg/g)	气含量/(m³/t)	显微组分/% V	I	A	L
石门沟组下段(J_2s)	YQ-1-43	630.5～631.5	0.34	/	429	0.06	0.25	0.31	0.188	72.06	0.62	/	/	/	/
	YQ-1-45	635.5～636.5	1.12	0.48	427	0.09	1.18	1.27	0.073	105.07	/	38	15	45	2
	YQ-1-46	637.5～638.5	1.06	/	423	0.10	1.19	1.29	0.078	111.92	/	/	/	/	/
	YQ-1-48	641.5～642.5	0.86	/	429	0.08	0.75	0.83	0.102	86.45	/	30	14	56	—
	YQ-1-49	643.5～644.5	1.57	/	426	0.10	1.75	1.85	0.053	111.71	/	/	/	/	/

注：" / "表示无数据；" — "表示 0；TOC—总有机碳含量；R_o—镜质体反射率；T_{max}—生成最大量 S_2 对应的热解温度；S_1—热解自由烃量；S_2—热解残余烃量；PI—页岩生产指数[$S_1/(S_1+S_2)$]；HI—页岩生烃指数[(S_2/TOC)×100]；V—镜质组；I—惰质组；A—无定形组分；L—稳定组。

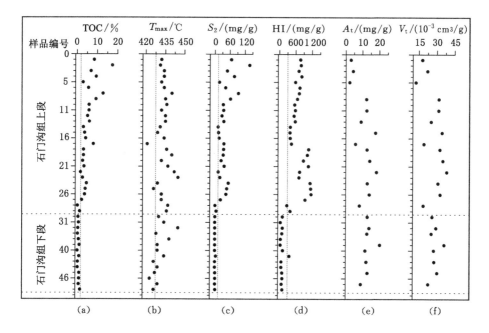

图 8-1　柴北缘中侏罗统石门沟组页岩 TOC 含量、热解参数（T_{max}）、残留烃量（S_2）、
　　　　生烃指数（HI）、总比表面积（A_t）和总孔体积（V_t）的垂向展布

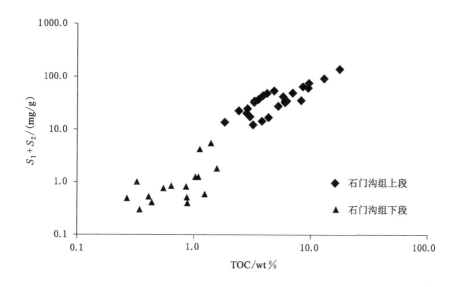

图 8-2　柴北缘中侏罗统石门沟组页岩 TOC 含量和生烃潜力 $S_1 + S_2$ 之间的关系

卡煤田侏罗系的页岩气生气类型（Adegoke et al.，2015）。另外，石门沟上段页岩的无定形含量平均值为 72.77％，明显高于下段页岩的无定形含量（平均值为55.89％）。同时，具有较高无定形含量的页岩往往对应较大的 S_1+S_2 值，进一步表明石门沟上段页岩具有较大的生烃潜力。

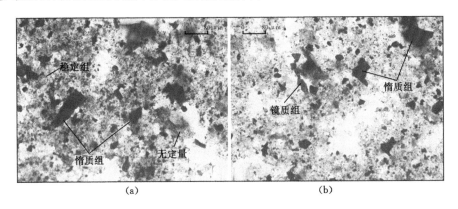

图 8-3　透射光下页岩典型有机显微组分照片

(a) YQ-1-37；(b) YQ-1-42

8.2.3　基于不同方法的页岩干酪根类型鉴定

（1）热解 T_{max} 和生烃指数之间的关系

柴北缘鱼卡煤田中侏罗统页岩的生烃指数变化范围介于 42.17～1 167.88 mg/g之间（表 8-1）。具体而言，石门沟上段页岩的生烃指数平均值为 747.17 mg/g，其值明显高于下段页岩的生烃指数平均值 186.02 mg/g。基于各页岩样品 HI 值和热解T_{max} 值相关性分析，整体上石门沟组页岩大部分处于成熟页岩阶段（即生油窗内），少部分为未成熟页岩阶段（图 8-4）。图 8-4 中显示出石门沟组上段大多数页岩样品的干酪根类型为类型Ⅰ和类型Ⅱ，而石门沟下段大多数页岩样品的干酪根类型则为类型Ⅱ-Ⅲ和类型Ⅲ。因此，石门沟上段大多数页岩的母质类型属于生油型，而下段大多数页岩的母质类型则为生气型。

（2）类型指数分析

根据前人研究成果，页岩干酪根类型指数（TI）的计算公式为（曹庆英，1985）：

$$TI = A \times 100 + B \times 50 + C \times (-75) + D \times (-100) \qquad (8-1)$$

式中，A、B、C 和 D 分别是页岩中无定形、稳定组、镜质组和惰质组的含量。结合 SY/T 5125—2014 相关内容，页岩类型Ⅰ、类型Ⅱ、类型Ⅱ-Ⅲ和类型Ⅲ的干

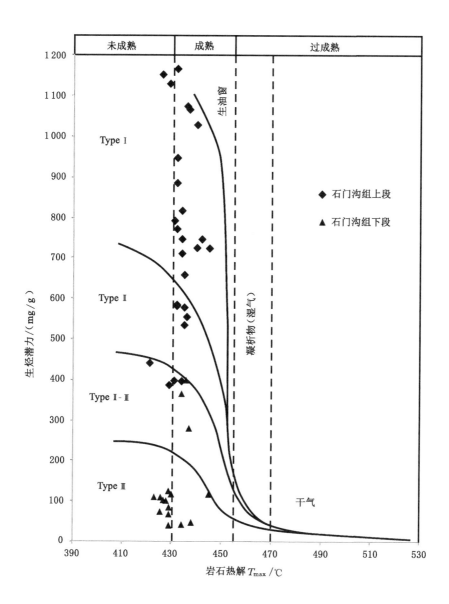

图 8-4　柴北缘鱼卡煤田中侏罗统石门沟组页岩热解 T_{max} 和生烃潜力之间的关系

酪根分别对应类型指数值为≥80、40～80、0～40 和≤0(曹庆英,1985)。

对于本次研究中 YQ-1 井的页岩样品而言,石门沟组上段页岩 TI 指数介于 37.3～67 之间,平均值为 49.55(表 8-2),证实了主要以类型Ⅱ干酪根类型为主

(84.62%)，因此上段页岩生气类型主要以油型气为主，少量为产气型。相反地，石门沟组下段页岩的 TI 指数介于－0.5～30.3 之间，平均值为 19.01（表 8-2），表明了下段页岩的干酪根类型主要为类型Ⅱ-Ⅲ和类型Ⅲ。

表 8-2　基于类型指数分析的页岩干酪根类型划分

样品编号	TI	T_K	样品编号	TI	T_K	样品编号	TI	T_K
YQ-1-1	64.5	Ⅱ	YQ-1-18	38.5	Ⅱ-Ⅲ	YQ-1-37	29.0	Ⅱ-Ⅲ
YQ-1-3	67.0	Ⅱ	YQ-1-20	37.3	Ⅱ-Ⅲ	YQ-1-39	29.0	Ⅱ-Ⅲ
YQ-1-5	59.5	Ⅱ	YQ-1-22	46.0	Ⅱ	YQ-1-40	16.3	Ⅱ-Ⅲ
YQ-1-9	56.5	Ⅱ	YQ-1-24	49.8	Ⅱ	YQ-1-42	30.3	Ⅱ-Ⅲ
YQ-1-11	45.0	Ⅱ	YQ-1-26	45.5	Ⅱ	YQ-1-45	2.5	Ⅱ-Ⅲ
YQ-1-13	41.5	Ⅱ	YQ-1-28	－0.5	Ⅲ	YQ-1-48	19.5	Ⅱ-Ⅲ
YQ-1-15	41.0	Ⅱ	YQ-1-30	21.5	Ⅱ-Ⅲ			
YQ-1-17	52.0	Ⅱ	YQ-1-32	23.5	Ⅱ-Ⅲ			

注：TypeⅠ，TI 指数≥80；TypeⅡ，TI 指数 40～80；TypeⅡ-Ⅲ，TI 指数 0～40；TypeⅢ，TI 指数≤0。

（3）稳定碳同位素分析

前人的研究报道证实了页岩干酪根类型Ⅰ、类型Ⅱ、类型Ⅱ-Ⅲ和类型Ⅲ对应的稳定碳同位素 $\delta^{13}C$ 值逐渐增大，其变化范围分别处于－35‰～－30‰、－30‰～－27.5‰、－27.5‰～－25‰和≥－25‰。对于鱼卡煤田而言，石门沟上段页岩的稳定碳同位素 $\delta^{13}C$ 值处于－31.0‰～－25.3‰之间，平均值为－27.22‰，证实了该段页岩干酪根类型以类型Ⅰ和类型Ⅱ为主（表 8-3）。与上段不同的是，下段页岩中稳定碳同位素值变化范围处于－22.7‰～－24.5‰之间，平均值为－23.38‰，因此干酪根类型主要为类型Ⅲ。

尽管以上三种方法对页岩干酪根的解译结果稍微不同，但石门沟上段页岩的干酪根类型主要趋向于油型气（类型Ⅰ和类型Ⅱ），而下段页岩主要是生气类型的干酪根（类型Ⅱ-Ⅲ和类型Ⅲ），见图 8-4、图 8-5 和表 8-2、表 8-3。石门沟组上段中含有一段厚层油页岩，这代表了深湖-半深湖沉积环境，因此页岩干酪根的生气类型主要是油型气；相反地，下段为含煤岩系，代表着滨浅湖沉积环境，干酪根类型倾向于Ⅲ型。基于以上分析结果，认为通过岩石热解的方法识别页岩干酪根的有效性要高于 TI 指数法和稳定碳同位素法，因为有机显微组分和同位素的实验结果更容易受到人为操作和其他因素的影响。

表 8-3　页岩样品有机碳同位素以及干酪根类型划分

样品编号	δ¹³C/‰	T_K	样品编号	δ¹³C/‰	T_K	样品编号	δ¹³C/‰	T_K
YQ-1-3	−31.0	Ⅰ	YQ-1-20	−25.3	Ⅱ-Ⅲ	YQ-1-37	−24.5	Ⅲ
YQ-1-9	−28.6	Ⅱ	YQ-1-24	−25.3	Ⅱ-Ⅲ	YQ-1-40	−22.7	Ⅲ
YQ-1-13	−27.7	Ⅱ	YQ-1-28	−23.8	Ⅲ	YQ-1-42	−23.1	Ⅲ
YQ-1-17	−25.4	Ⅱ-Ⅲ	YQ-1-32	−22.8	Ⅲ	YQ-1-48	−24.0	Ⅲ

注：TypeⅠ，δ¹³C 值处于 −35‰～−30‰ 之间；TypeⅡ，处于 −30‰～−27.5‰ 之间；TypeⅡ-Ⅲ，处于 −27.5‰～−25‰ 之间；TypeⅢ，δ¹³C 值≥−25‰。

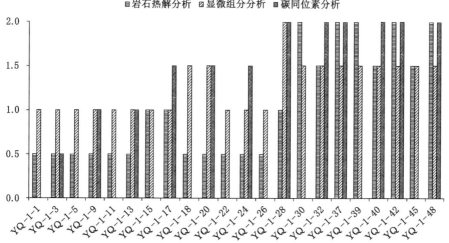

图 8-5　柴北缘鱼卡煤田中侏罗统石门沟组页岩三种不同方法的干酪根类型识别直方图

8.3　陆相页岩矿物组成及其影响因素分析

页岩矿物组成目前常用 XRD 衍射的测试方法进行分析（Pan et al.，2015）。在页岩气勘探开发过程中，页岩矿物组成逐渐受到重视，这是因为矿物成分及其组成已经证实是影响页岩储层的重要因素之一（Ross et al.，2009；Mendhe et al.，2017）。因此，在页岩储层评价和生烃潜力研究中分析页岩矿物组成是一项必须要开展的工作。柴北缘鱼卡煤田中侏罗统石门沟组页岩矿物主要由黏土矿物、石英、长石、碳酸盐岩和其他矿物组成见表 8-4 和图 8-6。研究层段的页岩矿物主要由黏土组成，其含量介于 12%～70% 之间（平均值为 55.1%），石英和长石含量其次，其含量介于 12%～70% 之间（平均值为 34.2%），碳酸盐岩和其他矿物含量最少，其含量介于 0～43% 之间（平均值为 10.7%）。因此，相比较于美国密西西比河页岩和中国南方龙马溪组等海相页岩而言，柴北缘中侏罗统石门沟组陆相页岩具有相对较高的黏土矿物含量和较低的矿物脆性指数（Jarvie et al.，2007；Jiang et al.，2016），这些特征对于页岩气的压裂开发较为不利。另外，页岩黏土矿物中以高岭石和伊蒙混层为主，其次是伊利石和绿泥石（表 8-4）。方解石、白云石和黄铁矿只存在于部分页岩样品中，其含量最高占比分别为 34%、2% 和 4%。石门沟组上段页岩的菱铁矿含量整体上要高于下段页岩的，这说明上段具有较强的还原条件（Shen et al.，2016）。

表 8-4　柴北缘 YQ-1 井中侏罗统石门沟组页岩矿物组成特征

样品编号	矿物组成占比/%										脆性指数（BI）
	石英	长石	伊利石	绿泥石	高岭石	I/S	方解石	白云石	黄铁矿	菱铁矿	
YQ-1-1	17	0	7.2	7.8	18.6	26.4	9	0	4	10	19.8
YQ-1-3	12	0	4.1	0.9	2.3	37.7	34	0	0	9	13.2
YQ-1-5	16	1	4.2	3.0	7.8	45.0	12	0	2	9	18.2
YQ-1-9	37	6	6.3	3.4	5.7	41.6	0	0	0	0	39.4
YQ-1-11	36	5	6.5	5.9	12.4	34.2	0	0	0	0	37.9
YQ-1-13	37	5	6.4	4.8	11.1	30.7	0	0	0	5	41.1
YQ-1-15	32	5	7.7	4.7	23.0	23.6	0	0	0	4	35.2
YQ-1-17	28	2	4.6	5.5	13.8	18.1	0	0	0	28	39.9
YQ-1-18	28	2	5.4	5.4	21.6	27.6	0	0	0	10	31.8
YQ-1-20	24	3	5.5	4.6	17.0	18.9	0	0	0	27	34.3
YQ-1-22	22	2	7.2	6.1	22.0	19.7	0	0	0	21	28.5
YQ-1-24	23	3	7.4	6.3	24.4	18.9	0	0	0	17	28.7
YQ-1-26	27	2	7.4	6.8	24.2	23.6	0	0	0	9	30.3
YQ-1-28	67	3	3.6	0	16.0	8.4	0	0	0	2	70.5
YQ-1-30	34	3	6.6	0	34.8	18.6	0	0	0	3	36.2
YQ-1-32	37	2	11.6	4.9	26.8	17.7	0	0	0	0	37.8
YQ-1-37	38	4	9.3	0	34.8	13.9	0	0	0	0	39.6
YQ-1-39	26	2	7.2	4.3	34.6	25.9	0	0	0	0	26.5
YQ-1-40	39	4	5.0	0	29.2	21.8	0	0	0	1	41.1

表 8-4(续)

样品编号	矿物组成占比/%										脆性指数(BI)
	石英	长石	伊利石	绿泥石	高岭石	I/S	方解石	白云石	黄铁矿	菱铁矿	
YQ-1-42	40	4	7.8	0	34.7	13.5	0	0	0	0	41.7
YQ-1-45	35	6	6.6	0	29.1	17.3	0	2	1	3	38.7
YQ-1-48	32	2	7.3	0	26.0	18.7	0	0	0	14	38.1

注:I/S—伊蒙混层;脆性指数(BI)=石英/(石英+黏土+碳酸盐类)×100(Jarvie et al.,2007)。

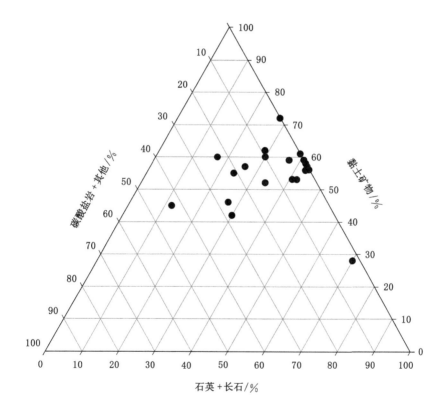

图 8-6　柴北缘鱼卡煤田中侏罗统石门沟组页岩石英+长石、
黏土、碳酸盐岩+其他矿物的三元系图

　　海相页岩中 TOC 含量和石英含量呈较好的正相关关系(Chalmers et al.,2012),$R^2 = 0.595$,而海陆过渡相页岩的这种正相关关系则有所减弱(Pan et al.,2015),$R^2 = 0.383$,如图 8-7(a)所示。对于石门沟组陆相页岩而言,随着

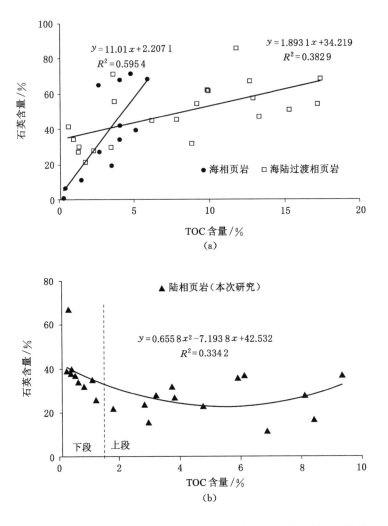

图 8-7　海相、海陆过渡相和陆相页岩 TOC 含量和石英含量之间的关系
（海相页岩数据来自 Chalmers et al.，2012；海陆过渡相页岩数据来自 Pan et al.，2015）

TOC 含量的增加,石英含量和脆性指数呈先降低、后升高的趋势,$R^2 = 0.334$,见表 8-4 和图 8-7(b)。具体而言,石门沟下段页岩的 TOC 含量与石英含量呈正相关关系,而上段页岩中则呈负相关关系。除了热液的影响,页岩石英的成因类型主要包括陆源碎屑石英和自生石英(Schieber et al.,2000;Peltonen et al.,2009;赵建华 等,2016),这均与不同的沉积环境关系密切。石门沟组下段页岩中的黏土矿物(特别是高岭石)含量高于上段页岩,这说明在下段页岩沉积期物源区经

历了较强的风化作用,上段页岩中的成因则多与自生石英有关,这是因为在半深湖-深湖环境中更容易发生生物的聚集作用。结合石门沟组两段岩性和矿物组成变化,下段处于滨浅湖页岩中的石英主要来源于陆源碎屑,而上段处于深湖-半深湖页岩中的则很可能与生物作用有关(Rowe et al.,2008)。因此,具有较低 TOC 含量的滨浅湖页岩,由于物源风化作用较强,碎屑石英含量较高;而半深湖-深湖中 TOC 含量较高的页岩,由于生物活性较强,生物石英含量较高。总体而言,两段中 TOC 含量与石英含量之间的内在联系的根本原因主要与沉积环境变化有关。

8.4 陆相页岩的孔隙特征及控制因素分析

所测页岩样品的总孔隙度和孔隙参数可以通过孔隙度测试和低温氮气吸附实验进行表征。相关结果表明,页岩总比表面积和总孔体积分别介于 $2.27\sim 20.27$ m^2/g 之间和 $12.47\times10^{-3}\sim38.31\times10^{-3}$ cm^3/g 之间(表 8-5),两者呈正相关关系,且这两个参数值均高于石门沟组顶部油页岩层[图 8-1(e)、(f)]。基于国际纯粹与应用化学联合会(IUPAC)的相关定义(Sing,1982;Ross et al.,2008),所有页岩样品的液氮吸附曲线和脱附曲线或多或少呈现出滞后环的现象,所有样品的吸附-脱附曲线均可以划分为 Type Ⅱ 和 Type Ⅳ 两种类型。其中,石门沟组下段页岩的吸附曲线类型大多属于 Type Ⅱ(如YQ-1-37),而石门沟组上段页岩的吸附曲线类型则大多属于 Type Ⅳ(如YQ-1-11)。以上两种吸附类型在低压范围内呈现相同的吸附曲线,吸附曲线中点 B 表示单层吸附已经完成而多层吸附即将开始[图 8-8(a)、(c)]。然而,Type Ⅳ 吸附曲线不同于 Type Ⅱ 的地方是具有指向吸附高压区的外突[图 8-8(a)]。另外,不同的吸附回线类型可以代表不同的孔隙结构特征(Sing,1982),因此具有 Type B 类型的吸附回线基本以墨水瓶为主,而具有 Type D 类型的吸附回线往往对应平行板状孔(Broekhoff et al.,1968),如图 8-8(a)、(c)所示。对于孔隙结构的复杂度和非均质性而言,仅仅根据孔隙体积的分布特征很难去判断和分析这两种吸附回线的区别[图 8-8(b)、(d)]。基于低温氮气吸附的原始数据,孔隙结构分形维数被证明是分析孔隙复杂程度的一个有效参数(Wang et al.,2015)。前人研究表明具有较小平均孔径的页岩往往对应较高的孔隙分形维数,因此也具有较为复杂的孔隙结构(Liang et al.,2015)。对于本次研究而言,石门沟组下段页岩(平均孔径 8.79 nm)具有比上段页岩(平均孔径 12.08 nm)更加复杂的孔隙结构和更强的孔隙非均质性。

表 8-5　柴北缘侏罗系页岩真密度、视密度、总孔隙度和孔隙结构参数

样品编号	D_a /(g/cm³)	D_s /(g/cm³)	ϕ/%	A_t /(m²/g)	V_t /(10⁻³ cm³/g)	S_a /nm	A_{mic} /(m²/g)	V_{mic} /(10⁻³ cm³/g)	曲线类型
YQ-1-1	2.043	2.408	15.173	3.009	17.756	20.635	1.217	0.883	Ⅳ+B
YQ-1-3	2.057	2.462	16.453	4.343	21.978	17.559	2.167	1.526	Ⅳ+B
YQ-1-5	2.111	2.597	18.727	2.266	12.469	18.738	1.209	0.842	Ⅳ+D
YQ-1-9	2.016	2.532	20.384	12.375	31.527	11.284	6.337	4.84	Ⅳ+B
YQ-1-11	2.146	2.414	11.117	12.546	31.327	11.238	6.433	4.895	Ⅳ+B
YQ-1-13	1.832	2.439	24.895	9.16	25.06	11.09	5.145	4.046	Ⅳ+B
YQ-1-15	1.909	2.549	25.095	17.759	34.247	8.611	10.145	7.669	Ⅱ+B
YQ-1-17	1.899	2.448	22.42	5.883	19.086	11.66	3.301	2.521	Ⅳ+B
YQ-1-18	2.289	2.584	11.423	12.71	32.48	10.235	7.476	5.875	Ⅳ+B
YQ-1-20	2.244	2.801	19.904	14.315	35.006	9.901	8.493	6.7	Ⅳ+D
YQ-1-22	2.396	2.711	11.619	18.329	38.307	8.483	11.419	9.051	Ⅱ+B
YQ-1-24	2.336	2.59	9.801	12.919	30.924	8.946	7.824	6.058	Ⅳ+B
YQ-1-26	2.291	2.558	10.428	14.082	32.749	8.662	8.842	6.833	Ⅳ+B
YQ-1-28	2.43	2.69	9.666	8.314	18.621	8.993	5.255	4.14	Ⅱ+D
YQ-1-30	/	/	/	12.959	25.971	8.61	7.597	5.76	Ⅱ+D
YQ-1-32	2.446	2.65	7.716	13.995	29.267	8.59	8.628	6.848	Ⅱ+D
YQ-1-37	2.418	2.655	8.947	12.788	25.421	8.149	7.954	6.341	Ⅱ+D
YQ-1-39	2.406	2.665	9.735	20.271	36.244	7.794	12.138	9.136	Ⅱ+B
YQ-1-40	2.263	2.67	15.239	11.715	27.412	9.197	7.211	5.63	Ⅱ+D
YQ-1-42	2.401	2.643	9.168	12.326	27.758	9.029	7.405	5.854	Ⅱ+D
YQ-1-45	2.097	2.191	4.279	13.003	30.258	9.078	7.969	6.216	Ⅱ+D
YQ-1-48	2.455	2.611	5.979	9.114	22.727	9.705	5.483	4.26	Ⅱ+D

注:"/"表示无数据;D_a—视密度;D_s—真密度;ϕ—总孔隙度;A_t—总比表面积;V_t—总孔体积;S_a—平均孔径;A_{mic}—微孔比表面积;V_{mic}—微孔体积;Ⅱ、Ⅳ—吸附-脱附曲线类型;B、D—滞后环类型。

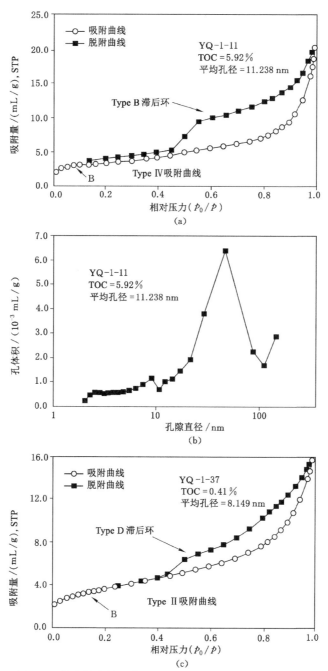

图 8-8 柴北缘中侏罗统石门沟组页岩氮气吸附-脱附曲线和
滞后环类型以及对应的孔径分布

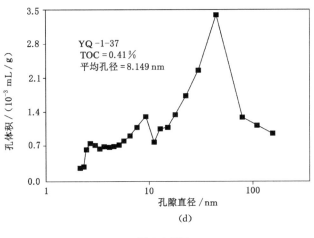

图 8-8(续)

页岩样品的视密度和真密度的变化范围分别为 1.832～2.455 g/cm³（平均值为 2.213 g/cm³）和 2.191～2.801 g/cm³（平均值为 2.565 g/cm³），且这两个参数随着 TOC 含量的增加呈降低趋势，见表 8-5 和图 8-9(a)，这主要归因于页岩有机质和矿物之间的不同密度(Ross et al.,2008)。页岩孔隙度变化范围介于 4.279%～25.095% 之间，平均值为 13.71%，其平均值明显高于加拿大西部泥盆纪密西西比河海相页岩以及中国东部二叠纪海陆过渡相页岩(Ross et al.,2009; Pan et al.,2015)。页岩 TOC 含量和总孔隙度之间呈正相关关系[图 8-9(b)]，这与前人研究的结果较为一致(Milliken et al.,2013;Pan et al.,2015)。

然而，依然存在一些异常变化点，由于石英含量的降低使得其孔隙度与 TOC 含量成反比[图 8-9(b)]。由于存在相对较弱的支撑力，具有较低孔隙度的页岩往往对应较低的石英含量。因此，页岩的有机质孔隙度变化主要受控于 TOC 含量(Loucks et al.,2012;Mastalerz et al.,2013)，而无机质孔隙度则主要与矿物组成（如石英含量）及其压缩程度有关(Cander,2012;Pan et al., 2015)。另外，随着总孔隙度的增大，页岩微孔体积先降低、后升高，而平均孔径则先升高、后降低(图 8-10)。相比较其他页岩而言，中值总孔隙度的页岩具有相对较低的微孔体积和较高的平均孔径。总体而言，湖相页岩的总孔隙度变化较为复杂，它不仅受控于孔隙结构，而且与 TOC 含量和矿物成分关系密切。

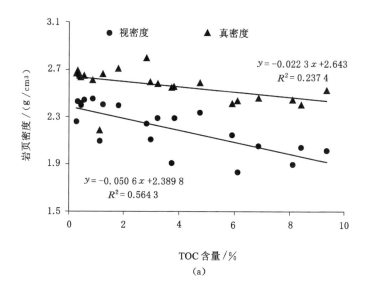

(a)

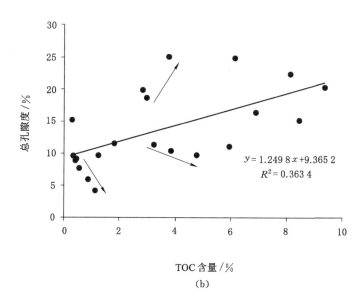

(b)

图 8-9　柴北缘中侏罗统石门沟组页岩 TOC 含量和相应的密度及总孔隙度之间的关系

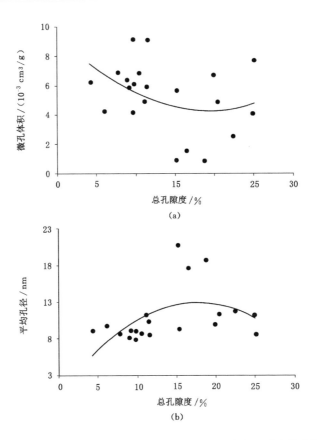

图 8-10　柴北缘中侏罗统石门沟组页岩总孔隙度和对应微孔体积及
平均孔径之间的关系

8.5　陆相页岩甲烷吸附特征及其影响因素分析

　　朗缪尔体积和朗缪尔压力作为页岩甲烷吸附特征的两个重要参数,可以通过平衡水条件下的甲烷等温吸附实验进行表征。本次研究中,对石门沟组上段3 个页岩样品和石门沟组下段 1 个页岩样品分别进行了甲烷等温吸附实验。相关结果显示,页岩样品朗缪尔体积变化范围介于 1.99(YQ-1-17)～8.46(YQ-1-32) cm³/g 之间,平均值为 4.73 cm³/g[图 8-11(a)],由于具有较多的黏土含量,柴北缘陆相页岩甲烷吸附能力整体上要高于典型海相页岩(Ji et al.,2015;Wang et al.,2016)。通常地,页岩甲烷吸附能力受控于有机质含量(Chalmers et al.,2008;Gasparik et al.,2014)、有机成熟度(Ross et al.,2009)、干酪根类型

(Chalmers et al.，2008)和孔隙参数(Chalmers et al.，2012)等。本次研究中主要探讨了孔隙结构这一参数对于页岩甲烷吸附能力的影响。页岩甲烷吸附能力与孔隙比表面积和总孔体积呈很好的正相关关系，其相关性系数(R^2)分别为 0.81和 0.59。进一步发现页岩甲烷吸附能力与微孔比表面积和微孔体积呈更好的相关性[图 8-11(b)]，这进一步表明了微孔孔隙对于甲烷吸附能力的决定性作用。然而，我们需要利用更多的数据去分析甲烷吸附能力与 TOC 含量、矿物组成、孔隙度和渗透率之间的关系。

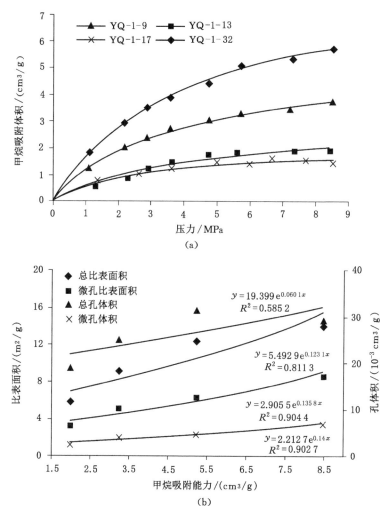

(a)

(b)

图 8-11　柴北缘鱼卡煤田中侏罗统石门沟组页岩甲烷吸附特征及其
与孔结构参数之间的关系

（a）30 ℃下平衡水甲烷吸附曲线特征；（b）页岩甲烷吸附能力与比表面积和孔体积之间的关系

8.6 陆相页岩生烃潜力和勘探层段优选

评价页岩生烃潜力和岩石组成的参数包括有机质丰度、干酪根类型、有机质和矿物组分,YQ-1 井中的页岩样品均对这些参数进行了分析。结果表明,与石门沟下段页岩相比较,上段页岩具有较高的 TOC 含量和较多的热解剩余烃量(表 8-1)。基于剩余烃量(S_2)和 TOC 含量之间的关系分析,石门沟组上段页岩评价为好至优越的储层,而下段页岩则是差至一般等级的储层(图 8-12)。另外,石门沟组上段具有较低的生产指数(PI),而下段的页岩生产指数则变化较大[图 8-13(a)]。由于具有较低的 S_2 值,下段页岩的生烃潜力整体上要高于上段页岩的。石门沟页岩的脆性指数(BI)变化范围介于 20%~50%之间,平均值为34.9%,这与页岩中石英含量的变化趋势较为一致。同时,发现页岩的脆性指数与页岩的埋深之间关系不太明显[图 8-13(b)]。总体对于页岩生烃潜力和矿物组成而言,石门沟组上段页岩具有比下段更好的页岩生烃潜力。

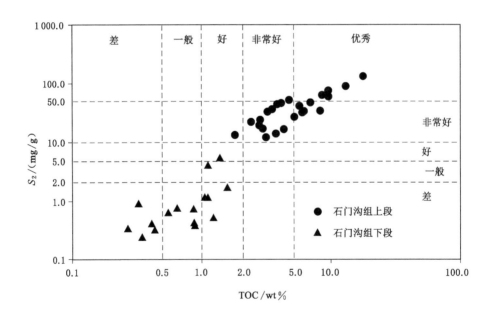

图 8-12 柴北缘鱼卡煤田中侏罗统石门沟组页岩热解残留烃量和总有机碳含量之间的关系

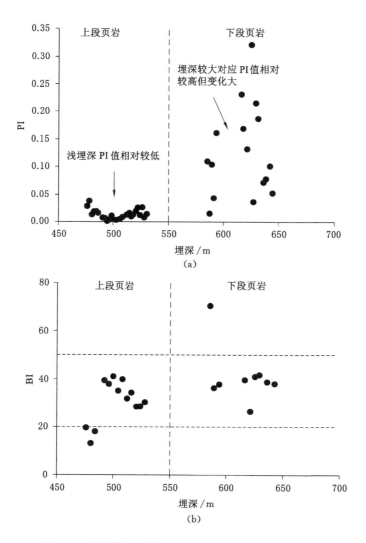

图 8-13　柴北缘鱼卡煤田中侏罗统石门沟组页岩埋深与
生产指数(PI)和脆性指数(BI)之间的关系

　　基于对页岩储层孔隙特征和甲烷吸附能力的调查,相比较于石门沟组上段而言,下段页岩具有较强的甲烷吸附能力和较高的孔隙度,但其孔隙结构较为复杂。因此,石门沟组下段页岩虽然能够吸附较多的甲烷,但对于一个页岩勘探井而言则较难产出。另外,YQ-1 井页岩的含气量变化范围介于 0.62～1.03 m³/t 之间,整体上含气量较低,这可能与埋深较浅有关(表 8-1),同时进一步指出埋深较大和变质程度较高的页岩应该具有较大的含气量。据前人研究,变质程度集中在 1.0%～1.2%之间的页岩被认为是生气量的最高峰(Hunt,1997)。

结合 YQ-1 井中煤的变质程度与埋深之间的关系(Hou et al.,2017a),该地区 R_o 与埋深之间的关系为:$R_o=0.001\,2\times D$(埋深)$-0.178\,2$($R^2=0.668$)。根据此公式 R_o 为 1.0%对应的埋深大约为 1 000 m,所以以页岩埋深在 1 000 m 及其以深的垂向区域应该是该地区页岩气勘探的有利目标层位。另外,页岩热解自由生烃量 S_1 这个参数可以用于评价油含量,其值变化范围介于 0.02～5.57 mg/g 之间。具体而言,石门沟组上段页岩的 S_1 值(平均值为 0.72 mg/g)要高于其下段值(平均值为 0.10 mg/g)。整体上页岩 S_1 的平均值为 1.50 mg/g,其最高值位于上段的顶部位置(表 8-1)。基于以上分析,埋深大于 1 000 m 的上段和下段页岩建议进行页岩气勘探,而位于石门沟组上段顶部位置的油页岩层可以考虑进行油页岩勘探。

8.7 本章小结

(1) 鱼卡煤田 YQ-1 井石门沟组页岩的 TOC 含量介于 0.27%～17.40%之间,而页岩有机质热解 T_{max} 变化范围则介于 421～445 ℃之间,页岩生烃潜力 S_1+S_2 和 TOC 含量之间呈明显的正相关关系。

(2) 柴北缘石门沟组页岩的矿物组成主要是黏土矿物,其次是石英和长石,碳酸盐岩和其他矿物含量最低。由于沉积环境的不同,页岩中的石英含量和矿物脆性指数随着 TOC 含量增大呈先降低、后升高的趋势。

(3) 石门沟组上段页岩的干酪根类型以油型气为主,以类型 Ⅰ 和类型 Ⅱ 为主;而下段页岩的干酪根类型则主要是生气型的,以类型 Ⅱ-Ⅲ 和类型 Ⅲ 为主。因此,柴北缘鱼卡煤田石门沟组页岩的干酪根类型整体上是一种混合油气型。

(4) 页岩真密度和视密度与 TOC 含量之间呈较弱的负相关关系,TOC 含量与总孔隙度之间则呈正相关关系。整体上湖相页岩的总孔隙度较为复杂,它不仅与页岩孔隙结构有关,而且与 TOC 含量和矿物组成关系密切。

(5) 对于页岩生烃潜力评价而言,石门沟上段页岩属于非常好至优秀等级的储层,而下段页岩则属于差至一般等级的储层。石门沟组上段顶部页岩由于具有较高的 S_1 值可以考虑进行油页岩勘探,而上段和下段页岩且埋深大于 1 000 m 的层位可以考虑进行页岩气勘探。

第9章　古气候和古环境驱动下的页岩有机质富集模式研究

富有机质页岩不仅蕴含着丰富的页岩气资源（Ross et al.，2008；Mendhe et al.，2017），而且是分析古气候和古环境信息的特殊地质载体（Murphy et al.，2000；Wang et al.，2017）。页岩中古气候和古环境信息的提取一般上可以通过页岩岩相和元素地球化学分析进行表征（Algeo et al.，2004；Vincent et al.，2006；Ma et al.，2016）。古气候和古环境的变化很大程度上可以导致在陆源碎屑供给、沉积速率、水体氧化还原条件、水体地化和原始生产力等方面产生较大变化（Doebbert et al.，2010；Norsted et al.，2015），这进一步影响到了湖盆演化过程（Chen et al.，2016；Li et al.，2016）。陆相页岩有机质的富集以及 TOC 含量的变化均与伴随着一系列物理和化学变化的沉积过程关系密切（Gross et al.，2015；Liu et al.，2019）。通常地，控制 TOC 含量变化可以归纳为两方面主要因素，即原始生产条件和后期保持条件（Chen et al.，2016；Han et al.，2018），然而碎屑供给和碳酸盐岩的沉积速率等其他因素也同样能够影响有机质的富集（Elliot et al.，2008；Chetel et al.，2011；Ma et al.，2016）。对于具体某个盆地而言，往往是多个因素共同控制着页岩有机质的富集规律。

页岩的干酪根类型在很大程度上取决于沉积环境的变化，在海相页岩和深湖中以Ⅰ型和Ⅱ型干酪根为主（Paytan et al.，2007；Gross et al.，2015；Hou et al.，2017b），而浅水湖泊和河流三角洲平原中页岩的优势类型为Ⅱ-Ⅲ型和Ⅲ型干酪根（Yuan et al.，2015；Hou et al.，2017a）。由于干酪根类型较为固定，控制海相页岩中 TOC 含量的主导因素相对稳定。一般地，对于高水位体系域中的海相页岩，静水缺氧环境中的保存条件和高的古生产力是控制有机质富集的主要因素（Ma et al.，2019），而在低水位体系域中的海相页岩中有机质富集则主要受控于水体的氧化还原条件，如中国南方下寒武统牛蹄塘组（Ma et al.，2019）或者陆源碎屑输入量的大小，如英国中部密西西比河页岩（Gross et al.，2015）。但由于古环境对古气候的响应十分敏感，影响 TOC 聚集的因素也较为复杂。前人研究表明，湖相高水位体系域中页岩 TOC 聚集受碳酸盐含量、初级生产力和湖底缺氧保存条件等多因素综合影响，而在低水位体系域中的页岩 TOC 聚集的主导影响因素则是水体古生产力和陆源碎屑输入量(Yuan et al.,2015;Ma et al.,2016;Li et al.,2020)。因此,即使发育在相同沉积环境中不同盆地、不同位置的陆相页岩,也应具体分析其有机质聚集的关键控制因素。

柴达木盆地北缘中侏罗统石门沟组页岩已经被证实为该地区较为有利的页岩气勘探层位。石门沟组页岩的 TOC 含量变化范围介于 0.56%～28.5%之间。前人已经从孔隙结构等方面对页岩有机质富集的影响进行了分析(Pan et al.,2015;Hou et al.,2018),发现陆相页岩的 TOC 含量与孔隙比表面积和总孔体积呈一种倒 U 形关系(Hou et al.,2018)。然而,从古气候和古环境等方面对页岩有机质富集的影响则很少见报道。在本次研究中,对石门沟组 24 个页岩样品进行了高分辨率地球化学表征和详细的地质描述,基于岩相、元素地球化学、TOC 含量、碎屑输入和化学风化指数等方面的分析,对石门沟组页岩沉积过程进行了还原。在此基础上,探讨了影响页岩有机质富集的主控因素,并提出了古气候和古环境驱动下的页岩有机质富集模式。确定湖相页岩有机质的主控因素不仅可以很好地为该地区页岩气勘探开发提供有效的理论支撑,而且可以为我国陆相富有机质页岩的勘探提供一定的借鉴作用。

9.1　页岩元素地球化学及有机碳同位素实验方法

从柴北缘鱼卡煤田 YQ-1 井中石门沟组中共计选取了 24 个页岩样品进行相关实验分析,其中包括上段页岩 14 个、下段页岩 10 个(图 9-1)。这 24 个样品按照埋深从浅入深依次编号(第 7、8、9 章所有样品进行了统一编号),相关的实验分别包括 TOC 含量测试、有机质镜质体反射率测定、X 射线衍射分析、元素地球化学和有机碳同位素测定。

页岩样品中 TOC 含量通过 LECO CS230 碳/硫分析仪进行探测,具体方法是根据 GB/T 18602—2012 和 GB/T 19145—2003 将所有页岩粉碎至 0.15 mm 粒级进行实验。使用徕卡 MPV3 显微光度计对页岩有机质镜质体反射率进行探测,每个样品镜质体反射率探测点基本上都在 40 个左右。利用 Rigaku D/max-2500PC 衍射仪在 40 kV 和 30 mA 条件下对页岩粉末样品(＜100 目)进行了 XRD 实验,逐步扫描频率和采样间隔分别是 4°/min 和 0.04°(2θ)。对每个样品而言,根据半峰宽和峰面积进行矿物组成的半定量分析。页岩主量元素的氧化物包括 SiO_2、Al_2O_3、CaO、Na_2O、K_2O、MnO、TiO_2 和 P_2O_5。按照 SY/T 5238—2019,利用 Finnigan MAT-252 仪器进行稳定碳同位素探测。用氧化炉从有机物中分离出气态二氧化碳进行检测,测量精度为±0.5‰。此外,采用 V-PDB 标准单位用来描述稳定碳同位素数据。基于 GB/T 14506.30—2010,使用电感耦合等离子

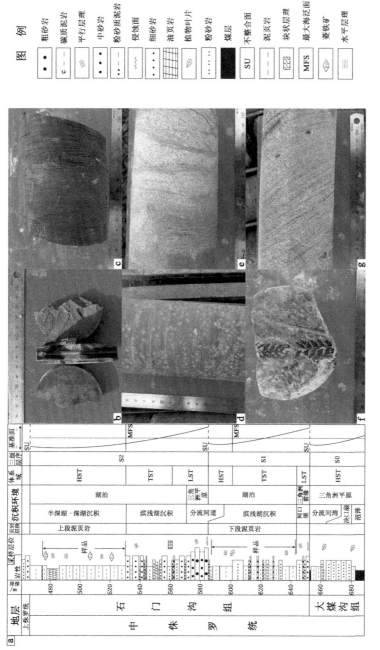

图 9-1 柴北缘鱼卡煤田 YQ-1 井中侏罗统岩性、层序地层学、沉积环境、页岩取样位置及典型沉积构造的柱状剖面图

(a) 典型沉积构造的柱状剖面图；(b) 对应于埋深 481～492 m 的油页岩；(c) 对应于埋深 495～496 m 具水平层理的黑色页岩；

(d) 508～509 m 处含菱铁矿的黑灰色泥岩；(e) 559～560 m 处具有变形构造的粉砂质泥岩；(f) 600～601 m 处具有大量植物碎片的灰色泥岩；

(g) 645～646 m 处具有平行层理的粉砂岩

HST—高位体系域；TST—湖侵体系域；LST—低水体系域。

体质谱仪（ICP-MS）测定页岩样品中的微量元素，每个页岩样品粉碎至 74 μm 粒径以下，然后添加 1 mL HF 和 0.5 mL 的 HNO_3，取 50 mg 加热至 190 ℃并持续 24 h。冷却后取出内罐，置于电热板上加热蒸至近干，再加入 0.5 mL HNO_3 蒸发近干，重复操作步骤一次。加入 5 mL HNO_3，再次密封，放入烘箱中在 130 ℃条件下加热 3 h，稀释定容至 25 mL 摇匀用于 ICP-MS 待测。

9.2 页岩沉积和主微量元素地球化学特征

9.2.1 岩相描述及解译

基于钻孔岩心和野外露头描述，具体信息包括各类岩性及其颜色、组成、沉积构造等，中侏罗统石门沟组中页岩共计识别出了 4 类岩相类型，即发育在深湖-半深湖环境中具有水平层理的油页岩和黑色页岩[图 9-1(b)、(c)]、发育在滨浅湖具有潜穴和水平层理的黑灰色泥岩[图 9-2(a)、(b)]和具有植物碎片的碳质泥岩[图 9-2(c)、(d)]。前两类岩相主要发现在上段具有单厚泥页岩层中，而后两类页岩类型则出现在下段不连续泥页岩层中[图 9-1(a)]。这 4 类岩相具体的特征描述如下：

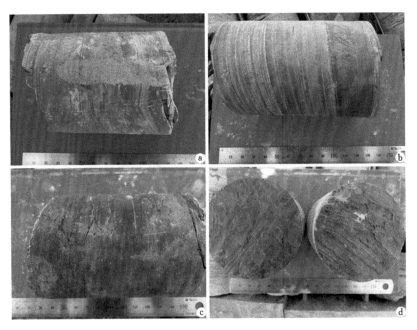

图 9-2 柴北缘中侏罗统石门沟组下段发育于滨浅湖的两类页岩岩相
(a)、(b)具有潜穴和水平层理的灰黑色泥岩；(c)、(d)具有植物碎片的碳质泥岩

（1）具有水平层理的棕色油页岩以风化后薄纸片为沉积特征，其油含量变化范围介于 3.5%～11.5% 之间，这类岩相的出现常常伴随着黑色页岩和泥岩。另外，该油页岩段在区域上比较发育，因此可以作为区域上地层对比的标志层。

（2）发育有很好页理的页岩，该岩相与油页岩、方解石、黄铁矿和瓣鳃动物化石伴随出现，由于厚度大且分布稳定，该段页岩是该地区页岩气勘探的主要层位。

（3）下段具有水平层理的灰黑色泥岩，该岩相类型伴有少量的植物碎屑和黄铁矿，且夹杂粉砂岩和碳质泥岩夹层。

（4）具有大量植物碎片的碳质泥岩，该岩相类型常常伴随着薄煤层的出现，且主要出现在石门沟组和大煤沟组上部的泥炭沼泽环境中。

9.2.2　有机碳含量、镜质体反射率、主量元素地球化学和化学蚀变指数（CIA）

（1）页岩成熟度和 TOC 含量

根据页岩有机质镜质体反射率测定的结果可知，埋深在 475.5～640.5 m 之间对应的页岩镜质体反射率值范围在 0.37%～0.66% 之间（表 9-1）。所采页岩样品的 TOC 含量介于 0.55%～56.7% 之间，平均值为 6.52%（表 9-1）。需要特别指出的是，最高 TOC 含量出现在具有富含植物碎片的碳质泥岩中，除了石门沟组下段这几个碳质泥岩外，发育在深湖-半深湖中上段页岩的 TOC 平均含量为 5.19%，要整体高于发育在下段滨浅湖中泥岩的 TOC 含量（平均值为 0.84%）。

（2）主量元素地球化学特征

页岩样品的主量元素地球化学特征见表 9-1。湖相页岩中主量元素中的氧化物以 SiO_2（碎屑石英）、Al_2O_3（黏土矿物）和 CaO（碳酸页岩）为主。这 3 类主要氧化物平均总含量占石门沟组上段页岩的 65.59%，而占下段页岩的 83.04%，且 SiO_2、Al_2O_3、CaO 的占比依次降低（表 9-1）。对于不同页岩段而言，下段页岩中的 Si、Al、K 和 Ti 等元素的富集程度要高于上段页岩，而元素 Fe、Mg、Ca、Na、Mn 和 P 的富集程度则正好相反（图 9-3）。由于页岩 Si、Al、K 和 Ti 元素与石英和黏土矿物含量关系密切，发现与上段页岩相比较，下段页岩中石英、长石、伊利石和高岭石含量明显更加富集（图 9-4）。所有页岩样品中的 Fe 含量变化范围介于 1.38%～18.36% 之间（表 9-1），这表明上段页岩中黄铁矿、菱铁矿含量以及还原性强度要高于下段页岩。与石门沟组下段灰黑色泥岩和碳质泥岩相比较，上段页岩中黑色页岩和棕色油页岩具有较高的 MgO（EI=1.36）和 CaO 富集指数（EI=1.67）（图 9-3）。因此，上段页岩的方解石含量要明显高于其下段页岩的（图 9-4）。据前人研究，页岩中 K 元素含量可以反映出钾长石的富集程度而 Na 元素含量则反映出斜长石的富集程度（Ross et al.，2009）。如图 9-3 所示，上段页岩中 Na 元素的含量高于下段页岩，而上段页岩中 K 元素的含量则低于下段页岩。因此，上段和下段页岩中的长石含量整体上是差不多的（图 9-4）。

表9-1 柴北缘鱼卡煤田中侏罗统石门沟组页岩埋深、岩性、镜质组反射率、碳稳定同位素、TOC含量及主量元素氧化物含量分布

页岩层段	样品序号	埋深/m	岩性	R_o/%	$\delta^{13}C$ /‰	TOC /wt%	主量元素氧化物含量/wt%										CIA
							SiO_2	Al_2O_3	CaO	Fe_2O_3	Na_2O	K_2O	MnO	TiO_2	P_2O_5	
上段泥页岩	YQ-1-1	475.5~476.5	黑色页岩	/	/	8.43	31.20	14.17	14.52	7.68	0.26	1.42	0.159	0.484	0.169	85.50
	YQ-1-3	479.5~480.5	棕色油页岩	/	-31.0	6.88	42.83	17.82	4.76	7.88	0.37	1.83	0.140	0.568	0.150	84.79
	YQ-1-5	483.5~484.5	棕色油页岩	0.64	/	2.98	19.27	6.14	25.27	2.91	0.30	0.82	0.153	0.250	0.377	76.61
	YQ-1-7	487.5~488.5	棕色油页岩	/	/	6.12	30.61	6.42	26.63	2.79	0.36	0.91	0.162	0.255	0.263	74.67
	YQ-1-9	491.5~492.5	黑色页岩	/	-28.6	9.35	49.00	17.09	0.73	10.77	0.51	2.22	0.630	0.635	0.176	80.76
	YQ-1-11	495.5~496.5	黑色页岩	0.44	/	5.92	51.77	17.39	0.75	6.87	0.58	2.24	0.404	0.636	0.208	80.37
	YQ-1-13	499.5~500.5	黑色页岩	/	-27.7	6.12	53.49	18.74	0.48	5.22	0.58	2.43	0.131	0.672	0.092	81.55
	YQ-1-15	503.5~504.5	黑色页岩	0.39	/	3.75	53.64	20.33	0.40	5.49	0.49	2.71	0.122	0.749	0.122	82.94
	YQ-1-17	507.5~508.5	黑色页岩	/	-25.4	8.11	47.50	19.96	0.69	10.22	0.37	2.12	0.524	0.711	0.406	86.20
	YQ-1-18	511.5~512.5	黑色页岩	0.37	/	3.23	36.77	15.79	2.73	18.36	0.30	1.77	0.940	0.569	1.630	84.52
	YQ-1-20	515.5~516.5	黑色页岩	/	-25.3	2.83	49.65	22.36	0.44	7.34	0.33	2.24	0.286	0.761	0.175	86.98
	YQ-1-22	519.5~520.5	黑色页岩	0.40	/	1.81	45.65	21.11	0.65	11.67	0.23	2.29	0.363	0.725	0.194	86.71
	YQ-1-24	523.5~524.5	黑色页岩	/	-25.3	4.76	46.32	23.03	0.88	9.48	0.23	2.22	0.271	0.797	0.486	87.92
	YQ-1-27	529.5~530.5	黑色页岩	/	/	2.40	39.63	20.67	1.00	15.93	0.19	1.94	0.269	0.660	0.215	88.34
下段泥页岩	YQ-1-30	588.5~589.5	灰黑色泥岩	0.66	/	0.64	58.53	25.19	0.19	2.14	0.16	2.50	0.014	1.040	0.045	88.71
	YQ-1-32	592.5~593.5	灰黑色泥岩	/	-22.8	0.55	47.92	26.13	0.23	1.71	0.20	2.45	0.008	0.786	0.086	89.05
	YQ-1-33	596.5~597.5	碳质泥岩	/	/	56.7	58.64	25.16	0.17	1.91	0.19	2.82	0.010	0.950	0.051	87.62
	YQ-1-34	600.5~601.5	碳质泥岩	/	/	11.4	68.19	16.97	0.15	1.92	0.16	2.34	0.005	0.946	0.036	85.04

表 9-1(续)

页岩层段	样品序号	埋深/m	岩性	R_o/%	$\delta^{13}C$/‰	TOC/wt%	主量元素氧化物含量/wt%									CIA
							SiO_2	Al_2O_3	CaO	Fe_2O_3	Na_2O	K_2O	MnO	TiO_2	P_2O_5	
下段泥页岩	YQ1-35	608.5~609.5	灰黑色泥岩	/	/	0.45	57.69	23.67	0.20	1.57	0.19	2.96	0.007	0.836	0.064	86.35
	YQ1-36	613.5~614.5	碳质泥岩	/	−24.5	9.78	62.33	23.22	0.15	1.40	0.19	2.75	0.007	0.947	0.056	87.13
	YQ1-39	620.5~621.5	灰黑色泥岩	0.65	/	1.24	61.55	23.46	0.15	1.39	0.18	2.84	0.006	1.010	0.056	86.96
	YQ1-41	626.5~627.5	灰黑色泥岩	/	−22.8	1.12	60.14	23.82	0.16	1.79	0.15	2.63	0.016	0.961	0.070	88.07
	YQ1-44	634.5~635.5	灰黑色泥岩	/	/	0.87	61.52	18.96	0.43	5.45	0.16	2.58	0.039	0.896	0.070	85.06
	YQ1-47	639.5~640.5	灰黑色泥岩	/	−23.7	1.04	60.87	24.45	0.13	1.38	0.18	2.80	0.01	0.93	0.040	87.55

注:"/"表示无数据。

随着水体深度的增加,页岩中的 MnO 和 P_2O_5 的含量不断增加(Han et al., 2018;Sun et al.,2018)。石门沟组页岩中的 Mn 和 P 元素的分布证实了上段页岩的沉积水体要深于下段页岩(图 9-3)。另外,TiO_2 和 Al_2O_3 之间的正相关关系表明这两种元素均来源于陆源碎屑,因此页岩中黏土矿物则受控于陆源碎屑,与自生作用无关(Ross et al.,2009),见图 9-5 和表 9-1。

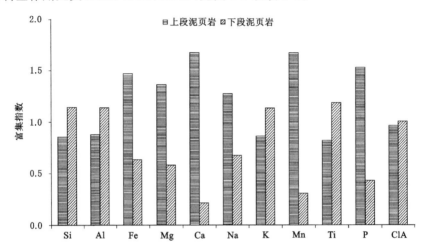

图 9-3 柴北缘鱼卡煤田中侏罗统石门沟组页岩主量元素富集特征
(富集指数 EI=上段或下段页岩主量元素平均值/所有页岩的主量元素平均值)

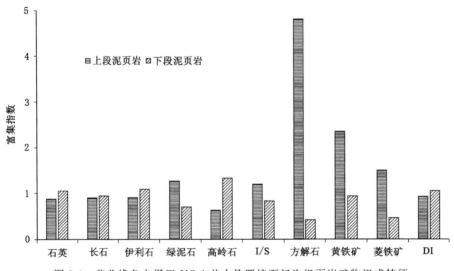

图 9-4 柴北缘鱼卡煤田 YQ-1 井中侏罗统石门沟组页岩矿物组成特征

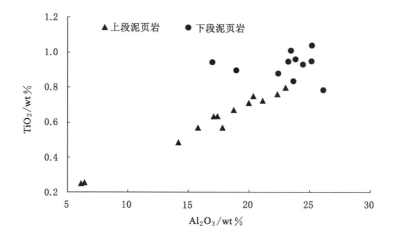

图 9-5　柴北缘鱼卡煤田中侏罗统石门沟组页岩 TiO_2 和 Al_2O_3 之间的关系

（3）页岩化学蚀变指数（CIA）

化学蚀变指数（CIA）反映着物源区的化学风化程度，因此该指数可以用于页岩沉积时物源区古气候的重建（Nesbitt et al.,1982；McLennan,1993）。CIA的计算公式由 Nesbitt 等（1982）和 McLennan（1993）等提出：

$$CIA = [Al_2O_3/(Al_2O_3 + CaO^* + Na_2O + K_2O)] \times 100\%$$

式中，氧化物为摩尔分数；CaO^* 指的是岩石中硅酸盐组分的 Ca 含量，而不包括非硅酸盐组分（如磷酸盐和碳酸盐）。

由于目前还没有一种直接的方法可以区分和定量这两种组分中的 Ca 含量，本书采用 McLennan（1993）提出的假定硅酸盐中 Ca/Na 比值一定的间接方法计算 CaO^*：先将沉积物中的 CaO 摩尔数减去利用 P_2O_5 摩尔数折算得出的磷酸盐中的 CaO 摩尔数；再比较剩余的 CaO 摩尔数与 Na_2O 摩尔数，两者中的较小值即为 CaO^* 摩尔数。一般，高 CIA 值反映着湿热的古气候，而低 CIA 值则反映着干冷的古气候。CIA 值介于 50～60 之间反映着较低的风化程度，60～80 之间为中等风化程度，80～100 之间为强风化程度（Fedo et al.,1995）。在本次研究中，石门沟组页岩 CIA 平均值为 85.12，这反映着物源区具有较强的风化程度，且湿热古气候较为流行。另外，由于存在钾长石的交代作用，实际的 CIA 值应该会比现在所计算出的值更高（Rieu et al.,2007）。具体而言，上段页岩的 CIA 的平均值要低于下段页岩（图 9-6），其上段页岩和下段页岩的平均值分别为 83.50 和87.17（表 9-1）。

9.2.3　页岩矿物组成和碎屑指数（DI）

对于矿物组成的分析不仅可以有效评价页岩储层物性特征，而且可以作为

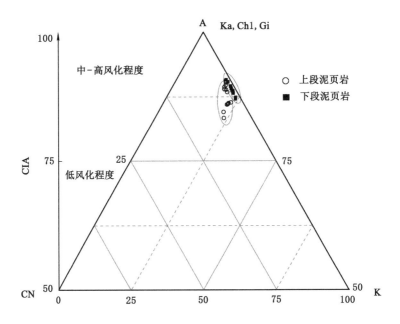

Ka—高岭石；Chl—绿泥石；Gi—三水铝石

图 9-6　柴北缘中侏罗统石门沟组页岩化学蚀变指数的 A-CN-K

$(Al_2O_3\text{-}CaO^* + Na_2O\text{-}K_2O)$ 三端元图

推测古气候和古环境的重要指标之一（Ross et al.,2009；Mendhe et al.,2017；Hou et al.,2017b）。在本次研究中，石门沟组页岩主要由石英、长石、黏土、少量的碳酸盐岩和硫化物组成（表 9-2）。具体而言，页岩中的黏土矿物含量变化范围介于 42%～77% 之间，平均值为 57.6%，长石和石英总含量介于 12%～45% 之间，平均值为 31.2%，碳酸盐岩和其他矿物含量值介于 0～28% 之间，平均值为 11.1%。同时，石门沟组下段和上段页岩中黏土矿物、石英和长石含量、碳酸盐岩、菱铁矿和黄铁矿含量的平均值分别为 62.4%、35.8%、1.7% 和 54.3%、28.1%、17.6%（表 9-2）。利用页岩碎屑指数 DI＝石英＋长石＋伊利石＋绿泥石＋高岭石＋伊蒙混层（wt.%）对陆源碎屑输入量进行综合评价。因此，下段页岩的陆源碎屑输入量要高于上段页岩，而下段页岩中夹杂着多种不同粒度级别的砂岩（图 9-1、图 9-2）。

前人研究表明，页岩中的 Ti、Si、Zr 和 Th 元素的富集程度可以作为反映陆源碎屑输入的指标（Murphy et al.,2000；Chen et al.,2016）。具体而言，Ti 元素与黏土矿物和重矿物（如金红石和钛铁矿等）关系紧密，而 Si 元素则常常出现在与生物成因和碎屑成因有关的石英中（Kidder et al.,2001）。在垂向序列中，石

表 9-2　柴北缘鱼卡煤田中侏罗统石门沟组页岩矿物组成特征

页岩层段	样品编号	页岩矿物组成相对含量 /wt%										碎屑指数 /%
		石英	长石	伊利石	绿泥石	高岭石	伊蒙混层	方解石	白云石	黄铁矿	菱铁矿	
上段泥页岩	YQ-1-1	17	0	7.2	7.8	18.6	26.4	9	0	4	10	77
	YQ-1-3	12	0	4.1	0.9	2.3	37.7	34	0	0	9	57
	YQ-1-5	16	1	4.2	3	7.8	45	12	0	2	9	77
	YQ-1-9	37	6	6.3	3.4	5.7	41.6	0	0	0	0	100
	YQ-1-11	36	5	6.5	5.9	12.4	34.2	0	0	0	0	100
	YQ-1-13	37	5	6.4	4.8	11.1	30.7	0	0	0	5	95
	YQ-1-15	32	5	7.7	4.7	23	23.6	0	0	0	4	96
	YQ-1-17	28	2	4.6	5.5	13.8	18.1	0	0	0	28	72
	YQ-1-18	28	2	5.4	5.4	21.6	27.6	0	0	0	10	90
	YQ-1-20	24	3	5.5	4.6	17	18.9	0	0	0	27	73
	YQ-1-22	22	2	7.2	6.1	22	19.7	0	0	0	21	79
	YQ-1-24	23	3	7.4	6.3	24.4	18.9	0	0	0	17	83
	YQ-1-27	18	1	5.83	6.36	23.32	17.49	4	0	0	24	72
下段泥页岩	YQ-1-30	34	3	6.6	0	34.8	18.6	0	0	0	3	97
	YQ-1-32	37	2	11.6	4.9	26.8	17.7	0	0	0	0	100
	YQ-1-33	40	5	7.15	6.05	17.6	24.2	0	0	0	0	100
	YQ-1-34	20	3	7.6	5.32	43.32	19.76	0	0	1	0	99
	YQ-1-36	21	2	7.7	0	43.89	25.41	0	0	0	0	100
	YQ-1-39	26	2	7.2	4.3	34.6	25.9	0	0	0	0	100
	YQ-1-41	41	3	6.16	0	33.6	16.24	0	0	0	0	100
	YQ-1-44	35	6	6.6	0	29.1	17.3	0	2	1	3	94
	YQ-1-47	39	3	6.76	0	28.6	16.64	0	0	0	6	94

门沟组上段和下段页岩中 Ti、Zr、Th 和 Al 元素的变化趋势较为相似,从下至上均呈现先降低至 5 号页岩样品后再逐渐增大的趋势(图 9-7)。整体上,石门沟组下段页岩中 Ti、Zr、Th 和 Al 元素的富集程度高于上段页岩,这进一步表明下段灰黑色泥岩和碳质泥岩中的陆源碎屑输入量大于上段棕色页岩和黑色页岩。

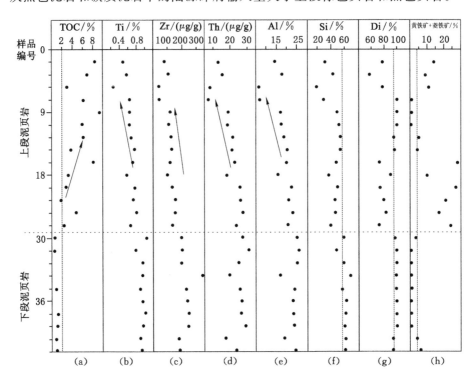

图 9-7　柴北缘鱼卡煤田 YQ-1 井中侏罗统石门沟组页岩 TOC 含量和
陆源碎屑输入参数垂向展布

9.2.4　微量元素地球化学特征

由于泥页岩中各类微量元素很难受到水体深度变化和沉积成岩作用的影响,因此微量元素的丰度及其分布可以对物源区类型、古气候和古环境信息以及构造演化特征进行有效预测(Bhatia,1985)。本次研究共计 21 个页岩样品的微量元素和相关分析,见表 9-3 和图 9-8。结果表明,下段页岩中含有较高的 Ga、Rb、Cs、Th、U、Nb、Ta、Zr 和 Hf 等元素,而上段页岩中的 V、Cr、Co、Ni、Cu 和 Sr 等元素则较为富集(图 9-8)。需要指出的是,上段页岩 Sr 的富集指数要明显高于下段页岩的,其值分别为 1.34 和 0.48。

(1) 物源、古盐度和氧化还原指标

表 9-3　柴北缘鱼卡煤田中侏罗统石门沟组页岩微量元素富集特征

元素	Y-1	Y-3	Y-5	Y-7	Y-9	Y-11	Y-13	Y-15	Y-17	Y-18	Y-20	Y-22	Y-24	Y-27	Y-30	Y-32	Y-33	Y-34	Y-35	Y-36	Y-39	Y-41	Y-44	Y-47
Sc	11.9	17.1	7.2	9.32	19.6	19.6	21.7	22.1	23.2	17.7	25	24.2	24.1	24.3	18.2	27.6	21.1	17.5	15.9	19.4	21.8	16.2	15.5	17.7
Y	27.1	26.3	17.2	21.1	38.9	39.2	40.7	43.7	39.5	37.8	42.7	44.0	44.7	38.5	33.2	59.6	40.5	28.6	46.8	40.0	41.8	44.2	28.4	27.9
Li	30.2	34.7	13	12.6	45.9	45.6	51.1	49.5	49.3	41.6	56.7	55.2	60.1	52.5	57.4	71.4	68.8	37.7	55.4	58.3	57.8	48.7	36.6	52
Be	1.75	2.87	0.82	1.19	3.94	3.34	3.1	3.68	3.63	3.1	3.33	3.98	3.48	3.57	3.28	4.47	2.89	2.37	3.85	2.85	3.65	3.69	2.7	2.69
V	76	119	80.5	72	129	147	134	165	168	163	178	135	145	161	79.4	183	118	77.9	97.8	93.9	88.1	93	72	107
Cr	58.3	83.7	57.1	58	126	109	119	128	140	104	147	131	108	113	98.2	145	95.7	76.6	102	103	97.2	74.1	66.9	75.8
Co	16.6	17.6	11.3	11.9	32.7	20.2	28.1	26.7	29.3	21.5	33.5	30.2	27.1	23.7	21.4	8.39	17.3	32.3	18.8	30.2	9.49	32	18.9	5.7
Ni	56.6	46.6	28.7	37.3	98.5	63.4	75.5	84.4	70.2	48.2	79.9	59.5	53.7	45.9	47.6	31.4	50	36.4	37.7	55.8	27.7	48.3	34.9	25.3
Cu	55.2	41.3	65	29.6	57.4	61.2	68	79	67.9	44.1	73	53.7	45.3	53.1	33.6	75.3	35.6	26.7	45.6	46.5	37.8	40.5	28.1	29.5
Zn	58.4	104	66.6	51.2	113	113	137	141	132	115	142	140	137	118	115	87.3	115	80.5	173	123	127	161	94.2	86.3
Ga	16.5	23.1	8.94	8.91	24.3	24.2	25.6	26.4	26.7	21.7	28.7	31.9	29.2	29.1	34.1	39	33.4	22	31.8	33.5	32.4	32.4	21.4	30
Rb	79.1	112	50.4	57.4	148	141	149	139	132	118	140	158	141	133	168	181	207	175	184	187	178	167	132	184
Sr	454	222	688	454	115	116	118	120	240	108	132	105	254	78.3	63.6	133	84.3	71.9	90.3	100	80.4	77	57.4	66
Cs	5.29	8.78	3.64	3.62	11.9	12.1	13.9	12.8	11.7	10.8	12.8	15.1	14.9	14.5	18.5	26.3	23.5	19.6	20	21.8	19.4	14.8	10.8	24.9
Ba	492	362	519	509	516	505	522	495	882	496	536	537	610	442	428	394	466	707	433	491	488	453	394	438
Th	12.9	15.2	8.03	6.76	18.7	18.4	21.4	21.1	22.5	18	25.6	26	27.4	23.5	27.2	30.9	24.9	19.5	26.6	26.8	26.3	29.1	17.3	23.6
U	4.12	5.03	5.74	1.85	4.3	4.41	5.74	5.92	5.48	4.17	7.11	5.41	5.21	4.84	5.97	9.33	5.27	4.84	7.11	8.14	5.85	7.79	4.63	4.89
Nb	8.3	11.7	4.55	4.96	13.7	13.5	14.5	14.4	13.8	12.1	15.1	15.8	16.4	13.5	25.3	18.3	22.4	25.2	18.6	24.4	25.7	25.3	18.2	21.9
Ta	0.65	0.84	0.32	0.37	1.01	0.94	1.03	1.01	0.98	0.85	1.04	1.18	1.22	1.01	1.89	1.43	1.61	1.81	1.52	1.81	1.83	2	1.44	1.68
Zr	78.8	106	42.1	42.7	116	109	124	129	118	99.2	132	154	153	133	196	200	195	345	218	238	247	243	177	183

表 9-3（续）

元素	Y-1	Y-3	Y-5	Y-7	Y-9	Y-11	Y-13	Y-15	Y-17	Y-18	Y-20	Y-22	Y-24	Y-27	Y-30	Y-32	Y-33	Y-34	Y-35	Y-36	Y-39	Y-41	Y-44	Y-47
Hf	2.44	3.41	1.27	1.32	3.5	3.42	3.66	4.01	3.63	3.06	4.2	4.69	4.69	4.11	5.95	5.93	6.09	10.1	6.81	7.26	7.31	7.12	5.32	5.75
Cr/Zr	0.74	0.79	1.36	1.36	1.09	1.00	0.96	0.99	1.19	1.05	1.11	0.85	0.71	0.85	0.50	0.73	0.49	0.22	0.47	0.43	0.39	0.30	0.38	0.41
Sr/Ba	0.92	0.61	1.33	0.89	0.22	0.23	0.23	0.24	0.27	0.22	0.25	0.20	0.42	0.18	0.15	0.34	0.18	0.10	0.21	0.20	0.16	0.17	0.15	0.15
Sr/Ga	27.5	9.61	76.9	50.9	4.73	4.79	4.61	4.55	8.99	4.98	4.60	3.29	8.70	2.69	1.87	3.41	2.52	3.27	2.84	2.99	2.48	2.38	2.68	2.20
Ni/Co	3.41	2.65	2.54	3.13	3.01	3.14	2.69	3.16	2.40	2.24	2.39	1.97	1.98	1.94	2.22	3.74	2.89	1.13	2.01	1.85	2.92	1.51	1.85	4.44
V/Sc	6.39	6.96	11.2	7.73	6.58	7.50	6.18	7.47	7.24	9.21	7.12	5.58	6.02	6.63	4.36	6.63	5.59	4.45	6.15	4.84	4.04	5.74	4.65	6.05
Ba/Ti	1016	637	2076	1996	812	794	776	660	1240	871	704	740	765	669	411	501	490	747	517	518	483	471	439	470
Ba/Al	34.7	20.3	84.5	79.3	30.2	29.0	27.9	24.3	44.2	31.4	23.9	25.4	26.5	21.4	16.9	15.1	18.5	41.7	18.3	21.1	20.8	19.0	20.7	17.9
P/Ti	0.35	0.26	1.51	1.03	0.28	0.33	0.14	0.16	0.57	2.86	0.23	0.27	0.61	0.33	0.04	0.11	0.05	0.04	0.08	0.06	0.06	0.07	0.08	0.04
P/Al (10^{-2})	1.2	0.8	6.1	4.1	1.0	1.2	0.5	0.6	2.0	10.3	0.8	0.9	2.1	1.0	0.2	0.3	0.2	0.2	0.3	0.2	0.2	0.3	0.4	0.2

注：样品编号进行了简写，如 YQ1-1 简写为 Y-1；各微量元素单位为 $\mu g/g$。

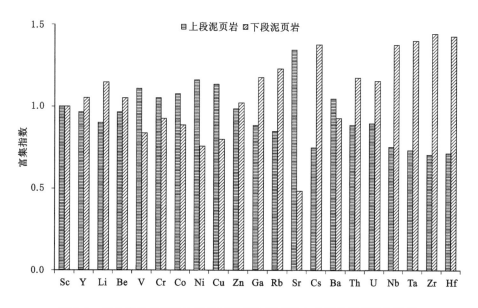

图 9-8　柴北缘鱼卡煤田中侏罗统石门沟组页岩中各微量元素富集特征

　　页岩中的 Cr/Zr 比值可以作为分析物源区矿物是以铁镁质为主还是以长英质为主的关键指标（Wronkiewicz et al.，1989）。本次所采页岩样品中的 Cr/Zr 变化范围较大，其值介于 0.22～1.36 之间，平均值为 0.77（表 9-3）。垂向上从下至上呈逐渐增大的趋势，且上段页岩的 Cr/Zr 平均值（1.0）明显大于下段的平均值（0.43）[图 9-9（b）]。因此，可以推测出下段页岩沉积期物源区以长英质矿物为主，而上段页岩沉积期时则转变为铁镁质矿物，这表明石门沟组沉积期物源的高度不断地在升高（Dokukina et al.，2010）。除 B 元素外，其他指标如 Sr/Ba 和 Sr/Ga 也可以很好地预测古盐度变化（Vincent et al.，2006）。具有较高比值 Sr/Ba 和 Sr/Ga 的页岩代表着高盐度的沉积环境。在本次研究中，Sr/Ba 和 Sr/Ga 比值的垂向序列变化中具有相似的规律[图 9-9（c）、（d）]，且上段页岩明显高于下段页岩，这表明石门沟组上段页岩具有较高的古盐度值。其他指标包括 Ni/Co 和 V/Sc 比值可以很大程度上反映着水体的氧化还原特征（Hatch et al.，1992；Algeo et al.，2004）。上段页岩和下段页岩中的 Ni/Co 和 V/Sc 的平均比值分别为 2.62、7.27 和 2.45、5.25，见表 9-3 和图 9-9（e）。因此，上段页岩沉积期的水体还原程度明显高于下段页岩沉积期。

　　（2）古生产力指标

　　P 元素作为富营养物质的指标之一，在很大程度上控制着海相和陆相富有机质页岩的分布（Tyrrell，1999）。因此，页岩中 P 元素的分布被广泛地用于分

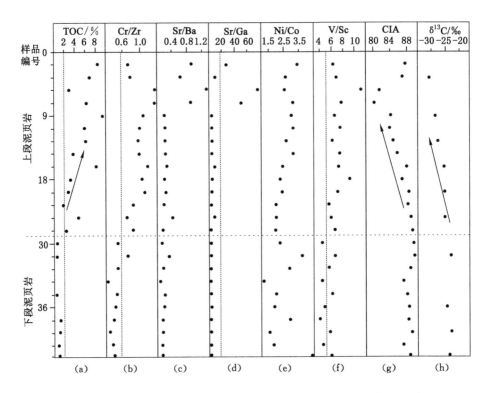

图 9-9 柴北缘鱼卡煤田中侏罗统石门沟组页岩 TOC 含量、物源类型（Cr/Zr）、
古盐度（Sr/Ba、Sr/Ga）、氧化还原指标（Ni/Co、V/Sc）、CIA 和稳定碳同位素垂向分布

析古水体有机质的生产能力（Latimer et al.,2002）。为了降低有机质和自生矿物对陆源碎屑中 P 元素的稀释作用，其他指标如 P/Ti 和 P/Al 比率也常常用于分析古生产力条件（Latimer et al.,2002；Algeo et al.,2011）。在本次研究中，对上述 3 项指标均进行了分析，其结果见表 9-3 和图 9-10。结果表明，这 3 项指标在垂向序列上有相似的表现规律，P、P/Ti 和 P/Al 最大值均出现在样品 18 中，分别为 1.63%、2.86 和 0.103，见表 9-3 和图 9-10。然而，该样品的 TOC 含量相对来说比较低，仅有 3.23%，这意味着古生产力不是影响页岩有机质富集的主控因素。整体上，石门沟组上段页岩的古生产力要强于下段页岩，上段页岩和下段页岩中 P、P/Ti 和 P/Al 的平均值分别为 0.33%、0.64、0.023 和 0.06%、0.06、0.025。由于页岩中 Ba 元素与古生产力呈正相关关系（Paytan et al.,2007），因此 Ba 元素及其相关的比值（如 Ba/Ti 和 Ba/Al）也可以作为探测古水体生产力的另一些指标（Algeo et al.,2004；Chen et al.,2016）。上段页岩中 Ba、Ba/Ti 和 Ba/Al 比值均明显高于下段页岩的（图 9-10），因此发育在深湖-半深湖页岩的古

生产力明显强于滨浅湖中的页岩。

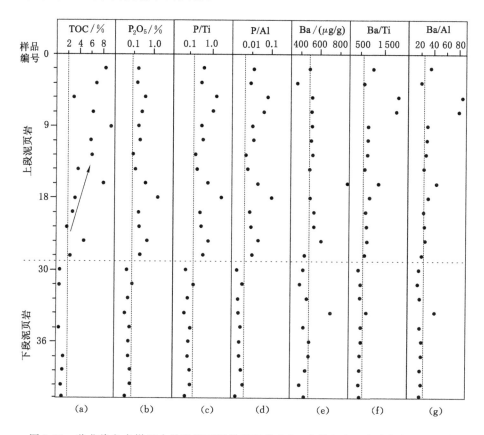

图 9-10　柴北缘鱼卡煤田中侏罗统石门沟组页岩 TOC 含量和古生产力指标垂向展布

9.3　基于岩相和地球化学的沉积过程分析

在本次研究中,我们通过对页岩岩相和元素地球化学结果的分析,试图恢复柴北缘中侏罗统石门沟组的沉积过程,其中涉及的地球化学指标包括化学蚀变指数(CIA)、稳定碳同位素、氧化-还原指标、碎屑输入和古生产力探测指标等。

(1) 下段页岩中灰黑色泥岩和碳质泥岩

具有潜穴构造的灰黑色页岩和具有大量植物碎屑的碳质泥岩表明沉积期时处于一种高能且水体较浅的古环境(Abouelresh et al.,2012;Hou et al.,2019)。这也可以通过粉砂质泥岩中的同沉积变形构造[图 9-1(e)]以及粉砂岩中的平行层理进一步确认[图 9-1(g)]。由于这两类岩相均具有较高的水动力强度并距离物源较近,因此下段页岩相比较于上段页岩具有更高的碎屑指数[图 9-7 (g)],这应该与风化的强度关系密切[图 9-9(g)]。同时,在潮湿气候下的高风化程度提供更多携带营养物质的水体,促进在湖侵体系域和高位体系域中的水体深度不断增加[图 9-1(a)]。另外,石门沟组下段页岩中的有机质类型以生气型为主(Hou et al.,2017b),同样也说明在该沉积期存在高强度的陆源输入和较茂密的植物生成环境。

对于元素地球化学指标而言,较低的 Sr/Ba 和 Sr/Ga 比值[图 9-9(c)、(d)]表明这两类岩相发育在较低盐度的环境中,因此在下段页岩中发育了几处生物扰动构造[图 9-2(a)],这与上述分析的较高输入强度和较低还原程度一致。下段页岩中较低值的 P/Ti 和 P/Al 反映出灰黑色泥岩和碳质泥岩发育于较弱的古生产力环境中,这应该与强陆源输入关系较为紧密(Jiang et al.,2007)。整体上,石门沟组下段沉积物具有强陆源碎屑输入和较强的化学风化强度、低古盐度和低古生产力以及较弱的环境特征。因此,可以据此推断出下段页岩发育在较小较浅且具有富氧环境的湖泊中,根据较高的 CIA 值和正偏的 $\delta^{13}C$ 值可以间接地推测出该沉积期应该伴随着湿热的古气候。

(2)上段棕色油页岩和黑色页岩

具有块状层理的棕色油页岩和具有水平层理的黑色页岩[图 9-1(b)、(c)],证实了上段页岩沉积于一个相对缺氧和静水的湖泊环境(Bruhn,1999),同时在深湖-半深湖中缺乏一些典型的沉积构造(如平行层理和波状层理等),从另一方面代表着相对闭塞的静水环境和垂向序列上的凝缩段。上段页岩中较差发育的生物扰动现象代表着相对较弱的碎屑输入(Schieber et al.,2009),这同样与较低的 DI 指数相互呼应[图 9-7(g)]。基于 DI 指数的垂向变化特征,上段页岩中较低的碎屑指数反映着棕色油页岩和黑色页岩沉积于湖泊中心而非湖泊边缘[图 9-7(g)]。同时,上段页岩较低的碎屑输入主要是由于较低的化学风化强度导致的[图 9-9(g)]。另外,前期研究已经证实了上段页岩段的有机质类型主要以生油型为主(Hou et al.,2017b),这也与较低的碎屑输入结果较为一致。

页岩中较高的 Sr/Ba 和 Sr/Ga 比值[图 9-9(c)、(d)]从另一方面证实这两个岩相沉积于相对较高的咸水环境中,因此发育于贫氧-缺氧中的上段页岩几乎未见到任何生物扰动现象(Wang et al.,2017)。上段页岩中较低值的 $\delta^{13}C$ 意味着该沉积期具有相对较低的温度(Lu et al.,2017)。基于上述页岩岩相和元素地球化学特征的描述和分析,上段页岩沉积于一种低陆源输入量、高盐度、贫氧-缺氧、强还原、高古水体生产力和较低化学风化强度的环境。因此,石门沟组上段棕色油页岩和黑色页岩应该沉积于具有缺氧-贫氧的较大且较深的咸湖环境,且该沉积期伴随着较低的 CIA 值和负偏的 $\delta^{13}C$ 值,可以推测出该沉积期应该伴随着干冷的古气候。

（3）石门沟组的沉积过程

在中侏罗统石门沟组沉积期时，整体上由下段中的灰黑色泥岩和碳质泥岩过渡为上段中的棕色油页岩和黑色页岩，这说明沉积环境由湿热气候下的较小和较浅的淡水湖泊（湖侵体系域和部分高水位体系域）逐渐转变为干冷气候下的较大、较深的咸水湖泊（高水位体系域）。基于页岩元素地球化学、古植物学、有机碳同位素和海水温度变化等参数，前人已经证实了研究区中侏罗统石门沟组沉积在 168.3～163.5 Ma 之间（Arabas，2016；Sandoval，2016），对应于巴通期和卡洛期。自巴通期起，根据稳定碳同位素数据变化证实全球古气候突然变热（Wierzbowski et al.，2011；Lu et al.，2017），这与本研究中预测的下段页岩沉积期的古气候特征较为相似。因此，整体上石门沟组沉积期时干热气候较为流行，但在这个过程中却时常被小范围的湿热古气候所打断。

基于前期对沉积物源、古盐度、氧化还原条件、古生产力和有机碳同位素的分析，石门沟组沉积期可以划分为三个变化阶段的沉积过程（阶段 A、B、C），如图 9-11 所示。具体而言，在石门沟组早期湿热气候会导致较多的降雨和碎屑输入，从而促使湖平面不断上升，因此在早期时是较小和较浅的湖泊，而在后期时则过渡为较深和较大的湖泊（图 9-11）。另外，根据 Cr/Zr 比值变化可以推测出从下段页岩至上段页岩过程中物源高度不断提升。对于石门沟组上段而言，基于页岩 TOC 含量、CIA 值变化和碎屑输入量变化可以将其沉积过程划分为两个阶段，即阶段 B 和阶段 C。与阶段 B 沉积期相比较而言，阶段 C 时期伴随着较高的 TOC 含量、较高的 CIA 值和较强的碎屑输入，这说明古气候进一步变得湿热。因此，整个石门沟组的古气候可以解译为一个湿热、干冷和湿热的气候演变沉积过程，分别对应沉积阶段 A、B 和 C（图 9-11）。

植物在湿热期较为茂盛，且由于较高的化学风化程度使得在下段页岩沉积中具有非常丰富的植物碎片[图 9-2（d）]。在该气候环境下，较强的淡水输入和较弱的蒸发量可以降低水体古盐度，这与该时期相对较低的 Sr/Ba 和 Sr/Ga 比值相一致[图 9-9（c）、（d）]。在石门沟组晚期，增加的生物活动和降低的陆源碎屑输入使得古生产能力不断增强，因此较高的 TOC 含量应该与增强的湖泊生物活动关系密切。另外，在干冷气候环境下有限的淡水输入可以导致湖泊盐度增大，这也与上段页岩中较高的 Sr/Ba 和 Sr/Ga 比值相互呼应[图 9-9（c）、（d）]。然而，随着降雨量增强和湖平面的升高破坏了这种沉积条件，在碎屑输入和生物活动共同作用下导致了较高的 TOC 含量（Chalmers et al.，2012；Pan et al.，2015）。

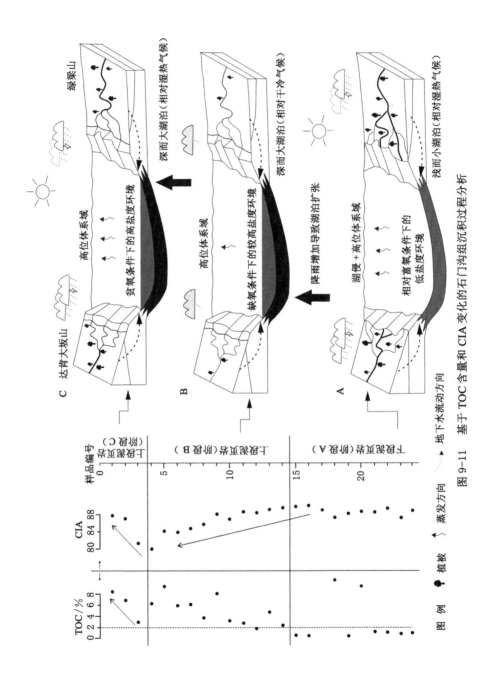

图 9-11 基于 TOC 含量和 CIA 变化的石门沟组沉积过程分析

9.4　页岩有机质富集的影响因素

页岩的有机质富集程度可以用来进行生烃潜力的有效评价和页岩气勘探有利层位分布的预测(Wang et al.,2017;Hou et al.,2017b)。较高 TOC 含量的页岩往往具有较强的生烃潜力(Makeen et al.,2015)。湖相环境中的有机质富集控制因素一般包括岩相类型、碎屑物质的输入量、氧化还原条件和古水体的生产能力等(Mort et al.,2007;Ma et al.,2016)。

石门沟组下段页岩沉积在滨浅湖中,而上段页岩则沉积在深湖-半深湖中(图 9-1)。基于沉积相与 TOC 含量之间的相关性分析,除了几个异常点外,上段深湖-半深湖中页岩中有机质富集程度明显高于下段滨浅湖中的页岩[图 9-12(a)]。需要注意的是,由于大量植物碎片的影响导致在下段碳质泥岩中存在两个明显的异常点。对于碎屑输入的影响,在湖侵体系域和部分高位体系域中下段页岩的 TOC 含量与 SiO_2 含量呈正相关关系($R^2=0.473$),如图 9-12(b)所示。然而,这个相关性在上段页岩中却表现得并不明显。因此,下段页岩的 TOC 含量与陆源碎屑输入关系应该非常密切。导致出现这个现象的原因应与在较高的化学风化强度会携带更多的淡水和较多的有机质(如植物碎片等)进入湖泊中,从而引起页岩中有机质含量的增加有关(Chetel et al.,2011)。页岩中的 Ni/Co 比值常被用作分析古水体的氧化还原程度的高低。对于沉积于深湖-半深湖中的上段页岩,TOC 含量与 Ni/Co 比值呈正相关关系($R^2=0.376$),这说明具有高值 TOC 含量的页岩往往沉积于强还原条件的水体中[图 9-12(c)]。因此,水体的缺氧条件应该是影响上段页岩有机质富集的主控因素。然而,下段页岩中 Ni/Co 比值变化范围较大且与 TOC 含量几乎无关,这说明下段页岩中的有机质富集程度的主控因素不是水体氧化还原程度。尽管增加的古生产力(P/Ti)可以提供更多的有机质(Littke et al.,1991;Sachse et al.,2012),但石门沟组页岩 P/Ti 和 TOC 含量之间的确没有任何关系[图 9-12(d)]。综上所述,处于湖侵体系域和部分高位体系域的下段页岩有机质富集的主控因素与陆源碎屑输入有关,而处于湖相高位体系域的上段页岩则受水体缺氧环境下的保存条件控制。

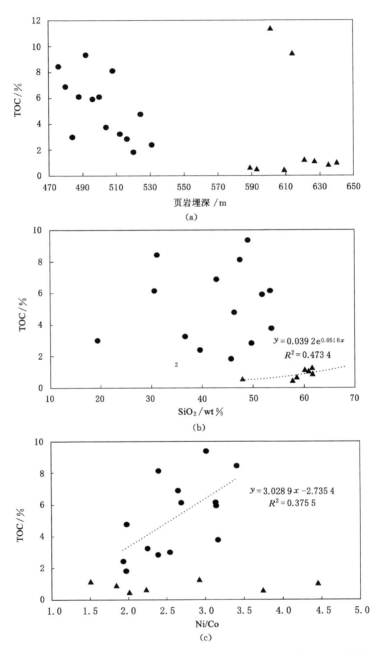

图 9-12　柴北缘鱼卡煤田中侏罗统石门沟组页岩埋深、SiO$_2$ 含量、氧化还原条件和古
生产力对 TOC 含量的影响

（圆点代表石门沟组上段页岩；三角代表石门沟组下段页岩）

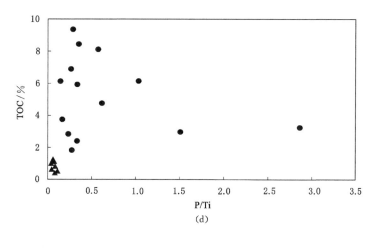

图 9-12(续)

9.5　陆相页岩有机质富集模式

基于对页岩有机质富集影响因素的分析,陆源碎屑输入量和水体氧化还原条件这两个关键因素主要受控于物源高度改变、沉积物供给和古气候演化特征等(Lin et al.,2000;Li et al.,2016)。另外,沉积可容空间则与物源区高度和古气候改变关系密切。因此,本次研究有机质富集模式采用 Carroll 等(1999)提出的基于可容空间改变速率和沉积物充填速率之间的平衡关系进行分析(图 9-13)。总体上,石门沟组下段页岩发育在富氧的浅水湖泊环境,其有机质的保存条件在该环境中较差;而上段页岩由于在缺氧环境中有较好的保存条件,其有机质富集程度明显高于下段页岩。

石门沟组中的沉积物记录着从滨浅湖至深湖-半深湖演变的沉积环境演化过程,分别对应着三个沉积阶段:下段页岩的沉积阶段 A、上段页岩下部的沉积阶段 B 和上段页岩顶部的沉积阶段 C(图 9-13)。对于阶段 A 而言,较高的化学风化强度导致了较高的陆源碎屑输入量。在这个阶段中的岩石类型主要包括粉砂岩、细砂岩、灰色泥岩和薄煤层,这说明该时期应该是一种过充填沉积的滨浅湖环境(图 9-13),不利的保存条件使得下段页岩中出现了最低的 TOC 含量(0.84%),其有机质的富集与陆源碎屑输入关系较为密切。在石门沟组下段页岩和上段页岩之间,过充填的沉积过程依然占据着主导地位,其岩性以粗砂岩、

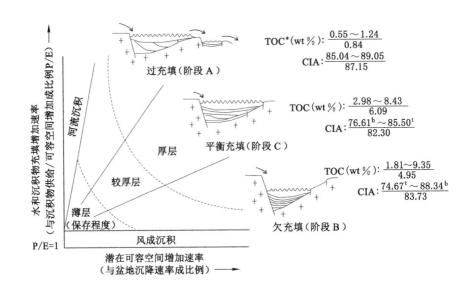

$$TOC^*(wt\%):\frac{0.55\sim1.24}{0.84}$$

$$CIA:\frac{85.04\sim89.05}{87.15}$$

$$TOC(wt\%):\frac{2.98\sim8.43}{6.09}$$

$$CIA:\frac{76.61^b\sim85.50^t}{82.30}$$

$$TOC(wt\%):\frac{1.81\sim9.35}{4.95}$$

$$CIA:\frac{74.67^t\sim88.34^b}{83.73}$$

* 一不含碳质泥岩;b一底部样品;t一顶部样品。

图 9-13 基于沉积过程解译的柴北缘中侏罗统石门沟组岩页有机质聚集模式

中砂岩和细砂岩为主(图 9-1)。自石门沟组上段开始,伴随着黑色页岩和油页岩的出现,沉积环境转变为深湖-半深湖,其可容空间增加的速率明显高于陆源碎屑供给速率(图 9-13),这主要是该时期较低的化学风化强度和较弱的碎屑供给造成的(图 9-11)。因此,我们可以推测出该上段页岩的中下部时期应该是一种欠充填过程(阶段 B),整体上 TOC 含量随着风化强度的增强而增大(图 9-9)。在如此高的可容空间下,页岩有机质的富集程度主要受控于贫氧水体中的氧化还原条件(Ma et al.,2016)。在石门沟组上段页岩的顶部(阶段 C),随着物源风化程度进一步增强,陆源碎屑供给量又一次加大(图 9-10、图 9-12),因此在该时期应该对应着平衡充填过程(图 9-13)。阶段 C 时期的有机质富集应该受到碎屑输入和保存条件的双重积极影响,因此该时期出现了较高值的 TOC 含量(6.09%),如图 9-12、图 9-13 所示。尽管阶段 C 中页岩的 CIA 值低于阶段 B,但阶段 C 垂向序列中从底部至顶部的 CIA 值不断增大,而阶段 B 中的 CIA 值变化趋势则正好相反。因此,页岩沉积过程和古气候演变特征影响着湖相页岩的有机质富集,在具体分析时应该予以重视。

9.6　本章小结

（1）将石门沟组页岩岩相划分为 4 类：① 具有水平层理的棕色油页岩；② 具有页理发育的黑色页岩；③ 具有水平层理的灰黑色泥岩；④ 具有大量植物碎片的碳质泥岩。前两类岩相发育在上段深湖-半深湖环境，而后两类岩相则发育在下段滨浅湖环境。

（2）石门沟组上段页岩中的 TOC 含量、古盐度、还原程度和古水体生产力要高于下段页岩，而下段页岩化学风化程度和陆源碎屑输入量则高于上段页岩。下段页岩沉积期物源区以长英质矿物为主，而上段页岩沉积期物源区以铁镁质矿物为主，这说明石门沟组早期至晚期对应的物源区高度在不断增加。

（3）柴北缘中侏罗统石门沟组下段页岩沉积于湿热古气候和富氧条件下的小且浅的淡水湖泊，而上段页岩则沉积于干冷古气候和贫氧-缺氧条件下的大且深的咸水湖泊。具体而言，整个石门沟组的沉积过程可以解译为一个湿热→干冷→湿热的古气候。

（4）本次研究基于可容空间增加速率和沉积物供给速率之间的关系提出了一种陆相页岩有机质富集模式，石门沟组可以被解译为过平衡充填、欠平衡充填和平衡充填三个沉积阶段。在这三个阶段中的 TOC 含量分别受碎屑输入、水体缺氧条件以及这两种因素的综合影响。

第10章 柴北缘侏罗系页岩气成藏
条件与有利区优选

10.1 页岩气成藏条件分析

10.1.1 泥页岩有效厚度

柴北缘侏罗系泥页岩累计厚度较大,其中、下侏罗统泥页岩累计厚度均在 50 m 以上,最厚达 1 000 m 以上,但制约页岩气成藏更加直接的因素是页岩的有效厚度。页岩有效厚度是指含气页岩储层的厚度,即黑色岩系中富有机质页岩储层(气层)的厚度。通常规模和经济开采的页岩气储层在区域上多呈连续稳定分布,而且在纵向连续分布的厚度也较大。根据北美地区已开发的主力页岩气藏统计特征(表 10-1),页岩气储层的厚度最低不小于 6 m,一般页岩气藏的页岩有效厚度最好大于 15 m,核心区的页岩有效厚度最好大于 30 m,如 Barnett 页岩气区的核心区即位于厚度高值区。同时,页岩有效厚度越大,页岩气资源越丰富,其勘探潜力亦越大。

表 10-1 北美地区主要产气页岩盆地基本特征(李新景 等,2009)

盆地名称	Forworth	Arkoma	Texas-Louisiana	Appalachia	Anadarko	Michigan	Illinois
页岩名称	Barnett	Fayettevill	Haynesville	Marcellas	Woodford	Antim	Newalbany
分布面积 /10^4 km^2	1.29	2.33	2.33	2.46	2.85	3.11	11.26
有效厚度/m	30~183	6~61	61~91	15~60	37~67	34~37	15~30
埋藏深度/m	1 981~2 591	305~2 134	3 200~4 115	1 219~2 590	1 829~3 353	183~617	152~610
TOC/%	3~8	3~8	0.5~4.0	3~12	1~14	1~20	1~25
R_o/%	1.1~2.2	1.2~4.0	2.2~3.0	0.6~3.0	1.1~3.0	0.4~0.6	0.4~1.0
页岩孔隙度/%	4~5	2~8	8~9	10	3~9	9	10~14

表 10-1(续)

盆地名称	Forworth	Arkoma	Texas-Louisiana	Appalachia	Anadarko	Michigan	Illinois
含气量/ (m³/t)	8.5～9.9	1.7～6.2	2.8～9.3	1.7～2.8	5.7～8.5	1.1～2.8	1.1～2.3
可采资源/ 10^{12} m³	2.12	0.48	9.9	14.6	0.57	0.42	0.3

柴北缘侏罗系 9 套富有机质泥页岩的横向连续性和有效厚度主要受控于页岩气储层沉积成因类型和构造作用。柴北缘侏罗系富有机质泥页岩最有利的成因环境是湖泊和辫状河三角洲-泥炭沼泽,其岩性组成一般为油页岩、黑色页岩和灰黑色泥岩,形成的泥页岩层段厚度较大,横向连续稳定,分布范围广,有机质丰度高,有机质类型较好,热演化程度适中,生气潜力大。湖西山组 H1～H3 段、石门沟组 H9 段泥页岩属于湖泊成因类型,大煤沟组 H7 段属于辫状河三角洲-泥炭沼泽成因类型,其页岩气储层单层厚度平均都在 15 m 以上,H9 页岩单层有效厚度可达 100 m 左右。H1～H3 段主要分布在冷湖-南八仙地区,H7 段分布在西起赛东、南至大煤沟的区域内,而 H9 段广泛分布在西起赛南、经大煤沟地区至旺尕秀的柴北缘地区,分布面积十分广大。而 H4、H6 和 H8 段泥页岩成因类型基本为河流泛滥平原,形成的页岩气储层经常出现变薄、分叉或尖灭现象,致使泥页岩厚度大大减小,连续性减弱,页岩气成藏潜力也随之减小。

10.1.2　有机质丰度

据前人研究,页岩的有机质含量往往与页岩的含气量呈正相关关系(图 10-1),而且有机质含量越高,其生烃后产生的有机质孔隙也会越多,因此往往具有较强的吸附能力。美国主要页岩气储层的 TOC 在 0.5%～25%之间,平均值在 2%以上。因此,通常我们将页岩气储层有机质丰度的下限定为 2%,而优质页岩气储层的 TOC 多在 3%之上,如 Barnett 页岩高产气储层的 TOC 在 3.0%～8.0%之间。

柴北缘侏罗系 9 套富有机质泥页岩 TOC 较高,除 H1 泥页岩外,TOC 均值有多套大于 3%,达到了优质页岩气储层的条件。但平面上,泥页岩 TOC 分布不均匀,下侏罗统 TOC 大于 2%的区域主要在冷湖-鄂博梁-一里坪的中间部位,中侏罗统在东部德令哈凹陷的浅部 TOC 不足 2%,其他区域 TOC 均大于 2%,且多数超过了 3%的优质页岩气储层的底线。

10.1.3　成熟度

对于柴北缘下侏罗统热成因页岩气藏,页岩中有机质成熟度在页岩气成藏

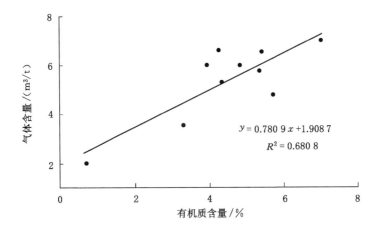

图 10-1 Barnett 页岩有机质含量与页岩气含气量线性关系

作用中至关重要,成熟度应处在生气窗的范围内是形成页岩气藏的必要条件,而柴北缘中侏罗统页岩气藏既有生物成因也有热成因,对成熟度的要求相对较弱,如美国密西根盆地的 Artrim 页岩气藏 R_o 值分布在 0.4%～0.6%。对于柴北缘下侏罗统热成因气藏,页岩气储层有机质镜质体反射率大于 1.1% 时液态烃便开始热裂解转化成气态烃,如 Barnett 页岩气主要分布在 $R_o>1.1\%$ 的区域内(表 10-1)。页岩气核心区的 R_o 值最好在 1.3% 以上,此时液态烃已热裂解成凝析气或干气,而且页岩气的生产由于不会受到液态烃存在的影响而产量明显增加。柴北缘下侏罗统页岩气储层有机质 $R_o>1.1\%$ 的区域广泛分布(图 10-2),因此柴北缘西部下侏罗统覆盖的区域热成因页岩气藏发育较好。对于中侏罗统而言,位于东部德令哈凹陷和牦牛山地区的 R_o 值较高,最高可超过 2%(图 10-3),可能蕴含着较高的页岩含气量。

10.1.4 矿物组成

页岩气储层是一种渗透率极低的非常规天然气储层,岩性致密,在开发过程中往往需要通过压裂手段产生裂缝网络提高页岩气体的渗流能力,这就要求页岩气储层应该具有一定的脆性,从而在外力诱导下出现裂缝,使页岩气体排出。北美地区页岩气储层的矿物组成中,Barnett、Woodford 等页岩气藏的平均石英含量大于 40%(图 10-4)。而页岩气选区评价中对储层矿物组成的一般标准是:石英和/或碳酸盐类矿物的质量分数大于 40%,最低限度不能低于 25%。相反,黏土矿物的质量分数一般要求小于 30%,而且黏土矿物中的膨胀性矿物如蒙脱石的含量则越低越好。柴北缘侏罗系 H4～H7、H9 泥页岩层段石英＋长石＋

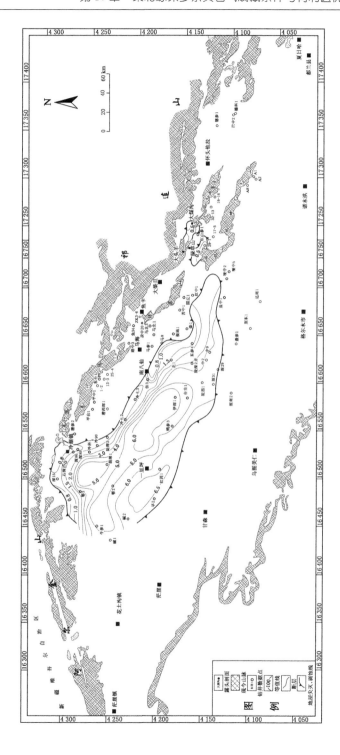

图 10-2　柴北缘下侏罗统富有机质泥页岩 R_o 等值线图

（据党玉琪等，2003；有修改）

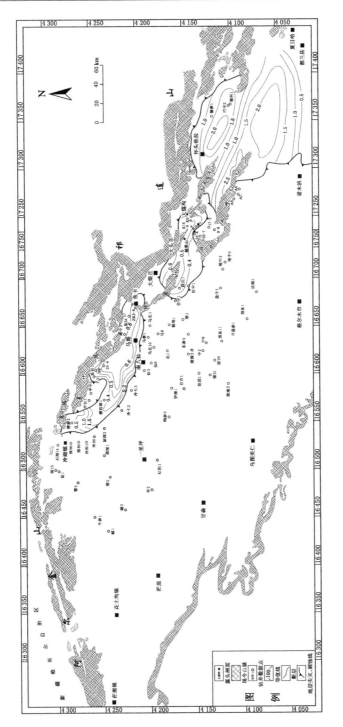

图 10-3　柴北缘中侏罗统富有机质泥页岩 R_o 等值线图

（据党玉琪等，2003；有修改）

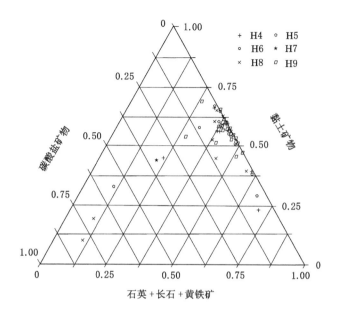

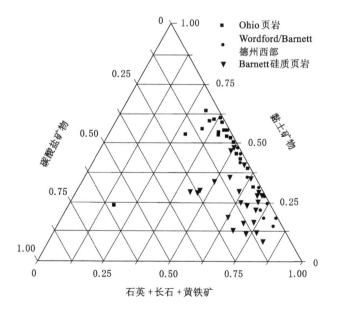

图 10-4 柴北缘与北美页岩气储层岩矿组成对比三角图

黄铁矿含量在 25%～55% 之间,80% 以上泥页岩石英＋长石＋黄铁矿含量在 30%～50%,泥页岩脆性指数(BI)介于 13.2%～70.5% 之间,大多数集中在 20%～40% 之间。

10.1.5 储层孔渗条件

北美地区目前开采的几大主力页岩气藏基质孔隙度一般大于 4%,含气孔隙度一般大于 2%。如北美地区 Haynesville 页岩气田总孔隙度通常分布在 8%～14%,含气孔隙度则可达 5%～11%。北美地区页岩气藏的渗透率(GRI)一般分布在 $(50\sim100)\times10^{-9}$ μm^2,除 Barnett 页岩气藏的基质渗透率较低外(一般小于 100×10^{-9} μm^2),大部分主力气藏核心开发区的基质渗透率一般大于 300×10^{-9} μm^2。北美页岩气藏的含水饱和度一般小于 40%,主力页岩气藏的核心开发区一般小于 30%。

渗透率是评价页岩气储层是否具有开发价值的重要参数,在一定程度上影响了页岩气的赋存形式和开发潜力。本次研究选取 10 块有代表性的样品进行泥页岩渗透性测试,其测试参考标准为 SY/T 6385—2016,结果见表 10-2。可以看出,石门沟组下段泥页岩的渗透率与石门沟组上段相比较高,平均值达到 0.062×10^{-3} μm^2,高于下段泥页岩的平均值 0.016×10^{-3} μm^2,这可能是由于石门沟组下段普遍含有粉砂岩夹层,改善了泥页岩的渗透性。

表 10-2　柴达木盆地鱼卡煤田 YQ-1 钻孔部分泥页岩渗透率测试数据

层位	样品编号	温度/℃	上覆压力/MPa	空气渗透率/10^{-3} μm^2
石门沟组上段	YQ-1-2	26	1.5	<0.001
	YQ-1-6	26	1.5	0.004
	YQ-1-7	26	1.5	0.031
	YQ-1-8	26	1.5	0.013
	YQ-1-9	26	1.5	<0.001
	YQ-1-10	26	1.5	0.001
石门沟组下段	YQ-1-29	26	1.5	0.035
	YQ-1-31	26	1.5	0.08
	YQ-1-45	26	1.5	0.046
	YQ-1-50	26	1.5	0.088

本次研究对样品 YQ-1-7 和 YQ-1-29 以 0.5 MPa 为单位增加上覆压力,用于观测样品渗透率与压力的关系,结果见表 10-3。可以看出,样品渗透率随上覆压力的增大而以指数形式减小,呈负相关关系(图 10-5)。当上覆压力小于

3 MPa时,渗透率下降的速度较快;上覆压力介于3~4.5 MPa时,渗透率数值缓慢下降;当上覆压力大于4.5 MPa时,渗透率数值基本不变,此时渗透率数值已经很小,其原因为上覆压力的增加,导致泥页岩中孔-裂隙趋于闭合,引起渗透率的快速降低。

表 10-3　泥页岩上覆压力与空气渗透率关系

岩样编号	上覆压力		空气渗透率	岩样编号	上覆压力		空气渗透率
	psi	MPa	$10^{-3}\ \mu m^2$		psi	MPa	$10^{-3}\ \mu m^2$
YQ-1-7	217.5	1.5	0.031	YQ-1-29	261	1.8	0.035
	290	2	0.013		290	2	0.027
	362.5	2.5	0.01		362.5	2.5	0.018
	435	3	0.004		435	3	0.014
	507.5	3.5	0.004		507.5	3.5	0.012
	580	4	0.004		580	4	0.012
	652.5	4.5	0.002		652.5	4.5	0.01
	725	5	0.002		725	5	0.01
	797.5	5.5	0.002		797.5	5.5	0.01
	870	6	0.001		942.5	6.5	0.009

10.1.6　页岩埋深条件

页岩气储层埋深条件是控制页岩气富集分布、影响页岩气有效开采的主要因素。与Barnett页岩气储层相比,研究区内页岩储层埋深范围较大(图10-6、图10-7),下侏罗统页岩储层在研究区内主体埋深4 000~10 000 m,在西北部埋深最大达12 000 m,在东部埋深仅为400~800 m;中侏罗统泥页岩储层埋深主体为200~4 000 m,在西部团鱼山地区埋深为800~8 000 m,柴北缘中部地区埋深为100~1 500 m,在东部德令哈凹陷主体埋深为1 000~3 000 m。

柴北缘页岩储层埋深变化范围较大,埋深的增加可导致页岩气钻完井成本大幅提升,美国Barnett页岩气单井垂深2 000~3 000 m,水平段1 000~1 500 m,单井成本为250~350万美元,单井初产10万 m³/d左右(表10-4)。根据哈里伯顿对Haynesville页岩气钻完井技术测试,当页岩储层埋深超过4 000 m时,由于储层温度的升高,现有设备故障高发,页岩气钻完井设备需要全面升级,页岩气勘探开发成本过高,页岩气开发尚无经济效益。因此,页岩有效开发的适合埋深便成为控制页岩气优质储层分布的重要因素,进而控制了优质页岩气资源的富集成藏。

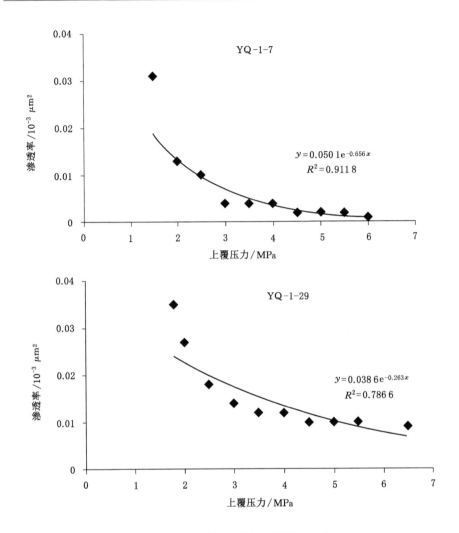

图 10-5　泥页岩渗透率与上覆压力的关系

表 10-4　北美主要产气页岩区单井成本对比

页岩气区	深度/m	单井成本	
		百万美元	人民币/万元
Haynesville	3 048～3 960	600～900	3 840～5 960
Barnett	1 981～2 926	250～350	1 600～2 240
Marcellus	2 102～2 691	300～400	1 920～2 560

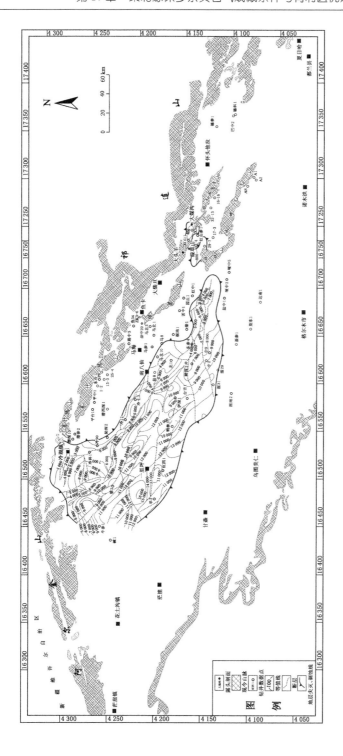

图 10-6　柴北缘下侏罗统暗色泥页岩顶埋深等值线图
（据党玉琪等，2003；刘天绩等，2013；有修改）

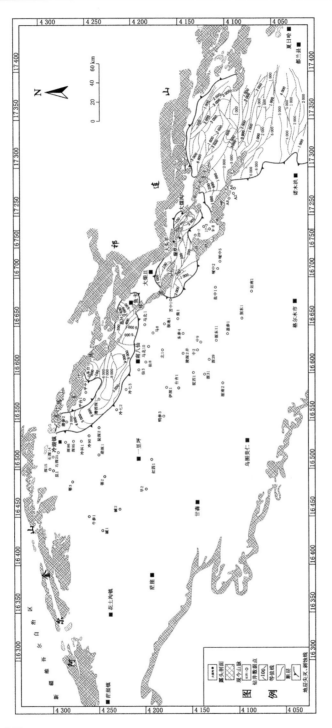

图10-7 柴北缘中侏罗统暗色泥页岩顶埋深等值线图

（据党玉琪等，2003；刘天绩等，2013；有修改）

10.2　页岩气成藏评价标准及优选

10.2.1　优选原则与依据

柴北缘侏罗系页岩气形成的地质条件复杂且研究程度相对较低,同时影响页岩气成藏富集的因素较多,通过以上对柴北缘侏罗系页岩气成藏因素的分析可知,虽然页岩矿物组成和孔渗条件对于页岩气的赋存具有重要的影响,但由于研究区内这两类参数大量缺失,目前控制页岩气富集成藏及现阶段影响页岩气藏勘探开发的因素主要有以下 5 个类别,即沉积体系、页岩厚度、有机质丰度、热演化程度和埋深条件。考虑到不同参数的重要性,整体上建立了柴北缘侏罗系陆相页岩气有利区优选和评价体系(表 10-5)。

表 10-5　柴北缘侏罗系页岩气有利区评价体系

评价参数	参数权重	参数含义	评价标准	赋值
页岩累计厚度	0.29	潜在含气量高低 /m	≥100	10～7
			100～30	7～3
			≤30	3～0
有机质丰度	0.21	页岩储层总有机碳含量 /%	≥2	10～7
			2～1	7～3
			≤1	3～0
页岩成熟度	0.16	镜质体反射率/%	≥1.1	10～7
			0.6～1.1	7～3
			≤0.6	3～0
页岩埋深	0.15	页岩含气量的保存 条件/m	≥3 000	10～7
			800～3 000	7～3
			≤800	3～0
页岩沉积环境	0.19	与有机质类型和 保存条件有关	深湖-半深湖	10～7
			滨浅湖-三角洲前缘	7～3
			河流-三角洲平原	3～0

10.2.2　有利区优选结果

根据现有资料,经过综合分析,柴北缘侏罗系共优选出 10 个页岩气潜在有利区。其中,下侏罗统包含 4 个有利区,分别为冷湖三、四号,冷湖六、七号,南八仙和红中;中侏罗统包含 6 个有利区,分别为潜西、团鱼山、鱼卡、大煤沟、德令哈

北和德令哈南,各个有利区具体的页岩气成藏条件为:

① 冷湖三、四号有利区,主要位于柴北缘西部的冷湖三号、冷湖四号构造带及其西部的地区,主要目的层位为下侏罗统湖西山组,面积约 844.1 km²。泥页岩累计厚度在 50~600 m 之间,TOC 为 0.5%~2.0%,R_o 在 1.0%~1.5% 之间,泥页岩埋深在 1 000~3 500 m 之间,主要的沉积体系为半深湖-扇三角洲。

② 冷湖六、七号有利区,位于柴北缘西部的冷湖六号至冷湖七号构造区,面积为 605.4 km²,主要目的层位为下侏罗统湖西山组。泥页岩累计厚度在 50~400 m 之间,泥页岩埋深在 0~4 500 m 之间,TOC 为 0.5%~1.5%,R_o 在 1.5%~2.5% 之间,主要的沉积体系为半深湖-扇三角洲。

③ 南八仙有利区,位于冷湖七号构造和南八仙相连的区域,主要目的层位为下侏罗统湖西山组和小煤沟组,面积约 1 030 km²。暗色泥页岩累计厚度在 50~200 m 之间,埋深整体为 0~4 000 m 以上,TOC 为 0.5%~2.5%,R_o 在 1.0%~1.5% 之间,主要的沉积体系为半深湖-辫状河三角洲。

④ 红中有利区,位于柴北缘的下侏罗统覆盖区的最东端,目的层位为下侏罗统湖西山组,面积约 268.5 km²。暗色泥页岩厚度在 50~200 m 之间,埋深在 0~4 000 m 之间,TOC 为 0.5%~2.0%,R_o 在 1.1%~2.5% 之间,主要的沉积体系为半深湖-扇三角洲。

⑤ 潜西有利区,位于小赛什腾山南的潜西地区,主要目的层位为中侏罗统大煤沟组,面积约 430.5 km²。暗色泥页岩累计厚度在 100~200 m 之间,埋深整体为 2 000~4 500 m,TOC 为 1.0%~3.0%,主要的沉积体系为河流泛滥平原。

⑥ 团鱼山有利区,位于柴北缘的赛什腾山南地区,包括老高泉、新高泉和红柳泉,目的层位为中侏罗统大煤沟组和石门沟组,面积约 330.0 km²。暗色泥页岩厚度在 50~150 m,埋深多在 100~800 m 之间,局部地区可因构造影响达 2 000 m 以深,TOC 为 3.0%~5.5%,主要的沉积体系为湖泊-辫状河三角洲。

⑦ 鱼卡有利区,位于柴北缘中侏罗统覆盖区的中段,目的层位为中侏罗统大煤沟组和石门沟组,面积约 618.0 km²。暗色泥页岩厚度在 50~300 m 之间,埋深多在 100~1 000 m 之间,西部的羊水河地区因构造影响达 1 500 m 以深,TOC 为 2.0%~6.0%,主要的沉积体系为湖泊-辫状河三角洲沼泽。

⑧ 大煤沟有利区,位于柴北缘中侏罗统覆盖区的中东部,目的层位为中侏罗统大煤沟组和石门沟组,局部可揭露下侏罗统小煤沟组,面积约 417.5 km²。暗色泥页岩厚度在 100~200 m 之间,埋深多在 100~2 000 m 之间,TOC 为 4.0%~5.0%,主要的沉积体系为湖泊-辫状河三角洲沼泽。

⑨ 德令哈北有利区,位于柴北缘中侏罗统覆盖区的东段,靠近北部的达肯

大坂山,目的层位为中侏罗统石门沟组,面积约 1 023.0 km²。暗色泥页岩厚度在 50~200 m 之间,埋深多在 200~3 600 m 之间,TOC 为 1.0%~3.5%,主要的沉积体系为湖泊-辫状河三角洲沼泽。

⑩ 德令哈南有利区,位于柴北缘中侏罗统覆盖区的东段靠近南部的地区,目的层位为中侏罗统石门沟组,面积约为 1 935.5 km²。暗色泥页岩厚度在 150~350 m 之间,埋深多在 1 000~4 000 m 之间,TOC 为 2.0%~3.5%,主要的沉积体系为滨浅湖。

对页岩气有利区关键要素进行定量排序,并结合上述所建立的页岩气选区评价标准,对该含煤盆地煤层气有利区优选定量化进行研究。结合表 10-5,对 10 个柴北缘侏罗系页岩气潜在有利区分别进行上述 5 个关键要素的加权求和,结果见表 10-6。根据赋值加权求和结果可知,柴达木盆地北缘侏罗系适合页岩气勘探开发的地方位于冷湖三、四号,鱼卡,大煤沟和德令哈等地区。

表 10-6　柴北缘侏罗系页岩气有利勘探区优选结果

评价单元	关键要素取值泥页岩厚度/m	TOC /%	R_o/%	页岩埋深 /m	沉积环境	赋值加权求和
冷湖三、四号	50~600(7)	0.5~2.0(7)	1.0~1.5(7)	100~3 500(8)	半深湖-扇三角洲(8)	7.34
冷湖六、七号	50~400(6)	0.5~1.5(6)	1.5~2.5(8)	0~4 500(6)	半深湖-扇三角洲(8)	6.7
南八仙	50~200(6)	0.5~2.5(8)	1.0~1.5(7)	0~4 000(6)	半深湖-扇状河三角洲(8)	6.96
红中	50~200(6)	0.5~2.0(7)	1.1~2.5(7)	0~4 000(6)	半深湖-扇三角洲(8)	6.75
潜西	100~200(8)	1.0~3.0(8)	1.1~2.5(7)	2 000~4 500(8)	河流泛滥平原(3)	6.89
团鱼山	50~150(6)	3.0~5.5(9)	0.6~0.8(5)	100~800(4)	湖泊-辫状河三角洲(7)	6.36
鱼卡	50~200(6)	2.0~6.0(9)	0.6~1.4(7)	100~2 000(6)	湖泊-辫状河三角洲(7)	7.56
大煤沟	100~200(8)	4.0~4.5(9)	0.6~1.2(6)	100~2 000(6)	湖泊-辫状河三角洲(7)	7.4
德令哈北	50~200(6)	1.0~3.5(9)	0.6~2.0(6)	200~3 600(8)	湖泊-辫状河三角洲(7)	7.12
德令哈南	150~350(9)	2.0~3.5(9)	1.0~2.5(7)	1 000~4 000(7)	滨浅湖(5)	7.62

注:括号里面数字为赋值分数

10.3　本章小结

（1）根据柴北缘侏罗系页岩气勘探现状，结合沉积体系、页岩厚度、有机质丰度、热演化程度和埋深条件等影响页岩气成藏条件的 5 个因素，考虑到不同参数的重要性，建立了柴北缘侏罗系陆相页岩气有利区优选和评价体系。

（2）对 10 个柴北缘侏罗系页岩气潜在有利区分别进行评价，结果表明柴北缘侏罗系适合页岩气勘探开发的地方为冷湖三、四号，鱼卡，大煤沟和德令哈等地区。

第 11 章 结论与展望

11.1 主要结论

本研究以柴达木盆地北缘侏罗系主要煤储层和泥页岩储层为研究对象,充分运用煤岩学、煤田地质学、沉积学、层序地层学、煤层气地质学和元素地球化学等理论知识,通过野外观测、岩心描述和一系列实验测试、系统分析等方法与手段,较为详细研究了柴北缘侏罗系煤储层和页岩储层结构特征及其影响因素,综合评价了研究区煤系非常规天然气储层物性特征,并对煤层气和页岩气有利勘探区进行了优选。得到了以下认识:

(1)基于研究区内煤样在不同条件下的等温吸附实验,研究了柴北缘侏罗系煤储层吸附特征及其主控因素。

① 柴北缘侏罗系煤储层的兰氏体积较高,在 25 ℃ 的实验条件下其值介于 26.51～42.19 m^3/t 之间,平均值为 33.19 m^3/t;而兰氏压力则一般,介于 0.83～1.89 MPa 之间,平均值为 1.47 MPa,表明该地区煤储层在低压区吸附相对容易,而在高压区随着压力的增大煤的吸附量增加速率明显减缓。

② 柴北缘煤储层随着实验温度的升高,各煤样兰氏体积和兰氏压力均降低,同时,德令哈煤田旺尕秀煤样的吸附能力在所有煤样中最差,全吉煤田大煤沟和绿草沟煤样的兰氏压力较高,在煤层气开采中随压力的降低最容易解吸出来。

③ 柴北缘侏罗系煤的甲烷吸附能力与煤岩镜质组含量成正比,与煤岩惰质组含量、煤中水分、灰分产率、煤体结构综合指标和实验温度成反比,与煤级关系并不十分明显。综合研究表明,影响柴北缘煤储层吸附性能的主控因素为煤质、温度和煤岩组分。

④ 甲烷吸附能力与镜惰比呈对数正相关关系,煤聚集期干热环境与湿冷环境交替演化是导致煤的甲烷吸附能力不同的根本原因。发育在潮湿森林沼泽和发育在过渡森林沼泽且具有较高孔隙度的煤样应该是柴北缘鱼卡煤田大煤沟组煤层气重点勘探的目标。

（2）基于高压压汞实验和低温液氮吸附实验,对柴北缘侏罗系煤储层渗流孔和吸附孔结构进行了精细描述,并探讨了其对煤层气运移的影响。

① 研究区所测煤样的孔隙度随镜质体反射率的增大而降低,煤的孔隙度与煤中灰分产率呈负相关关系,即煤中的灰分产率越高,储层越差,煤的孔隙度越小;煤体结构破坏程度越高,煤中孔隙度越高,即构造煤的孔隙度要高于原生结构煤。

② 基于液氮吸附测试结果,柴北缘侏罗系各煤样比表面积和总孔体积变化较大,在 $0.843 \sim 55.12$ m^2/g 之间,平均为 23.34 m^2/g;总孔体积变化范围在 $2.46 \sim 50.43 \times 10^{-3}$ mL/g 之间,平均为 25.27×10^{-3} mL/g,且比表面积和总孔体积呈很好的正相关线性关系;除大煤沟煤矿外,其余采样点各孔径段体积比为:微孔＞小孔＞中孔,且微孔比例占绝对优势。

③ 根据不同的毛细管压力退汞曲线特征,将研究区内煤储层渗流孔隙结构分为 I_1 和 I_2 两种类型,类型 I_1(以 YQ-1 为代表)的退汞曲线与进汞曲线不平行,且退汞效率相对较低,表明该类型煤样孔隙结构不均匀,孔隙之间的连通性能相对较差;类型 I_2(以五彩矿业为代表)的退汞曲线和进汞曲线几乎平行,退汞效率较高,可达到 80％以上,表明该类煤样中孔隙结构的连通性能好,该类孔隙对煤层气的富集和产出较为有利。

④ 基于低温液氮吸附曲线,将研究区煤储层吸附孔隙结构分为三种类型,类型 I 孔隙对煤层气的吸附和储集性能非常好,但对煤层气的开采和解吸而言难度相对较大;类型 II 为典型的透气性好的微孔隙,对煤层气的吸附、解吸和扩散均有利;类型 III 具有典型的“双峰”孔隙结构,因此这类孔隙结构可能会影响到煤层气的有效扩散。

（3）基于对渗流孔和吸附孔的分形特征,定量表征了煤的渗流孔和吸附孔的非均质性,表明了表面分形维数 D_1 和结构分形维数 D_2 与吸附特征、煤质、孔结构参数和煤体结构之间的关系,并探讨了其对甲烷吸附和煤储层渗透性的影响。

① 通过对煤样吸附孔分形维数的计算,表征煤的表面分形维数 D_1 值相对较低,介于 $2.001 \sim 2.345$ 之间,并且分布较为均匀,而表征煤结构的分形维数 D_2 的值相对较高,介于 $2.641 \sim 2.917$ 之间,因此认为在较小吸附孔段微孔结构差异并不十分明显,而在较大吸附孔段,吸附-脱附曲线中存在滞后环的煤样的孔隙结构要比不存在滞后环的煤样更加复杂。

② 煤的吸附孔分形维数 D_1 与煤的兰氏体积呈二项式关系,与煤中水分、灰分、挥发分、平均孔径、微孔含量、总孔体积和煤体结构之间关系不明显,与镜质体反射率和比表面积呈正相关关系;分形维数 D_2 与煤的兰氏体积和煤体结构

之间关系不明显,与煤中水分、灰分、挥发分、平均孔径呈负相关关系,与镜质体反射率、比表面积、微孔含量和总孔体积呈正相关关系。

③ 柴北缘 YQ-1 煤样的渗流孔分形维数为 2.958 6,五彩矿业煤样对应的分形维数为 2.881 6,两个样品对应的渗流孔孔隙分形维数相对较高,表明该地区煤样的渗流孔隙结构较为复杂,同时渗流孔的分形维数有随煤镜质体反射率增大而降低的趋势。

(4) 基于野外地质调查、光学显微镜和扫描电镜的研究,对柴北缘侏罗系煤储层宏观裂隙和微裂隙发育特征进行了研究,并探讨了内生裂隙的煤岩学控制机理。

① 柴北缘侏罗系煤储层宏观裂隙表现为:裂隙类型以垂直裂隙为主、顺层和斜交裂隙为辅;宏观煤岩类型以光亮-半光亮型为主,暗淡煤次之;断口类型多以阶梯状为主;裂隙规模为中至大型;最大裂隙长度大于 8 cm,高度介于 3~8 cm 之间,宽度一般小于 0.5 cm;裂隙为密至较密型;裂隙无充填或少部分被方解石充填,裂隙连通性为中等至一般。

② 柴北缘侏罗系煤储层微裂隙表现为:所测煤样的微裂隙类型以 C 型和 D 型为主,A 型和 B 型裂隙所占比例明显偏低,对于整个研究区而言,A＋B 型所占比例表现为两端高、中间低的趋势。

③ 柴北缘煤储层微裂隙的发育程度与煤的变质程度和煤中碎屑镜质体关系不明显;与煤的镜质体含量、均质镜质体含量、微镜煤所占比例、微镜惰煤所占比例、凝胶化指数(GI)和植物保存指数(TPI)之间呈正相关关系;与煤的惰质组含量、基质镜质体含量、半丝质体含量、碎屑惰质体含量、微惰煤所占比例、微惰镜煤所占比例、氧化指数(OI)和破碎指数(BI)之间呈负相关关系。

(5) 基于对柴北缘各煤田煤体结构和煤岩类型的描述、低温液氮吸附、微裂隙统计、X 射线衍射和煤体变形的岩石力学等方法,以鱼卡煤田为例,对该地区煤体结构分布进行了区域预测,并对不同煤体结构下的煤储层孔-裂隙结构和 XRD 结构进行了对比研究。

① 高泉煤矿煤体结构以原生和碎裂煤为主,碎粒煤和糜棱煤较为少见,宏观煤岩类型以半光亮型和半暗淡型为主,光亮煤和暗淡煤其次;鱼卡煤田宏观煤岩类型以半光亮型为主,半暗淡型次之,煤岩成分以亮煤和暗煤为主;全吉煤田煤体结构以碎裂煤-碎粒煤为主,原生结构煤所占比例相对较少,宏观煤岩类型以半光亮-半暗淡型为主,煤岩成分则以亮煤和暗煤为主,镜煤和丝炭较为少见;德令哈煤田煤体结构以原生-碎裂煤为主,宏观煤岩类型以光亮-半光亮型为主,煤岩成分则以镜煤为主,亮煤次之,暗煤最少。

② 基于煤体变形的岩石力学机理,认为柴北缘鱼卡煤田构造煤较发育区位

于羊水河勘探区全部、鱼东勘探区的南部及北部断层发育带、孕秀勘探区的北部、二井田勘探区的北部断裂带附近以及北山勘探区东南部及西北部断裂带。构造煤欠发育区则主要分布在鱼东勘探区的中部、孕秀勘探区中南部以及二井田勘探区的中南部区域。

③ 五彩矿业、旺孕秀和绿草沟下分层等煤样较其他煤样而言,煤的破碎程度相对较高,煤的孔隙结构越复杂,对应甲烷的解吸和煤层气的开发难度则越大;煤的比表面积和孔容随着煤体结构的综合指标值降低而升高,最终导致煤吸附甲烷能力的增强。

④ 研究区煤样的面网间距平均为 0.408 8 nm,单位堆砌度 L_c 平均为 8.024 1 nm,单位延展度 L_a 平均为 18.849 7 nm;同时,面网间距 d_{002} 变化与煤体结构综合指标成正比,而单位堆砌度 L_c 和单位延展度 L_a 与煤体结构综合指标成反比,即煤体结构破坏程度越大,煤晶核的面网间距越小,对应的单位堆砌度和单位延展度则越大。

(6) 通过分析柴北缘煤储层评价的要素和基本参数,建立了柴北缘侏罗系煤层气综合评价模型,并运用多层次模糊数学的方法对该地区煤层气勘探开发有利区进行了优选。

① 根据柴北缘侏罗系煤层气勘探现状,并结合煤储层物性、煤地质特征和资源及保存因素 3 个一级影响因素,包括渗透率等共计 12 个次一级影响因素,建立了以煤储层物性为主导的煤层气勘探开发评价指标体系。

② 通过运用多层次模糊数学的思想,对柴北缘评价指标体系内各影响因素进行了定量排序,并结合根据实际情况所建立的各参数隶属度函数,对研究区进行了煤层气有利区优选,结果表明:鱼卡煤田是最宜进行煤层气勘探开发的地区,赛什腾和全吉煤田次之,德令哈煤田的优先级别最低。

(7) 通过 TOC 测试、低温氮气吸附实验和分形表征分析,研究了陆相低成熟度页岩的总有机碳(TOC)含量变化控制因素以及不同沉积环境下页岩的孔隙结构参数响应和分形特征。

① 柴达木盆地鱼卡煤田中侏罗统石门沟组页岩的平均孔径介于 8.149～20.635 nm 之间,中值为 10.74 nm,整体上处于中孔孔径范围,页岩孔隙结构类型以墨水瓶状和平行板状孔为主。

② 柴北缘鱼卡煤田中侏罗统石门沟组页岩 TOC 含量介于 0.27%～9.35% 之间,平均值为 3.36%,这说明鱼卡煤田石门沟组页岩具有较为丰富的有机质。页岩的沉积环境是控制 TOC 含量变化的关键因素之一,整体上深湖-半深湖中页岩的 TOC 含量要明显高于滨浅湖中的页岩。

③ 柴北缘鱼卡煤田石门沟组低成熟度页岩的孔隙结构分形维数处于

2.463 9～2.685 7 之间,平均为 2.612 2,整体上高于中国南方典型海相页岩,这说明陆相页岩具有相对较高的孔隙复杂度和较粗糙的孔表面。

④ 页岩孔隙分形维数随着总孔体积和总比表面积的增加而增大,随着平均孔径的增大而降低,随着 TOC 含量的增大先增大后降低(即倒 U 形),其拐点位置对应 TOC 含量大约为 2%。总体而言,低成熟度页岩的沉积环境和有机质含量高低共同控制着孔隙结构的复杂程度和孔隙比表面积的粗糙程度。

(8)通过对柴达木盆地北缘侏罗系低成熟页岩进行系统采样,分别进行镜质体反射率测定、有机显微组分鉴定、矿物分析、有机碳同位素分析、低温氮气吸附、甲烷等温吸附和岩石热解等系列实验,对柴北缘低成熟度页岩的地球化学、储层特征和生烃潜力进行了初步研究,在此基础上对柴北缘中侏罗统石门沟组页岩气的有利勘探层位进行了预测。

① 鱼卡煤田 YQ-1 井的石门沟组页岩的 TOC 含量介于 0.27%～17.40% 之间,而页岩有机质热解 T_{max} 变化范围则介于 421～445 ℃ 之间,页岩生烃潜力(S_1+S_2)和 TOC 含量之间呈明显的正相关关系。

② 柴北缘石门沟组页岩的矿物组成主要是黏土矿物,其次石英和长石,碳酸盐岩和其他矿物含量最低。由于不同的沉积环境,页岩中的石英含量和矿物脆性指数随着 TOC 含量增大呈先降低、后升高的趋势。

③ 石门沟组上段页岩的干酪根类型以油型气为主(类型 Ⅰ 和类型 Ⅱ 为主),而下段页岩的干酪根类型则主要是生气型,以类型 Ⅱ-Ⅲ 和类型 Ⅲ 为主。因此,柴北缘鱼卡煤田石门沟组页岩的干酪根类型整体上是一种混合油气型。

④ 页岩真密度和视密度与 TOC 含量之间呈较弱的负相关关系,TOC 含量与总孔隙度之间则呈正相关关系。整体上湖相页岩的总孔隙度较为复杂,它不仅与页岩孔隙结构有关,而且与 TOC 含量和矿物组成关系密切。

⑤ 对于页岩生烃潜力评价而言,石门沟上段页岩属于非常好至优秀等级的储层,而下段页岩则属于差至一般等级的储层。石门沟组上段顶部页岩由于具有较高的 S_1 值可以考虑进行油页岩勘探,而上段和下段页岩且埋深大于 1 000 m 的层位可以考虑进行页岩气勘探。

(9)基于岩相描述和解译、TOC 含量测定、元素地球化学分析和矿物组分表征等分析方法和实验手段,对柴北缘中侏罗统石门沟组 24 个页岩样品进行了高分辨率的地球化学分析和地质描述。在此基础上对石门沟组页岩的沉积过程、有机质富集的控制因素以及有机质富集模式进行了研究。

① 将石门沟组页岩岩相划分为四类:a. 具有水平层理的棕色油页岩;b. 具有页理发育的黑色页岩;c. 具有水平层理的灰黑色泥岩;d. 具有大量植物碎片的碳质泥岩。前两类岩相发育在上段深湖-半深湖环境,而后两类岩相则发育在

下段滨浅湖环境。

② 石门沟组上段页岩中的 TOC 含量、古盐度、还原程度和古水体生产力要高于下段页岩,而下段页岩化学风化程度和陆源碎屑输入量则高于上段页岩。下段页岩沉积期物源区以长英质矿物为主,而上段页岩沉积期物源区以铁镁质矿物为主,这说明石门沟组早期至晚期对应的物源区高度在不断增加。

③ 柴北缘中侏罗统石门沟下段页岩沉积于湿热古气候和富氧条件下的小且浅的淡水湖泊,而上段页岩则沉积于干冷古气候和贫氧-缺氧条件下的大且深的咸水湖泊。具体而言,整个石门沟组的沉积过程可以解译为一个湿热、干冷、湿热的古气候。

④ 本次研究基于可容空间增加速率和沉积物供给速率之间的关系提出了一种陆相页岩有机质富集模式,石门沟组可以被解译为过平衡充填、欠平衡充填和平衡充填三个沉积阶段。在这三个阶段中的 TOC 含量分别受碎屑输入、水体缺氧条件以及这两类因素的综合影响。

(10) 本章基于页岩气成藏条件分析,包括泥页岩有效厚度、有机质丰度、成熟度、矿物组成、储层孔渗和埋深条件,建立了柴北缘侏罗系陆相页岩气有利区优选和评价体系,对 10 个柴北缘侏罗系页岩气潜在有利区分别进行了综合评价。

① 根据柴北缘侏罗系页岩气勘探现状,结合沉积体系、页岩厚度、有机质丰度、热演化程度和埋深条件等影响页岩气成藏条件的 5 个因素,考虑到不同参数的重要性,建立了柴北缘侏罗系陆相页岩气有利区优选和评价体系。

② 对 10 个柴北缘侏罗系页岩气潜在有利区分别进行评价,结果表明:柴达木盆地北缘侏罗系适合页岩气勘探开发的地方位于冷湖三、四号,鱼卡,大煤沟和德令哈等地区。

11.2 存在问题与展望

柴达木盆地北缘侏罗系煤层气和页岩气勘探开发整体进程较为缓慢,目前仅有数口煤层气和页岩气参数井,且大多位于鱼卡煤田的鱼卡-红山凹陷内。YQ-1井和柴页 1 井是近期实施的较为典型的煤层气和页岩气井,在此基础上分析了煤层气和页岩气成藏富集条件,明确了煤层气和页岩有机碳富集的主控因素;初步确定了柴北缘中侏罗统煤层气成藏条件和分布规律,系统获取了页岩气评价参数,确定了中侏罗统大煤沟组和石门沟组高含气量的页岩层段,本次研究主要是针对柴北缘侏罗系煤储层和页岩储层物性特征,虽然取得了一定的认识,但还存在一些不足:

（1）由于高压压汞实验数据不足且分布不均匀，未能够对煤储层渗流孔的分形维数与煤储层其他参数的关系进行更为详细的研究；另外对于煤储层的精细表征，除了文中所采用的方法，在以后的研究中还应添加如 CT 扫描和核磁共振等无损探测实验手段，进行更为精细的储层表征。

（2）由于页岩样品主要集中在鱼卡煤田，赛什腾煤田、全吉煤田和德令哈煤田侏罗系页岩储层物性表征还需进一步研究，目前仅在泥页岩有效厚度、有机质丰度、页岩埋深和页岩形成的沉积环境等方面进行了初步分析。

因此，在今后柴北缘侏罗系煤层气和页岩气的勘探和研究工作中更应该加强以上内容的研究，随着该地区更多的煤层气和页岩气参数井和生产实验井的实施，希望完善本书中所存在的不足，并以期柴北缘侏罗系煤层气和页岩气的勘探开发工作能够有所突破。

参 考 文 献

[1] 白鸽,张遂安,张帅,等.煤层气选区评价的关键性地质条件:煤体结构[J].中国煤炭地质,2012,24(5):26-29.

[2] 白何领,潘结南,赵艳青,等.不同变质程度脆性变形煤的 XRD 研究[J].煤矿安全,2013,44(11):12-14.

[3] 白矛,刘天泉.孔隙裂隙弹性理论及应用导论[M].北京:石油工业出版社,1999.

[4] 曹代勇,张守仁,任德贻.构造变形对煤化作用进程的影响:以大别造山带北麓地区石炭纪含煤岩系为例[J].地质论评,2002,48(3):313-317.

[5] 曹代勇,张守仁.大别山北麓高煤级煤的变形-变质类型[J].地质科学,2003,38(4):470-477.

[6] 曹庆英.透射光下干酪根显微组分鉴定及类型划分[J].石油勘探与开发,1985,12(5):14-23.

[7] 曹涛涛,宋之光,罗厚勇,等.煤、油页岩和页岩微观孔隙差异及其储集机理[J].天然气地球科学,2015,26(11):2208-2218.

[8] 曾联波,金之钧,张明利,等.柴达木侏罗纪盆地性质及其演化特征[J].沉积学报,2002,20(2):288-292.

[9] 陈昌国,张代钧,鲜晓红,等.煤的微晶结构与煤化度[J].煤炭转化,1997,20(1):45-49.

[10] 陈萍,唐修义.低温氮吸附法与煤中微孔隙特征的研究[J].煤炭学报,2001,26(5):552-556.

[11] 陈萍,张荣飞,唐修义.对利用测井曲线判识构造煤方法的认识[J].煤田地质与勘探,2014,42(3):78-81.

[12] 陈善庆.鄂、湘、粤、桂二叠纪构造煤特征及其成因分析[J].煤炭学报,1989,14(4):1-10.

[13] 戴俊生,叶兴树,汤良杰,等.柴达木盆地构造分区及其油气远景[J].地质科学,2003,38(3):291-296.

[14] 党玉琪,胡勇,余辉龙,等.柴达木盆地北缘石油地质[M].北京:地质出版

社,2003.

[15] 范俊佳,琚宜文,柳少波,等.不同煤储层条件下煤岩微孔结构及其对煤层气开发的启示[J].煤炭学报,2013,38(3):441-447.

[16] 傅雪海,秦勇,韦重韬.煤层气地质学[M].徐州:中国矿业大学出版社,2007.

[17] 傅雪海,秦勇,薛秀谦,等.煤储层孔、裂隙系统分形研究[J].中国矿业大学学报,2001,30(3):225-228.

[18] 傅雪海,秦勇,张万红,等.基于煤层气运移的煤孔隙分形分类及自然分类研究[J].科学通报,2005,50(S1):51-55.

[19] 高锐,成湘洲,丁谦.格尔木-额济纳旗地学断面地球动力学模型初探[J].地球物理学报,1995,38(S2):3-14.

[20] 高先志,陈发景,马达德,等.中、新生代柴达木北缘的盆地类型与构造演化[J].西北地质,2003,36(4):16-24.

[21] 宫伟东,张瑞林,郭晓洁,等.构造煤原煤样制作及渗透性试验研究[J].煤炭科学技术,2017,45(3):89-93.

[22] 郭德勇,郭晓洁,刘庆军,等.烟煤级构造煤分子结构演化及动力变质作用研究[J].中国矿业大学学报,2019,48(5):1036-1044.

[23] 郭德勇,韩德馨,袁崇孚.平顶山十矿构造煤结构成因研究[J].中国煤田地质,1996(3):22-25.

[24] 郭岭,姜在兴,姜文利.页岩气储层的形成条件与储层的地质研究内容[J].地质通报,2011,30(S1):385-392.

[25] 郭盛强,苏现波.煤晶体结构受构造变形影响的研究[J].河南理工大学学报(自然科学版),2010,29(5):607-611.

[26] 国土资源报."柴页1井"钻获3套含气泥页岩层段[EB/OL].[2013-08-02].http://www.cgs.gov.cn/ddztt/jqthd/2013ndz/xgbd/201603/t20160309_293204.html.

[27] 韩德馨.中国煤岩学[M].徐州:中国矿业大学出版社,1996.

[28] 韩俊,邵龙义,肖建新,等.多层次模糊数学在煤层气开发潜力评价中的应用[J].煤田地质与勘探,2008,36(3):31-36.

[29] 郝琦.煤的显微孔隙形态特征及其成因探讨[J].煤炭学报,1987,12(4):51-56.

[30] 和钟铧,刘招君,郭巍,等.柴达木北缘中生代盆地的成因类型及构造沉积演化[J].吉林大学学报(地球科学版),2002,32(4):333-339.

[31] 贺承祖,华明琪.储层孔隙结构的分形几何描述[J].石油与天然气地质,

1998,19(1):15-23.

[32] 侯海海,邵龙义,唐跃,等.基于多层次模糊数学的中国低煤阶煤层气选区评价标准:以吐哈盆地为例[J].中国地质,2014,41(3):1002-1009.

[33] 侯泉林,张子敏.关于"糜棱煤"概念之探讨[J].焦作矿业学院学报,1990,9(2):21-26.

[34] 简阔,傅雪海,王可新,等.中国长焰煤物性特征及其煤层气资源潜力[J].地球科学进展,2014,29(9):1065-1074.

[35] 姜波,秦勇,琚宜文,等.构造煤化学结构演化与瓦斯特性耦合机理[J].地学前缘,2009,16(2):262-271.

[36] 姜波,秦勇,宋党育,等.高煤级构造煤的 XRD 结构及其构造地质意义[J].中国矿业大学学报,1998,27(2):115-118.

[37] 蒋建平,罗国煜,康继武.煤 X 射线衍射与构造煤变质浅议[J].煤炭学报,2001,26(1):31-34.

[38] 蒋裕强,董大忠,漆麟,等.页岩气储层的基本特征及其评价[J].天然气工业,2010,30(10):7-12.

[39] 降文萍,宋孝忠,钟玲文.基于低温液氮实验的不同煤体结构煤的孔隙特征及其对瓦斯突出影响[J].煤炭学报,2011,36(4):609-614.

[40] 焦龙进.柴达木盆地北缘西大滩地区侏罗系页岩气储层研究[D].西安:长安大学,2013.

[41] 焦作矿业学院瓦斯地质研究室.瓦斯地质概论[M].北京:煤炭工业出版社,1990.

[42] 琚宜文,姜波,侯泉林,等.构造煤结构-成因新分类及其地质意义[J].煤炭学报,2004,29(5):513-517.

[43] 康志宏,周磊,任收麦,等.柴北缘中侏罗统大煤沟组七段泥页岩储层特征[J].地学前缘,2015,22(4):265-276.

[44] 李康,钟大赉.煤岩的显微构造特征及其与瓦斯突出的关系:以南桐鱼田堡煤矿为例[J].地质学报,1992,66(2):148-157.

[45] 李雷.柴达木盆地北缘鱼卡凹陷中侏罗统石门沟组页岩储层评价[D].北京:中国地质大学(北京),2018.

[46] 李猛.柴达木盆地北缘侏罗系沉积体系与页岩气富集规律[D].北京:中国矿业大学(北京),2014.

[47] 李明义,岳湘安,江青春,等.柴达木盆地北缘主要构造带构造演化与油气成藏关系[J].天然气地球科学,2012,23(3):461-468.

[48] 李松,毛小平,汤达祯,等.海拉尔盆地呼和湖凹陷煤成气资源潜力评价[J].

中国地质,2009,36(6):1350-1358.

[49] 李小彦.煤储层裂隙研究方法辨析[J].中国煤田地质,1998(1):30-31.

[50] 李新景,吕宗刚,董大忠,等.北美页岩气资源形成的地质条件[J].天然气工业,2009,29(5):27-32.

[51] 李振涛,姚艳斌,周鸿璞,等.煤岩显微组成对甲烷吸附能力的影响研究[J].煤炭科学技术,2012,40(8):125-128.

[52] 李中明,张栋,张古彬,等.豫西地区海陆过渡相含气页岩层系优选方法及有利区预测[J].地学前缘,2016,23(2):39-47.

[53] 蔺亚兵,马东民,刘钰辉,等.温度对煤吸附甲烷的影响实验[J].煤田地质与勘探,2012,40(6):24-28.

[54] 刘大锰,李振涛,蔡益栋.煤储层孔-裂隙非均质性及其地质影响因素研究进展[J].煤炭科学技术,2015,43(2):10-15.

[55] 刘洪林,李景明,李贵中,等.浅议我国低煤阶地区煤层气的成藏特点:从甲烷风化带的角度[J].天然气地球科学,2007,18(1):125-128.

[56] 刘洪林,王红岩,赵群,等.吐哈盆地低煤阶煤层气地质特征与成藏控制因素研究[J].地质学报,2010,84(1):133-137.

[57] 刘圣鑫,钟建华,马寅生,等.柴东石炭系页岩微观孔隙结构与页岩气等温吸附研究[J].中国石油大学学报(自然科学版),2015,39(1):33-42.

[58] 刘天绩,邵龙义,曹代勇,等.柴达木盆地北缘侏罗系煤炭资源形成条件及资源评价[M].北京:地质出版社,2013.

[59] 刘贻军,娄建青.中国煤层气储层特征及开发技术探讨[J].天然气工业,2004,24(1):68-71.

[60] 刘志钧.关于煤的吸附甲烷容量的研究[J].煤矿安全,1988,19(10):7-14.

[61] 鲁静,邵龙义,王占刚,等.柴北缘侏罗纪煤层有机碳同位素组成与古气候[J].中国矿业大学学报,2014,43(4):612-618.

[62] 吕宝凤,张越青,杨书逸.柴达木盆地构造体系特征及其成盆动力学意义[J].地质论评,2011,57(2):167-174.

[63] 倪小明,苏现波,张小东.煤层气开发地质学[M].北京:化学工业出版社,2010.

[64] 宁正伟,陈霞.华北石炭、二叠系煤化变质程度与煤层气储集性的关系[J].石油与天然气地质,1996,17(2):156-160.

[65] 钱凯,赵庆波,汪泽成,等.煤层甲烷气勘探开发理论与实验测试技术[M].北京:石油工业出版社,1997.

[66] 秦勇.国外煤层气成因与储层物性研究进展与分析[J].地学前缘,2005,12

(3):289-298.

[67] 秦勇.中国高煤级煤的显微岩石学特征及结构演化[M].徐州:中国矿业大学社,1994.

[68] 全裕科.影响煤层含气量若干因素初探[J].天然气工业,1995,15(5):1-5.

[69] 桑树勋,秦勇,郭晓波,等.准噶尔和吐哈盆地侏罗系煤层气储集特征[J].高校地质学报,2003,9(3):365-372.

[70] 桑树勋,朱炎铭,张时音,等.煤吸附气体的固气作用机理(Ⅰ):煤孔隙结构与固气作用[J].天然气工业,2005,25(1):13-15.

[71] 邵龙义,侯海海,唐跃,等.中国煤层气勘探开发战略接替区优选[J].天然气工业,2015,35(3):1-11.

[72] 邵龙义,刘磊,文怀军,等.柴北缘盆地 YQ-1 井中侏罗统石门沟组泥页岩纳米孔隙特征及影响因素[J].地学前缘,2016,23(1):164-173.

[73] 宋晓夏,唐跃刚,李伟,等.中梁山南矿构造煤吸附孔分形特征[J].煤炭学报,2013,38(1):134-139.

[74] 宋志敏,刘高峰,张子戌.变形煤及其吸附-解吸特征研究现状与展望[J].河南理工大学学报(自然科学版),2012,31(5):497-500.

[75] 苏付义.煤层气储集层评价参数及其组合[J].天然气工业,1998,18(4):16-21.

[76] 苏现波,陈江峰,孙俊民,等.煤层气地质学与勘探开发[M].北京:科学出版社,2001.

[77] 苏现波,宁超,华四良.煤层气储层中的流体压裂裂隙[J].天然气工业,2005a,25(1):127-129.

[78] 苏现波,张丽萍,林晓英.煤阶对煤的吸附能力的影响[J].天然气工业,2005b,25(1):19-21.

[79] 孙德君.柴达木盆地北缘地层格架与含油气系统研究[D].武汉:中国地质大学(武汉),2001.

[80] 孙粉锦,赵庆波,邓攀.影响中国无烟煤区煤层气勘探的主要因素[J].石油勘探与开发,1998,25(1):32-34.

[81] 孙光中,王公忠,张瑞林.构造煤渗透率对温度变化响应规律的试验研究[J].岩土力学,2016,37(4):1042-1048.

[82] 孙茂远,黄盛初.煤层气开发利用手册[M].北京:煤炭工业出版社,1998.

[83] 孙平,王勃,孙粉锦,等.中国低煤阶煤层气成藏模式研究[J].石油学报,2009,30(5):648-653.

[84] 汤达祯,王生维.煤储层物性控制机理及有利储层预测方法[M].北京:科学

出版社,2010.

[85] 汤良杰,金之钧,张明利,等.柴达木盆地构造古地理分析[J].地学前缘,2000,7(4):421-429.

[86] 唐书恒,岳巍,崔崇海,等.用模糊数学方法评价煤层气的可采性[J].地质论评,2000,46(S1):284-287.

[87] 田华,张水昌,柳少波,等.压汞法和气体吸附法研究富有机质页岩孔隙特征[J].石油学报,2012,33(3):419-427.

[88] 汪民.页岩气知识读本[M].北京:科学出版社,2012.

[89] 王勃,李贵中,王一兵,等.阜新盆地王营-刘家煤层气富集区的形成模式[C]//2011年煤层气学术研讨会论文集.北京:地质出版社,2011:82-89.

[90] 王红岩,李景明,刘洪林,等.煤层气基础理论、聚集规律及开采技术方法进展[J].石油勘探与开发,2004,31(6):14-16.

[91] 王生维,陈钟惠.煤储层孔隙、裂隙系统研究进展[J].地质科技情报,1995,14(1):53-59.

[92] 王生维,侯光久,张明,等.晋城成庄矿煤层大裂隙系统研究[J].科学通报,2005,50(S1):38-44.

[93] 王生维,张明,庄小丽.煤储层裂隙形成机理及其研究意义[J].地球科学,1996,21(6):637-640.

[94] 王文峰,徐磊,傅雪海.应用分形理论研究煤孔隙结构[J].中国煤田地质,2002,14(2):26-27.

[95] 魏迎春,曹代勇,袁远,等.韩城区块煤层气井产出煤粉特征及主控因素[J].煤炭学报,2013,38(8):1424-1429.

[96] 翁成敏,潘治贵.峰峰煤田煤的X射线衍射分析[J].地球科学,1981,6(1):214-221.

[97] 吴汉宁,刘池阳,张小会,等.用古地磁资料探讨柴达木地块构造演化[J].中国科学(D辑:地球科学),1997,27(1):9-14.

[98] 吴建国,刘大锰,姚艳斌.鄂尔多斯盆地渭北地区页岩纳米孔隙发育特征及其控制因素[J].石油与天然气地质,2014,35(4):542-550.

[99] 吴俊,金奎励,童有德,等.煤孔隙理论及在瓦斯突出和抽放评价中的应用[J].煤炭学报,1991,16(3):86-95.

[100] 肖正辉,王朝晖,杨荣丰,等.湘西北下寒武统牛蹄塘组页岩气储集条件研究[J].地质学报,2013,87(10):1612-1623.

[101] 谢和平.分形-岩石力学导论[M].北京:科学出版社,1996.

[102] 谢振华,陈绍杰.水分及温度对煤吸附甲烷的影响[J].北京科技大学学报,

2007,29(S2):42-44.

[103] 熊德华,唐书恒,朱宝存.晋陕蒙地区煤层气勘查潜力综合评价[J].天然气工业,2011,31(1):32-36.

[104] 徐忠美,叶欣.低煤阶煤层气成藏条件及主控因素分析[J].重庆科技学院学报(自然科学版),2011,13(1):10-12.

[105] 许浩,张尚虎,冷雪,等.沁水盆地煤储层孔隙系统模型与物性分析[J].科学通报,2005,50(S1):45-50.

[106] 严继民,张启元,高敬琼.吸附与凝聚:固体的表面与孔[M].2版.北京:科学出版社,1986.

[107] 杨峰,宁正福,孔德涛,等.高压压汞法和氮气吸附法分析页岩孔隙结构[J].天然气地球科学,2013,24(3):450-455.

[108] 杨起,刘大锰,黄文辉.中国西北煤层气地质与资源综合评价[M].北京:地质出版社,2005.

[109] 杨起,汤达祯.华北煤变质作用对煤含气量和渗透率的影响[J].地球科学,2000,25(3):273-277.

[110] 杨起.煤地质学进展[M].北京:科学出版社,1987.

[111] 杨宇,孙晗森,彭小东,等.煤层气储层孔隙结构分形特征定量研究[J].特种油气藏,2013,20(1):31-33.

[112] 姚纪明,于炳松,车长波,等.中国煤层气有利区带综合评价[J].现代地质,2009,23(2):353-358.

[113] 姚艳斌,刘大锰,汤达祯,等.沁水盆地煤储层微裂隙发育的煤岩学控制机理[J].中国矿业大学学报,2010,39(1):6-13.

[114] 姚艳斌,刘大锰.煤储层精细定量表征与综合评价模型[M].北京:地质出版社,2013.

[115] 姚艳斌,刘大锰.华北重点矿区煤储层吸附特征及其影响因素[J].中国矿业大学学报,2007,36(3):308-314.

[116] 余一欣,汤良杰,马达德,等.柴达木盆地断裂特征研究[J].西安石油大学学报(自然科学版),2005,20(3):11-14.

[117] 占文锋,曹代勇,刘天绩,等.柴达木盆地北缘控煤构造样式与赋煤规律[J].煤炭学报,2008,33(5):500-504.

[118] 张春雷,李太任,熊琦华.煤岩结构与煤体裂隙分布特征的研究[J].煤田地质与勘探,2000,28(5):26-30.

[119] 张大伟,李玉喜,张金川.全国页岩气资源潜力调查评价[M].北京:地质出版社,2012.

[120] 张慧,王晓刚,员争荣,等.煤中显微裂隙的成因类型及其研究意义[J].岩石矿物学杂志,2002,21(3):278-284.

[121] 张慧.煤孔隙的成因类型及其研究[J].煤炭学报,2001,26(1):40-44.

[122] 张金川,金之钧,袁明生.页岩气成藏机理和分布[J].天然气工业,2004,24(7):15-18.

[123] 张丽萍,苏现波,曾荣树.煤体性质对煤吸附容量的控制作用探讨[J].地质学报,2006,80(6):910-915.

[124] 张庆玲,崔永君,曹利戈.煤的等温吸附实验中各因素影响分析[J].煤田地质与勘探,2004,32(2):16-19.

[125] 张群,杨锡禄.平衡水分条件下煤对甲烷的等温吸附特性研究[J].煤炭学报,1999,24(6):566-570.

[126] 张尚虎,汤达祯,王明寿.沁水盆地煤储层孔隙差异发育主控因素[J].天然气工业,2005,25(1):37-40.

[127] 张胜利,李宝芳.鄂尔多斯东缘石炭二叠系煤层气分布规律及影响地质因素[J].石油实验地质,1996,18(2):182-189.

[128] 张松航,唐书恒,汤达祯,等.鄂尔多斯盆地东缘煤储层渗流孔隙分形特征[J].中国矿业大学学报,2009,38(5):713-718.

[129] 张遂安.有关煤层气勘探过程中的理论误导剖析[J].中国煤层气,2004,1(2):7-8

[130] 张天军,许鸿杰,李树刚,等.温度对煤吸附性能的影响[J].煤炭学报,2009,34(6):802-805.

[131] 张晓东,桑树勋,秦勇,等.不同粒度的煤样等温吸附研究[J].中国矿业大学学报,2005,34(4):427-432.

[132] 张新民,庄军,张遂安.中国煤层气地质与资源评价[M].北京:科学出版社,2002.

[133] 张子敏.瓦斯地质学[M].徐州:中国矿业大学出版社,2009.

[134] 赵爱红,廖毅,唐修义.煤的孔隙结构分形定量研究[J].煤炭学报,1998,23(4):439-442.

[135] 赵建华,金之钧,金振奎,等.四川盆地五峰组-龙马溪组含气页岩中石英成因研究[J].天然气地球科学,2016,27(2):377-386.

[136] 赵志根.煤体结构的定性描述和定量评价的研究[J].能源技术与管理,2015,40(6):10-12.

[137] 郑贵强,唐书恒,张静平,等.霍西盆地煤层气资源勘查潜力评价[J].资源与产业,2012,14(1):53-57.

[138] 中国煤田地质总局.中国煤层气资源[M].徐州:中国矿业大学出版社,1998.

[139] 钟玲文,张慧,员争荣,等.煤的比表面积、孔体积及其对煤吸附能力的影响[J].煤田地质与勘探,2002,30(3):26-29.

[140] 钟玲文,张新民.煤的吸附能力与其煤化程度和煤岩组成间的关系[J].煤田地质与勘探,1990,18(4):29-36.

[141] 钟玲文.煤的吸附性能及影响因素[J].地球科学,2004a,29(3):327-332.

[142] 钟玲文.煤内生裂隙的成因[J].中国煤田地质,2004b,16(3):6-9.

[143] 朱筱敏.沉积岩石学[M].4 版.北京:石油工业出版社,2008.

[144] ABOUELRESH M O,SLATT R M.Lithofacies and sequence stratigraphy of the Barnett Shale in east-central Fort Worth Basin,Texas[J].AAPG bulletin,2012,96(1):1-22.

[145] ADEGOKE A K,ABDULLAH W H,HAKIMI M H.Geochemical and petrographic characterisation of organic matter from the Upper Cretaceous Fika shale succession in the Chad(Bornu) Basin,northeastern Nigeria:origin and hydrocarbon generation potential[J].Marine and petroleum geology,2015,61:95-110.

[146] ALEXEEV A D,ULYANOVA E V,STARIKOV G P,et al.Latent methane in fossil coals[J].Fuel,2004,83(10):1407-1411.

[147] ALGEO T J,KUWAHARA K,SANO H,et al.Spatial variation in sediment fluxes,redox conditions,and productivity in the Permian-Triassic Panthalassic Ocean[J].Palaeogeography,palaeoclimatology,palaeoecology,2011,308(1-2):65-83.

[148] ALGEO T J,MAYNARD J B.Trace-element behavior and redox facies in core shales of upper Pennsylvanian Kansas-type cyclothems[J].Chemical geology,2004,206(3-4):289-318.

[149] ARABAS A.Middle-Upper Jurassic stable isotope records and seawater temperature variations:new palaeoclimate data from marine carbonate and belemnite rostra(Pieniny Klippen Belt,Carpathians)[J].Palaeogeography,palaeoclimatology,palaeoecology,2016,446:284-294.

[150] AZMI A S,YUSUP S,MUHAMAD S.The influence of temperature on adsorption capacity of Malaysian coal[J].Chemical engineering and processing:process intensification,2006,45(5):392-396.

[151] BARRETT E P,JOYNER L G,HALENDA P P.The determination of

pore volume and area distributions in porous substances. I. computations from nitrogen isotherms[J]. Journal of the American chemical society, 1951, 73(1):373-380.

[152] BECHTEL A, KARAYIĞTA I, SACHSENHOFER R F, et al. Spatial and temporal variability in vegetation and coal facies as reflected by organic petrological and geochemical data in the Middle Miocene Cayirhan coal field(Turkey)[J]. International journal of coal geology, 2014, 134-135:46-60.

[153] BHATIA M R. Rare earth element geochemistry of Australian Paleozoic graywackes and mudrocks: provenance and tectonic control[J]. Sedimentary geology, 1985, 45(1-2):97-113.

[154] BOWKER K A. Barnett Shale gas production, Fort Worth Basin: issues and discussion[J]. AAPG bulletin, 2007, 91(4):523-533.

[155] BROEKHOFF J C P, DE BOER J H. Studies on pore systems in catalysts: XII. Pore distributions from the desorption branch of a nitrogen sorption isotherm in the case of cylindrical pores A. An analysis of the capillary evaporation process [J]. Journal of catalysis, 1968, 10(4): 368-376.

[156] BRUHN C H L. Reservoir architecture of deep-lacustrine sandstones from the Early Cretaceous recôncavo rift basin, Brazil[J]. AAPG bulletin, 1999, 83(9): 1502-1525.

[157] BRUNAUER S, EMMETT P H, TELLER E. Adsorption of gases in multimolecular layers [J]. Journal of the American chemical society, 1938, 60(2):309-319.

[158] BUSCH A, GENSTERBLUM Y. CBM and CO_2-ECBM related sorption processes in coal: a review[J]. International journal of coal geology, 2011, 87(2):49-71.

[159] BUSTIN R M, CLARKSON C R. Geological controls on coalbed methane reservoir capacity and gas content[J]. International journal of coal geology, 1998, 38(1-2):3-26.

[160] CALDER J, GIBLING M, MUKHOPADHYAY P K. Peat formation in a Westphalian B piedmont setting, Cumberland Basin, Nova Scotia: implications for the maceral-based interpretation of rheotrophic and raised paleomires[J]. Bulletin de la societe geologique de France, 1991, 162(2):

283-298.

[161] CANDER H.Sweet spots in shale gas and liquids plays: prediction of fluid composition and reservoir pressure[J].Search and discovery,2012, 40936(40936):265-271.

[162] CAO Y X,DAVIS A,LIU R,et al.The influence of tectonic deformation on some geochemical properties of coals: a possible indicator of outburst potential[J].International journal of coal geology,2003,53(2):69-79.

[163] CARROLL A R,BOHACS K M.Stratigraphic classification of ancient lakes: balancing tectonic and climatic controls[J].Geology,1999,27(2): 99-102.

[164] CHALMERS G R L,BUSTIN R M.Lower Cretaceous gas shales in northeastern British Columbia,Part I: geological controls on methane sorption capacity[J].Bulletin of Canadian petroleum geology,2008,56 (1):1-21.

[165] CHALMERS G R L,BUSTIN R M.On the effects of petrographic composition on coalbed methane sorption[J].International journal of coal geology,2007,69(4):288-304.

[166] CHALMERS G R L,ROSS D J K,BUSTIN R M.Geological controls on matrix permeability of Devonian Gas Shales in the Horn River and Liard basins,northeastern British Columbia,Canada[J].International journal of coal geology,2012,103:120-131.

[167] CHEN C,MU C L,ZHOU K K,et al.The geochemical characteristics and factors controlling the organic matter accumulation of the Late Ordovician-Early Silurian black shale in the Upper Yangtze Basin,South China[J].Marine and petroleum geology,2016,76:159-175.

[168] CHETEL L M,JANECKE S U,CARROLL A R,et al.Paleogeographic reconstruction of the Eocene Idaho River,north American cordillera[J]. Geological society of America bulletin,2011,123(1-2):71-88.

[169] CHILINGAR G V,MANNON R W,RIEKE H H.Oil and gas production from carbonate rocks[M].New York: American Elsevier Publishing Company,1972.

[170] CLARKSON C R,BUSTIN R M.The effect of pore structure and gas pressure upon the transport properties of coal: a laboratory and modeling study.2.Adsorption rate modeling[J].Fuel,1999,78(11):1345-1362.

[171] CLOSE J C.Nature fracture in coal[J].AAPG bulletin,1993,38:119-132.

[172] CROSDALE P J,BEAMISH B B,VALIX M.Coalbed methane sorption related to coal composition[J]. International journal of coal geology, 1998,35(1-4):147-158.

[173] DAWSON G K W,GOLDING S D,ESTERLE J S,et al.Occurrence of minerals within fractures and matrix of selected Bowen and Ruhr Basin coals[J].International journal of coal geology,2012,94:150-166.

[174] DOEBBERT A C,CARROLL A R,MULCH A,et al.Geomorphic controls on lacustrine isotopic compositions:evidence from the laney member,green river formation,Wyoming[J].Geological society of America bulletin,2010,122(1-2):236-252.

[175] DONALDSON E C,KENDALL R F,BAKER B A,et al.Surface-area measurement of geologic materials[J].Society of petroleum engineers journal,1975,15(2):111-116.

[176] DOW W G.Application of oil correlation and source-rock data to exploration in williston basin:abstract[J]. AAPG bulletin, 1972, 56 (3): 615-619.

[177] DOW W G.Kerogen studies and geological interpretations[J].Journal of geochemical exploration,1977,7:79-99.

[178] DRAKE J M,YACULLO L N,LEVITZ P,et al.Nitrogen adsorption on porous silica: model-dependent analysis[J]. The journal of physical chemistry,1994,98(2):380-382.

[179] EL-SHAFEI G M S,PHILIP C A,MOUSSA N A.Fractal analysis of hydroxyapatite from nitrogen isotherms[J].Journal of colloid and interface science,2004,277(2):410-416.

[180] ELLIOT S M,CARROLL A R,MUELLER E R.Elevated weathering rates in the Rocky Mountains during the Early Eocene Climatic Optimum[J].Nature geoscience,2008,1(6):370-374.

[181] FAIZ M,SAGHAFI A,SHERWOOD N,et al.The influence of petrological properties and burial history on coal seam methane reservoir characterisation,Sydney Basin,Australia[J].International journal of coal geology,2007,70(1-3):193-208.

[182] FEDO C M,WAYNE NESBITT H,YOUNG G M. Unraveling the effects of potassium metasomatism in sedimentary rocks and paleosols,

with implications for paleoweathering conditions and provenance[J].Geology,1995,23(10):921-924.

[183] FILDANI A,HANSON A D,CHEN Z Z,et al.Geochemical characteristics of oil and source rocks and implications for petroleum systems,Talara basin,northwest Peru[J].AAPG bulletin,2005,89(11):1519-1545.

[184] FOLK R L,WARD W C.Brazos River bar:a study in the significance of grain size parameters[J].Journal of sedimentary research,1957,27(1): 3-26.

[185] FRIESEN W I,LAIDLAW W G.Porosimetry of fractal surfaces[J].Journal of colloid and interface science,1993,160(1):226-235.

[186] GALE J F W,REED R M,HOLDER J.Natural fractures in the Barnett Shale and their importance for hydraulic fracture treatments[J].AAPG bulletin,2007,91(4):603-622.

[187] GAMSON P,BEAMISH B,JOHNSON D.Coal microstructure and secondary mineralization:their effect on methane recovery[J].Geological society,London,special publications,1996,109(1):165-179.

[188] GAN H,NANDI S P,WALKER P L Jr.Nature of the porosity in American coals[J].Fuel,1972,51(4):272-277.

[189] GARBACZ J K.Fractal description of partially mobile single gas adsorption on energetically homogeneous solid adsorbent[J].Colloids and surfaces A:physicochemical and engineering aspects,1998,143(1):95-101.

[190] GARCÍA-SÁCHEZ A, DUBBELDAM D, CALERO S.Modeling adsorption and self-diffusion of methane in LTA zeolites:the influence of framework flexibility[J]. The journal of physical chemistry C, 2010, 114 (35): 15068-15074.

[191] GASPARIK M,BERTIER P,GENSTERBLUM Y,et al.Geological controls on the methane storage capacity in organic-rich shales[J].International journal of coal geology,2014,123:34-51.

[192] GAUDEN P A,TERZYK A P,RYCHLICKI G.The new correlation between microporosity of strictly microporous activated carbons and fractal dimension on the basis of the Polanyi-Dubinin theory of adsorption[J].Carbon,2001,39(2):267-278.

[193] GENTZIS T.A review of the thermal maturity and hydrocarbon potential of the Mancos and Lewis shales in parts of New Mexico,USA[J].International

journal of coal geology,2013,113:64-75.

[194] GOLAB A,WARD C R,PERMANA A,et al.High-resolution three-dimensional imaging of coal using microfocus X-ray computed tomography,with special reference to modes of mineral occurrence[J]. International journal of coal geology,2013,113:97-108.

[195] GROSS D,SACHSENHOFER R F,BECHTEL A,et al.Organic geochemistry of Mississippian shales(Bowland Shale Formation) in central Britain:implications for depositional environment,source rock and gas shale potential[J].Marine and petroleum geology,2015,59:1-21.

[196] GUN'KO V M,TUROV V V,BOGATYREV V M,et al.The influence of pre-adsorbed water on adsorption of methane on fumed and nanoporous silicas[J].Applied surface science,2011,258(4):1306-1316.

[197] GUO T L,ZHANG H R.Formation and enrichment mode of Jiaoshiba shale gas field, Sichuan Basin[J]. Petroleum exploration and development, 2014, 41(1):31-40.

[198] HAN S B,ZHANG J C,WANG C S,et al.Elemental geochemistry of lower Silurian Longmaxi shale in southeast Sichuan Basin,South China: constraints for Paleoenvironment[J].Geological journal,2018,53(4): 1458-1464.

[199] HATCH J R,LEVENTHAL J S.Relationship between inferred redox potential of the depositional environment and geochemistry of the Upper Pennsylvanian(Missourian) Stark Shale Member of the Dennis Limestone,Wabaunsee County,Kansas,USA[J].Chemical geology,1992,99 (1-3):65-82.

[200] HILDENBRAND A,KROOSS B M,BUSCH A,et al.Evolution of methane sorption capacity of coal seams as a function of burial history:a case study from the Campine Basin,NE Belgium[J].International journal of coal geology,2006,66(3):179-203.

[201] HOU H H,SHAO L Y,LI Y H,et al.Geochemistry,reservoir characterization and hydrocarbon generation potential of lacustrine shales:a case of YQ-1 well in the Yuqia Coalfield,northern Qaidam Basin,NW China [J].Marine and petroleum geology,2017a,88:458-471.

[202] HOU H H,SHAO L Y,LI Y H,et al.Influence of coal petrology on methane adsorption capacity of the Middle Jurassic coal in the Yuqia

Coalfield,northern Qaidam Basin,China[J].Journal of petroleum science and engineering,2017b,149:218-227.

[203] HOU H H,SHAO L Y,LI Y H,et al.The pore structure and fractal characteristics of shales with low thermal maturity from the Yuqia Coalfield,northern Qaidam Basin,northwestern China[J].Frontiers of earth science,2018,12(1):148-159.

[204] HOU H H,SHAO L Y,WANG S,et al.Influence of depositional environment on coalbed methane accumulation in the Carboniferous-Permian coal of the Qinshui Basin,Northern China[J].Frontiers of earth science,2019,13(3):535-550.

[205] HU S,LI M,XIANG J,et al.Fractal characteristic of three Chinese coals [J].Fuel,2004a,83(10):1307-1313.

[206] HU S,SUN X X,XIANG J,et al.Correlation characteristics and simulations of the fractal structure of coal char [J]. Communications in nonlinear science and numerical simulation,2004b,9(3):291-303.

[207] HUNT M J.Petroleum geochemistry and geology[J]. Chemical geology, 1997,137(3-4):313-314.

[208] ISMAIL I M K,PFEIFER P.Fractal analysis and surface roughness of nonporous carbon fibers and carbon blacks[J].Langmuir,1994,10(5): 1532-1538.

[209] JARVIE D M,HILL R J,RUBLE T E,et al.Unconventional shale-gas systems:the Mississippian Barnett Shale of north-central Texas as one model for thermogenic shale-gas assessment[J].AAPG bulletin,2007,91 (4):475-499.

[210] JI W M,SONG Y,JIANG Z X,et al.Estimation of marine shale methane adsorption capacity based on experimental investigations of Lower Silurian Longmaxi formation in the Upper Yangtze Platform,South China [J].Marine and petroleum geology,2015,68:94-106.

[211] JIAN K,FU X H,DING Y M,et al.Characteristics of pores and methane adsorption of low-rank coal in China[J].Journal of natural gas science and engineering,2015,27:207-218.

[212] JIANG S,XU Z Y,FENG Y L,et al.Geologic characteristics of hydrocarbon-bearing marine, transitional and lacustrine shales in China[J]. Journal of Asian earth sciences,2016,115:404-418.

[213] JIANG Z X,CHEN D Z,QIU L W,et al.Source-controlled carbonates in a small Eocene half-graben lake basin(Shulu Sag) in central Hebei Province,North China[J].Sedimentology,2007,54(2):265-292.

[214] JOSH M,ESTEBAN L,PIANE C D,et al.Laboratory characterisation of shale properties[J].Journal of petroleum science and engineering,2012, 88-89:107-124.

[215] KIDDER D L,ERWIN D H.Secular distribution of biogenic silica through the Phanerozoic:comparison of silica-replaced fossils and bedded cherts at the series level[J].The journal of geology,2001,109(4):509-522.

[216] KOMATSU H, OTA M, SMITH R L Jr, et al. Review of CO_2-CH_4 clathrate hydrate replacement reaction laboratory studies-Properties and kinetics[J].Journal of the Taiwan institute of chemical engineers,2013, 44(4):517-537.

[217] KORRE A,SHI J Q,IMRIE C,et al.Coalbed methane reservoir data and simulator parameter uncertainty modelling for CO_2 storage performance assessment[J].International journal of greenhouse gas control,2007,1 (4):492-501.

[218] KOTARBA M J,NAGAO K.Composition and origin of natural gases accumulated in the Polish and Ukrainian parts of the Carpathian region: Gaseous hydrocarbons, noble gases, carbon dioxide and nitrogen[J]. Chemical geology,2008,255(3-4):426-438.

[219] LATIMER J C,FILIPPELLI G M.Eocene to Miocene terrigenous inputs and export production:geochemical evidence from ODP Leg 177,Site 1090[J]. Palaeogeography, palaeoclimatology, palaeoecology, 2002, 182 (3-4):151-164.

[220] LAUBACH S E,MARRETT R A,OLSON J E,et al.Characteristics and origins of coal cleat:a review[J].International journal of coal geology, 1998,35(1-4):175-207.

[221] LEE G J,PYUN S J.The effect of pore structures on fractal characteristics of meso/macroporous carbons synthesised using silica template[J]. Carbon,2006,43(8):1804-1808.

[222] LI A, DING W L, HE J H, et al. Investigation of pore structure and fractal characteristics of organic-rich shale reservoirs:a case study of Lower Cambrian Qiongzhusi formation in Malong block of eastern Yun-

nan Province, South China[J]. Marine and petroleum geology, 2016, 70: 46-57.

[223] LI H Y. Major and minor structural features of a bedding shear zone along a coal seam and related gas outburst, Pingdingshan coalfield, Northern China[J]. International journal of coal geology, 2001, 47(2): 101-113.

[224] LI M, SHAO L Y, LIU L, et al. Lacustrine basin evolution and coal accumulation of the Middle Jurassic in the Saishiteng coalfield, northern Qaidam Basin, China[J]. Journal of palaeogeography, 2016, 5(3): 205-220.

[225] LI M, SHAO L Y, LU J, et al. Sequence stratigraphy and paleogeography of the Middle Jurassic coal measures in the Yuqia coalfield, northern Qaidam Basin, northwestern China[J]. AAPG bulletin, 2014a, 98(12): 2531-2550.

[226] LI Q, WU S H, XIA D L, et al. Major and trace element geochemistry of the lacustrine organic-rich shales from the Upper Triassic Chang 7 Member in the southwestern Ordos Basin, China: implications for paleoenvironment and organic matter accumulation[J]. Marine and petroleum geology, 2020, 111: 852-867.

[227] LI S, TANG D Z, PAN Z J, et al. Influence and control of coal facies on physical properties of the coal reservoirs in Western Guizhou and Eastern Yunnan, China[J]. International journal of oil, gas and coal technology, 2014b, 8(2): 221-234.

[228] LI X, FU X H, LIU A H, et al. Methane adsorption characteristics and adsorbed gas content of low-rank coal in China[J]. Energy and fuels, 2016, 30(5): 3840-3848.

[229] LI Y J, LI X Y, WANG Y L, et al. Effects of composition and pore structure on the reservoir gas capacity of Carboniferous shale from Qaidam Basin, China[J]. Marine and petroleum geology, 2015, 62: 44-57.

[230] LIANG L X, XIONG J, LIU X J. An investigation of the fractal characteristics of the Upper Ordovician Wufeng Formation shale using nitrogen adsorption analysis[J]. Journal of natural gas science and engineering, 2015, 27: 402-409.

[231] LIN D Y, YE J P, QIN Y, et al. Characteristics of coalbed methane resources of China[J]. Acta geologica Sinica-English edition, 2000, 74(3): 706-710.

[232] LITTKE R,LEYTHAEUSER D,RULLKÖTTER J,et al.Keys to the depositional history of the Posidonia Shale(Toarcian) in the Hils Syncline,northern Germany[J].Geological society,London,special publications,1991,58(1):311-333.

[233] LIU J Z,ZHU J F,CHENG J,et al.Pore structure and fractal analysis of Ximeng lignite under microwave irradiation[J].Fuel,2015a,146:41-50.

[234] LIU W Q,YAO J X,TONG J N,et al.Organic matter accumulation on the Dalong Formation (Upper Permian) in western Hubei, South China: constraints from multiple geochemical proxies and pyrite morphology[J]. Palaeogeography,palaeoclimatology,palaeoecology,2019,514:677-689.

[235] LIU X J,XIONG J,LIANG L X.Investigation of pore structure and fractal characteristics of organic-rich Yanchang formation shale in central China by nitrogen adsorption/desorption analysis[J].Journal of natural gas science and engineering,2015b,22:62-72.

[236] LIU Y,ZHANG J C,REN J,et al.Stable isotope geochemistry of the nitrogen-rich gas from lower Cambrian shale in the Yangtze Gorges area, South China[J].Marine and petroleum geology,2016,77:693-702.

[237] LOUCKS R G,REED R M,RUPPEL S C,et al.Spectrum of pore types and networks in mudrocks and a descriptive classification for matrix-related mudrock pores[J].AAPG bulletin,2012,96(6):1071-1098.

[238] LOUCKS R G,RUPPEL S C.Mississippian Barnett Shale:lithofacies and depositional setting of a deep-water shale-gas succession in the Fort Worth Basin,Texas[J].AAPG bulletin,2007,91(4):579-601.

[239] LU J,SHAO L Y,YANG M F,et al.Depositional model for peat swamp and coal facies evolution using sedimentology,coal macerals,geochemistry and sequence stratigraphy[J].Journal of earth science,2017,28(6):1163-1177.

[240] LUO J J,LIU Y F,SUN W J,et al.Influence of structural parameters on methane adsorption over activated carbon: evaluation by using D-A model[J].Fuel,2014,123:241-247.

[241] MA Y Q,FAN M J,LU Y C,et al.Climate-driven paleolimnological change controls lacustrine mudstone depositional process and organic matter accumulation: constraints from lithofacies and geochemical studies in the Zhanhua Depression, Eastern China [J]. International journal of coal geology,2016,167:103-118.

[242] MA Y Q,LU Y C,LIU X F,et al.Depositional environment and organic matter enrichment of the lower Cambrian Niutitang shale in western Hubei Province,South China[J].Marine and petroleum geology,2019, 109:381-393.

[243] MAHAMUD M,LÓPEZ Ó,PIS J J,et al.Textural characterization of coals using fractal analysis[J].Fuel Processing technology,2003,81(2): 127-142.

[244] MAHDIZADEH S J,TAYYARI S F.Influence of temperature,pressure, nanotube's diameter and intertube distance on methane adsorption in homogeneous armchair open-ended SWCNT triangular arrays[J].Theoretical chemistry accounts,2011,128(2):231-240.

[245] MAKEEN Y M,ABDULLAH W H,HAKIMI M H,et al.Source rock characteristics of the Lower Cretaceous Abu Gabra Formation in the Muglad Basin,Sudan,and its relevance to oil generation studies[J]. Marine and petroleum geology,2015,59:505-516.

[246] MASTALERZ M,GLUSKOTER H,RUPP J.Carbon dioxide and methane sorption in high volatile bituminous coals from Indiana,USA[J].International journal of coal geology,2004,60(1):43-55.

[247] MASTALERZ M,SCHIMMELMANN A,DROBNIAK A,et al.Porosity of Devonian and Mississippian New Albany Shale across a maturation gradient:insights from organic petrology, gas adsorption, and mercury intrusion[J].AAPG bulletin,2013,97(10):1621-1643.

[248] MCLENNAN S M.Weathering and global denudation[J].The journal of geology,1993,101(2):295-303.

[249] MEISSNER F F,WOODWARD J,CLAYTON J L.Stratigraphic relationships and distribution of hydrocarbon source rocks in greater rocky mountain region:abstract[J].AAPG bulletin,1984,68(7):942-948.

[250] MENDHE V A,MISHRA S,VARMA A K,et al.Gas reservoir characteristics of the Lower Gondwana Shales in Raniganj Basin of Eastern India[J].Journal of petroleum science and engineering,2017,149:649-664.

[251] MILLIKEN K L,RUDNICKI M,AWWILLER D N,et al.Organic matter-hosted pore system,Marcellus Formation(Devonian),Pennsylvania[J].AAPG bulletin,2013,97(2):177-200.

[252] MONTGOMERY S L,JARVIE D M,BOWKER K A,et al.Mississippian Bar-

nett Shale,Fort Worth Basin,north-central Texas：gas-shale play with multi-trillion cubic foot potential[J].AAPG bulletin,2005,89(2)：155-175.

[253] MORT H,JACQUAT O,ADATTE T,et al.The Cenomanian/Turonian anoxic event at the Bonarelli Level in Italy and Spain：enhanced productivity and/or better preservation？ [J].Cretaceous research,2007,28(4)：597-612.

[254] MURPHY A E,SAGEMAN B B,HOLLANDER D J,et al.Black shale deposition and faunal overturn in the Devonian Appalachian Basin：Clastic starvation,seasonal water-column mixing,and efficient biolimiting nutrient recycling [J].Paleoceanography,2000,15(3)：280-291.

[255] NABAWY B S,GÉRAUD Y,ROCHETTE P,et al.Pore-throat characterization in highly porous and permeable sandstones [J]. AAPG bulletin,2009,93(6)：719-739.

[256] NAKAGAWA T,KOMAKI I,SAKAWA M,et al.Small angle X-ray scattering study on change of fractal property of Witbank coal with heat treatment[J].Fuel,2000,79(11)：1341-1346.

[257] NESBITT H W,YOUNG G M.Early Proterozoic climates and plate motions inferred from major element chemistry of lutites [J].Nature,1982,299(5885)：715-717.

[258] OLAJOSSY A.On the effects of maceral content on methane sorption capacity in coals[J].Archives of mining sciences,2013,58(4)：1221-1228.

[259] PALMER I,MANSOORI J.How permeability depends on stress and pore pressure in coalbeds：a new model[J].SPE reservoir evaluation and engineering,1998,1(6)：539-544.

[260] PAN L,XIAO X M,TIAN H,et al.A preliminary study on the characterization and controlling factors of porosity and pore structure of the Permian shales in Lower Yangtze region,Eastern China[J].International Journal of Coal Geology,2015,146：68-78.

[261] PAYTAN A,GRIFFITH E M.Marine barite：recorder of variations in ocean export productivity[J].Deep sea research Part Ⅱ：topical studies in oceanography,2007,54(5-7)：687-705.

[262] PELTONEN C,MARCUSSEN Ø,BJØRLYKKE K,et al.Clay mineral diagenesis and quartz cementation in mudstones：the effects of smectite to illite reaction on rock properties[J].Marine and petroleum geology,

2009,26(6):887-898.

[263] PERERA M S A,RANJITH P G,CHOI S K,et al.Estimation of gas adsorption capacity in coal: a review and an analytical study [J]. International journal of coal preparation and utilization, 2012, 32 (1): 25-55.

[264] PERERA M S A,RANJITH P G,PETER M.Effects of saturation medium and pressure on strength parameters of Latrobe Valley brown coal: carbon dioxide,water and nitrogen saturations[J].Energy,2011,36(12): 6941-6947.

[265] PÉREZ-LOMBARD L,ORTIZ J,POUT C.A review on buildings energy consumption information[J].Energy and buildings,2008,40(3):394-398.

[266] PERMANA A K,WARD C R,LI Z S,et al.Distribution and origin of minerals in high-rank coals of the South Walker Creek area,Bowen Basin,Australia[J].International journal of coal geology, 2013, 116-117: 185-207.

[267] PFEIFER P,WU Y J,COLE M W,et al.Multilayer adsorption on a fractally rough surface[J].Physical review letters,1989,62(17):1997-2000.

[268] PFEIFER P,AVNIR D.Chemistry non-integral dimensions between two and three[J].The journal of chemical physics,1983,79:3369-3558.

[269] PITMAN J K,PASHIN J C,HATCH J R,et al.Origin of minerals in joint and cleat systems of the Pottsville Formation,Black Warrior Basin, Alabama:implications for coalbed methane generation and production [J].AAPG bulletin,2003,87(5):713-731.

[270] PRINZ D,PYCKHOUT-HINTZEN W,LITTKE R.Development of the meso- and macroporous structure of coals with rank as analysed with small angle neutron scattering and adsorption experiments[J].Fuel, 2004,83(4-5):547-556.

[271] PYUN S I,RHEE C K.An investigation of fractal characteristics of mesoporous carbon electrodes with various pore structures[J].Electrochimica acta, 2004,49(24):4171-4180.

[272] QI H,MA J,WONG P Z.Adsorption isotherms of fractal surfaces[J]. Colloids and Surfaces A:Physicochemical and engineering aspects,2002, 206(1-3):401-407.

[273] RIEU R,ALLEN P A,PLÖTZE M,et al.Climatic cycles during a Neo-

proterozoic "snowball" glacial epoch[J].Geology,2007,35(4):299-302.

[274] RIGBY S P.Predicting surface diffusivities of molecules from equilibrium adsorption isotherms[J].Colloids and surfaces A:physicochemical and engineering aspects,2005,262(1-3):139-149.

[275] ROSS D J K,BUSTIN R M.Characterizing the shale gas resource potential of Devonian-Mississippian strata in the Western Canada sedimentary basin:application of an integrated formation evaluation[J].AAPG bulletin,2008,92(1):87-125.

[276] ROSS D J K,BUSTIN R M.The importance of shale composition and pore structure upon gas storage potential of shale gas reservoirs[J].Marine and petroleum geology,2009,26(6):916-927.

[277] ROWE H D,LOUCKS R G,RUPPEL S C,et al.Mississippian Barnett Formation,Fort Worth Basin,Texas:bulk geochemical inferences and Mo-TOC constraints on the severity of hydrographic restriction[J]. Chemical geology,2008,257(1-2):16-25.

[278] SACHSE V F,LITTKE R,JABOUR H,et al.Late Cretaceous (Late Turonian,Coniacian and Santonian) petroleum source rocks as part of an OAE,Tarfaya Basin,Morocco[J].Marine and petroleum geology,2012, 29(1):35-49.

[279] SANDOVAL J.Ammonite assemblages and chronostratigraphy of the uppermost Bajocian-Callovian (Middle Jurassic) of the Murcia Region (Betic Cordillera,south-eastern Spain)[J].Proceedings of the geologists' association,2016,127(2):230-246.

[280] SCHIEBER J,KRINSLEY D,RICIPUTI L.Diagenetic origin of quartz silt in mudstones and implications for silica cycling[J].Nature,2000,406 (6799):981-985.

[281] SCHIEBER J,YAWAR Z.A new twist on mud deposition-mud ripples in experiment and rock record[J].The sedimentary record,2009,7(2):4-8.

[282] SEN S,NASKAR S,DAS S.Discussion on the concepts in paleoenvironmental reconstruction from coal macerals and petrographic indices[J]. Marine and petroleum geology,2016,73:371-391.

[283] SHEN Y L,QIN Y,GUO Y H,et al.Characteristics and sedimentary control of a coalbed methane-bearing system in lopingian(late Permian) coal-bearing strata of western Guizhou Province[J].Journal of natural

gas science and engineering,2016,33:8-17.

[284] SING K S W.Characterization of porous materials:past,present and future[J]. Colloids and surfaces A:physicochemical and engineering aspects,2004,241(1-3):3-7.

[285] SING K S W.Reporting physisorption data for gas/solid systems with special reference to the determination of surface area and porosity(Provisional)[J].Pure and applied chemistry,1982,54(11):2201-2218.

[286] SINGH P.Lithofacies and sequence-stratigraphic frame-work of the Barnett Shale, northeast Texas [D].Oklahoma:University of Oklahoma,2008.

[287] SONG Y,LIU H L,HONG F,et al.Syncline reservoir pooling as a general model for coalbed methane(CBM) accumulations:mechanisms and case studies[J].Journal of petroleum science and engineering,2012,88-89:5-12.

[288] STAUB J R.Marine flooding events and coal bed sequence architecture in southern West Virginia[J].International journal of coal geology,2002,49(2-3):123-145.

[289] SU X B,FENG Y L,CHEN J F,et al.The characteristics and origins of cleat in coal from Western North China[J].International journal of coal geology,2001,47(1):51-62.

[290] SUN H,XIAO Y L,GAO Y J,et al.Rapid enhancement of chemical weathering recorded by extremely light seawater lithium isotopes at the Permian-Triassic boundary[J].Proceedings of the national academy of sciences of the United States of America,2018,115(15):3782-3787.

[291] SUUBERG E M,DEEVI S C,YUN Y.Elastic behaviour of coals studied by mercury porosimetry[J].Fuel,1995,74(10):1522-1530.

[292] TANG S H,SUN S L,HAO D H,et al.Coalbed methane-bearing characteristics and reservoir physical properties of principal target areas in North China [J]. Acta geologica Sinica-English edition, 2004, 78(3): 724-728.

[293] TANG X L,JIANG Z X,LI Z,et al.The effect of the variation in material composition on the heterogeneous pore structure of high-maturity shale of the Silurian Longmaxi formation in the southeastern Sichuan Basin, China[J]. Journal of natural gas science and engineering,2015,23:464-473.

[294] TERZYK A P,WOJSZ R,RYCHLICKI G,et al.Fractal dimension of

microporous carbon on the basis of the Polanyi-Dubinin theory of adsorption. Part 2: Dubinin-Astakhov adsorption isotherm equation[J]. Colloids and surfaces A: physicochemical and engineering aspects, 1997, 126(1): 67-73.

[295] TIAN H, PAN L, XIAO X M, et al. A preliminary study on the pore characterization of Lower Silurian black shales in the Chuandong Thrust Fold Belt, southwestern China using low pressure N_2 adsorption and FE-SEM methods[J]. Marine and petroleum geology, 2013, 48: 8-19.

[296] TING F T C. Origin and spacing of cleats in coal beds[J]. Journal of pressure vessel technology, 1977, 99(4): 624-626.

[297] TYRRELL T. The relative influences of nitrogen and phosphorus on oceanic primary production [J]. Nature, 1999, 400(6744): 525-531.

[298] VARMA A K, HAZRA B, MENDHE V A, et al. Assessment of organic richness and hydrocarbon generation potential of Raniganj Basin shales, West Bengal, India[J]. Marine and petroleum geology, 2015, 59: 480-490.

[299] VAZIRI H H, WANG X, PALMER I D, et al. Back analysis of coalbed strength properties from field measurements of wellbore cavitation and methane production[J]. International journal of rock mechanics and mining sciences, 1997, 34(6): 963-978.

[300] VINCENT B, RAMBEAU C, EMMANUEL L, et al. Sedimentology and trace element geochemistry of shallow-marine carbonates: an approach to paleoenvironmental analysis along the Pagny-sur-Meuse Section(Upper Jurassic, France)[J]. Facies, 2006, 52(1): 69-84.

[301] WANG K X, FU X H, QIN Y, et al. Adsorption characteristics of lignite in China[J]. Journal of earth science, 2011, 22(3): 371-376.

[302] WANG M, XUE H T, TIAN S S, et al. Fractal characteristics of Upper Cretaceous lacustrine shale from the Songliao Basin, NE China [J]. Marine and petroleum geology, 2015, 67: 144-153.

[303] WANG X Z, GAO S L, GAO C. Geological features of Mesozoic lacustrine shale gas in south of Ordos Basin, NW China[J]. Petroleum exploration and development, 2014, 41(3): 326-337.

[304] WANG Y, ZHU Y M, LIU S M, et al. Methane adsorption measurements and modeling for organic-rich marine shale samples[J]. Fuel, 2016, 172: 301-309.

[305] WANG Z W,FU X G,FENG X L,et al.Geochemical features of the black shales from the Wuyu Basin,southern Tibet:implications for palaeoenvironment and palaeoclimate[J].Geological journal,2017,52(2):282-297.

[306] WENIGER P,KALKREUTH W,BUSCH A,et al.High-pressure methane and carbon dioxide sorption on coal and shale samples from the Paraná Basin, Brazil[J].International journal of coal geology,2010,84(3-4):190-205.

[307] WIERZBOWSKI H,ROGOV M.Reconstructing the palaeoenvironment of the Middle Russian Sea during the Middle-Late Jurassic transition using stable isotope ratios of cephalopod shells and variations in faunal assemblages[J].Palaeogeography,palaeoclimatology,palaeoecology,2011, 299(1-2):250-264.

[308] WRONKIEWICZ D J,KENT C C.Geochemistry and provenance of sediments from the Pongola Supergroup,South Africa:evidence for a 3.0-Ga-old continental craton[J].Geochimica et cosmochimica acta,1989,53 (7):1537-1549.

[309] WU M K.The roughness of aerosol particles:surface fractal dimension measured using nitrogen adsorption[J].Aerosol science and technology,1996,25 (4):392-398.

[310] XIE J,GAO M Z,YU B,et al.Coal permeability model on the effect of gas extraction within effective influence zone[J].Geomechanics and geophysics for geo-energy and geo-resources,2015,1(1-2):15-27.

[311] XU L J,ZHANG D J,XIAN X F.Fractal dimensions of coals and cokes [J].Journal of colloid and interface science,1997,190(2):357-359.

[312] YANG C,ZHANG J C,HAN S B,et al.Classification and the developmental regularity of organic-associated pores(OAP) through a comparative study of marine,transitional,and terrestrial shales in China[J].Journal of natural gas science and engineering,2016,36:358-368.

[313] YANG F,NING Z F,LIU H Q.Fractal characteristics of shales from a shale gas reservoir in the Sichuan Basin,China[J].Fuel,2014,115: 378-384.

[314] YAO Y B,LIU D M,TANG D Z,et al.Fractal characterization of adsorption-pores of coals from North China:an investigation on CH$_4$ adsorption capacity of coals[J].International journal of coal geology,2008, 73(1):27-42.

[315] YAO Y B,LIU D M,TANG D Z,et al.Fractal characterization of seepage-pores of coals from China:an investigation on permeability of coals [J].Computers and geosciences,2009,35(6):1159-1166.

[316] YIN Y B.Adsorption isotherm on fractally porous materials[J].Langmuir,1991,7(2):216-217.

[317] YUAN X J,LIN S H,LIU Q,et al.Lacustrine fine-grained sedimentary features and organicrich shale distribution pattern:a case study of Chang 7 Member of Triassic Yanchang Formation in Ordos Basin,NW China [J].Petroleum exploration and development,2015,42(1):37-47.

[318] YUE G W,WANG Z F,TANG X,et al.Physical simulation of temperature influence on methane sorption and kinetics in coal(Ⅱ):temperature evolvement during methane adsorption in coal measurement and modeling[J].Energy and fuels,2015,29(10):6355-6362.

[319] ZHANG B Q,LI S F.Determination of the surface fractal dimension for porous media by mercury porosimetry[J]. Industrial and engineering chemistry research,1995,34(4):1383-1386.

[320] ZHANG B Q,LIU W,LIU X F.Scale-dependent nature of the surface fractal dimension for Bi- and multi-disperse porous solids by mercury porosimetry[J].Applied surface science,2006,253(3):1349-1355.

[321] ZHAO J F,XU K,SONG Y C,et al.A review on research on replacement of CH₄ in natural gas hydrates by use of CO₂[J].Energies,2012,5(2):399-419.

[322] ZHU W C,WEI C H,LIU J,et al.Impact of gas adsorption induced coal matrix damage on the evolution of coal permeability[J].Rock mechanics and rock engineering,2013,46(6):1353-1366.

[323] ZOU C N,YANG Z,CUI J W,et al.Formation mechanism,geological characteristics and development strategy of nonmarine shale oil in China [J].Petroleum exploration and development,2013,40(1):15-27.

附　　录

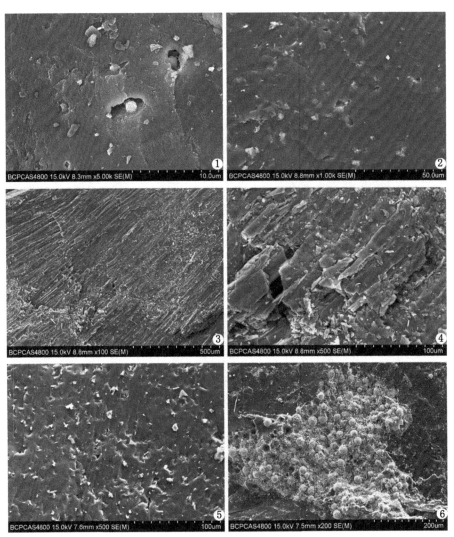

1—鱼卡煤矿 M7 煤层,均质镜质体,气孔,×5 000(SEM);2—大头羊煤矿 M7 煤层,均质镜质体,气孔,×1 000(SEM);3—高泉煤矿 M7 煤层,具纤维状丝质体纵断面,×100(SEM);4—高泉煤矿 M7 煤层,丝质体纵断面放大,角砾孔和碎粒孔,×500(SEM);5—大头羊煤矿 M7 煤层,结构镜质体,植物组织孔,×500(SEM);6—旺尕秀煤矿 F 煤层,黄铁矿铸模孔,×200(SEM)。

图版 1

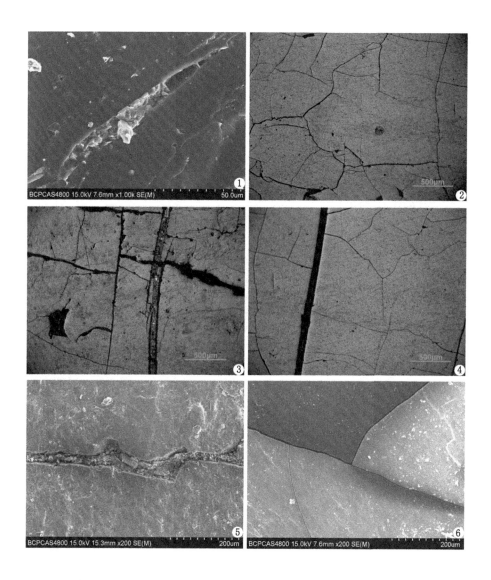

1—大头羊煤矿 M7 煤层,均质镜质体,气孔被高岭石充填,×1 000(SEM);2—旺尕秀煤矿 F 煤层,均质镜质体,网状裂隙,×50(干物镜,反射光);3—旺尕秀煤矿 F 煤层,被黄铁矿充填的两期裂隙,×50(干物镜,反射光);4—旺尕秀煤矿 F 煤层,主裂隙及伴生微裂隙,×50(干物镜,反射光);5—YO-1 井 M5 煤层,裂隙中充填大量方解石,×200(SEM);6—五彩矿业 M7 煤层,均质镜质体,叶脉状裂隙,×200(SEM)。

图版 2

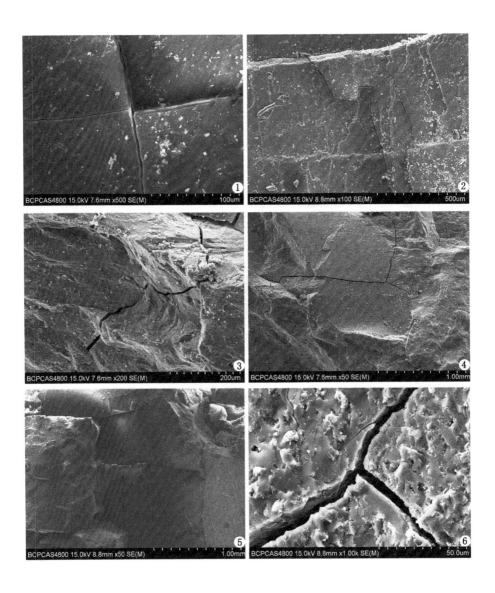

1—鱼卡煤矿 M7 煤层,近于直交的两期次剪切裂隙,常形成一定组合的裂隙网状,×500(SEM);2—高泉煤矿 M7 煤层,近于平行的张性裂隙,×100(SEM);3—大煤沟煤矿 F 煤层,构造裂隙穿越不同煤岩组分,部分煤层产生揉皱结构,×200(SEM);4—大煤沟煤矿 F 煤层,镜质体中的张性裂隙,×50(SEM);5—高泉煤矿 M7 煤层,闭合压性裂隙,×50(SEM);6—大煤沟煤矿 F 煤层,典型 T 形张性裂隙,×100(SEM)。

图版 3

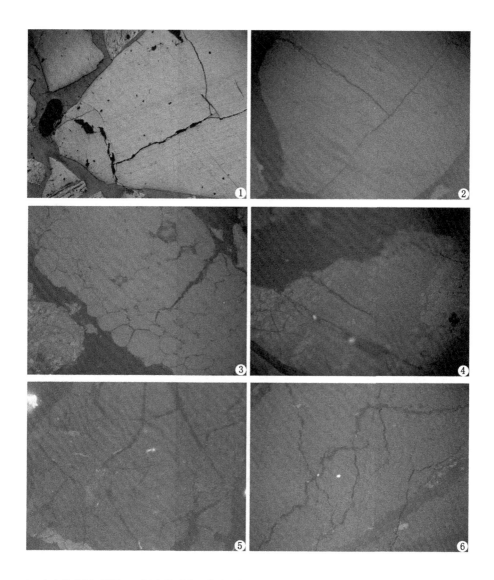

1—高泉煤矿 M7 煤层 G1 分层,均质镜质体内发育的近似正交状内生微裂隙,×50(干物镜,反射光);
2—高泉煤矿 M7 煤层 G9 分层,结构镜质体内发育的正交状内生微裂隙,×400(油浸,反射光);3—高
泉煤矿 M7 煤层 G26 分层,均质镜质体中由于体积收缩而产生的内生微裂隙,×400(油浸,反射光);
4—高泉煤矿 M7 煤层 G29 分层,B-C-D 型阶梯状外生微裂隙,×400(油浸,反射光);5—高泉煤矿 M7
煤层 G17 分层,C-D 型碎屑状和花纹状外生微裂隙,×400(油浸,反射光);6—高泉煤矿 M7 煤层 G17
分层,C-D 型碎屑状外生微裂隙,×400(油浸,反射光)。

图版 4

1—大头羊煤矿 M7 煤层,揉流结构糜棱煤,韧性变形,×1 000(SEM);2—绿草沟煤矿 G 煤层,构造煤分层,透镜状构造煤,脆韧性转换带,×1 000(SEM);3—高泉煤矿,原生结构煤,手标本,内生裂隙较为发育;4—五彩矿业,片状煤(微劈煤),手标本,顺层裂隙发育,中下部可见揉皱起伏;5—高泉煤矿,原生结构煤,手标本,条带状内生裂隙,密集均匀稳定发育;6—高泉煤矿,碎裂煤,手标本,垂直裂隙与顺层裂隙密集发育。

图版 5

1—高泉煤矿 M7 煤层，碎裂煤，手标本，垂直裂隙贯穿不同宏观煤岩成分；2—高泉煤矿，碎裂煤，手标本，上部形成一组剪切裂隙；3—大煤沟煤矿，揉皱煤，手标本，局部发生摩擦，煤体发生轻微变形，局部发育方解石和黄铁矿；4—高泉煤矿，碎粒煤，手标本，揉皱状和不规则状变形煤体，揉皱镜面发育；5—高泉煤矿，碎粒煤，手标本，强烈揉皱导致煤岩界线呈弧形分布；6—高泉煤矿，碎裂煤，手标本，层滑构造导致的透镜状煤体。

图版 6

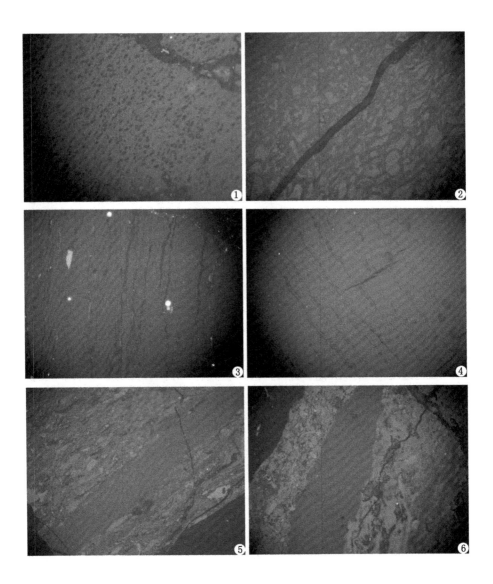

1—高泉煤矿 M7 煤层 G2 分层,结构镜质体,×400(油浸,反射光);2—高泉煤矿 M7 煤层 G20 分层,结构镜质体,微粒体充填在细胞腔中,×400(油浸,反射光);3—高泉煤矿 M7 煤层 G10 分层,结构镜质体、基质镜质体,×400(油浸,反射光);4—高泉煤矿 M7 煤层 G20 分层,结构镜质体,均质镜质体,×400(油浸,反射光);5—高泉煤矿 M7 煤层 G1 分层,条带状均质镜质体,基质镜质体,发育贯穿不同显微组分的裂隙,×400(油浸,反射光);6—高泉煤矿 M7 煤层 G2 分层,透镜状均质镜质体,碎屑镜质体,×400(油浸,反射光)。

图版 7

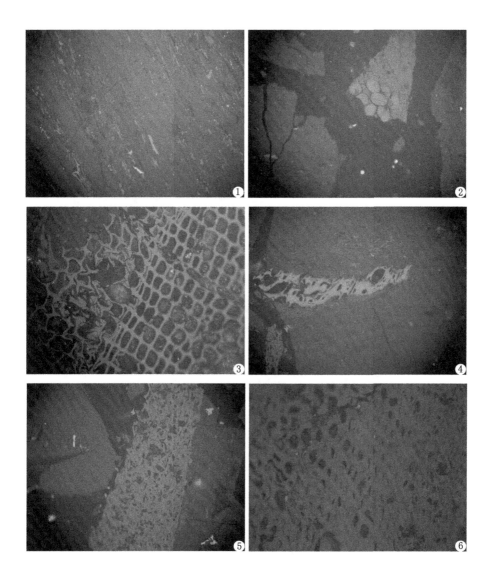

1—高泉煤矿 M7 煤层 G31 分层,基质镜质体,均质镜质体,×400(油浸,反射光);2—高泉煤矿 M7 煤层 G31 分层,粗粒体,×400(油浸,反射光);3—高泉煤矿 M7 煤层 G13 分层,丝质体,孢腔多被黏土矿物充填,×400(油浸,反射光);4—高泉煤矿 M7 煤层 G3 分层,丝质体,细胞壁膨化,部分细胞腔消失,×400(油浸,反射光);5—高泉煤矿 M7 煤层 G9 分层,半丝质体,呈弧形碎粒状,×400(油浸,反射光);6—高泉煤矿 M7 煤层 G8 分层,半丝质体,×400(油浸,反射光)。

图版 8